21 世纪高等院校计算机辅助设计规划教材

U0122008

AutoCAD 2010 中文版范例教程

王重阳　编著

机械工业出版社

本书深入浅出地介绍了 AutoCAD 2010 软件的主要功能和用法，并结合典型案例全面展示了 AutoCAD 的图形设计理念及使用技巧。全书共 11 章，第 1～9 章（二维设计篇）介绍了 AutoCAD 2010 软件系统的配置及新特征，基本和高级二维绘图命令的使用和技巧，复杂二维平面图形的设计和编辑，图层以及图形的显示控制、打印和发布，文字及表格的创建和编辑，图形对象的尺寸标注，块的定义和使用，设计中心及工具选项板等内容；第 10～11 章（三维建模篇）介绍了三维建模的基础知识，三维模型的设计、编辑及光源、材质、着色和渲染等方法的使用。

　　书中的知识结构以及案例均经过精心设计，内容丰富实用，在满足不同学制、不同专业以及不同办学条件教学需求的同时，实现教学效果的最优化。

　　本书内容由浅入深、循序渐进，有无基础均适合使用，既可作为中专、高职、高专及高等院校相关专业的教材或教学参考书，又是一本理想的自学读物，同时还可作为 AutoCAD 培训班的培训教材及用作从事计算机辅助设计工作的技术人员的参考书。

图书在版编目（CIP）数据

AutoCAD 2010 中文版范例教程 / 王重阳编著．—北京：机械工业出版社，2010.7

21 世纪高等院校计算机辅助设计规划教材

ISBN 978-7-111-30779-2

Ⅰ．①A⋯　Ⅱ．①⋯　Ⅲ．①计算机辅助设计－应用软件，AutoCAD 2010－教材　Ⅳ．①TP391.72

中国版本图书馆 CIP 数据核字（2010）第 128251 号

机械工业出版社（北京市百万庄大街 22 号　邮政编码 100037）

责任编辑：张宝珠

责任印制：乔　宇

三河市宏达印刷有限公司印刷

2010 年 9 月·第 1 版第 1 次印刷

184mm×260mm·21 印张·521 千字

0001—3000 册

标准书号：ISBN 978-7-111-30779-2

定价：36.00 元

前　言

AutoCAD 是美国 AutoDesk 公司推出的集二维绘图、三维建模、渲染及通用数据库管理和互联网通信功能于一体的通用计算机辅助设计软件包，它具有易于学习，使用方便，体系结构开放等优点，被广泛应用于机械、建筑、电子、航天、造船、石油化工、土木工程、冶金、气象、组织、轻工和商业等领域，深受广大工程技术人员的喜爱。

本书分为上、下两篇共 11 章深入讲解和演练该软件，其中上篇为二维设计篇，内容包括 AutoCAD 2010 的知识基础，基本和高级二维绘图工具的使用和技巧，复杂二维平面图形的设计和编辑，图层以及图形的显示控制、打印和发布，文字及表格的创建和编辑，图形对象的尺寸标注，块、块属性的使用，设计中心及工具选项板的使用等；下篇为三维建模篇，内容包括三维建模的基础知识、模型设计、编辑及光源、材质、着色和渲染等方法的使用。书中每章均配有生动、典型的实例，且描述清晰，步骤及说明详尽，容易被读者接受和理解。另外，每篇还配有贴近生产过程的综合实例，这些实例是对前面章节所学知识的高度概括和综合演练，能引导读者快速掌握 AutoCAD 知识和技能。

本书由北京北大方正软件技术学院王重阳教师编著。编写过程中北京大学承继成教授提出了宝贵建议，在此深表感谢。

由于篇幅限制及水平有限，书中难免存在一些不足、缺点和疏漏之处，恳请广大读者批评指正。

编　者

目　录

第1章 AutoCAD 简介

AutoCAD 是美国 Autodesk公司开发的自动计算机辅助设计软件。本章将系统地介绍该软件的发展历程和应用领域，并详细介绍 AutoCAD 2010 中文版的新特性及该软件工作环境的配置要求，最后介绍该软件的基本操作。

学习目标：

➢ 了解 AutoCAD 的发展历程
➢ 了解计算机辅助设计的应用领域
➢ 掌握该软件的新增功能
➢ 掌握该软件的基本操作
➢ 掌握该软件的工作环境设置

1.1 AutoCAD 概述

计算机辅助设计技术的发展，彻底改变了手工制图的不足，大幅度提高了设计速度和精度，特别是伴随着三维 CAD 技术逐渐成为 CAD 技术的主流，使得设计过程更加直观形象，从真正意义上实现了计算机的辅助设计功能。本章将详细介绍计算机辅助设计的理念、基本概念和相关知识，理解了这些内容将对后面的学习很有帮助，因此尽管本章看起来比较简单，但读者一定要仔细阅读，为后面的学习打下基础。

1.1.1 CAD 与 AutoCAD

计算机辅助设计（Computer Aided Design）简称 CAD，是将计算机用于产品设计全过程的一门综合技术。CAD 技术主要包括计算机辅助建模、计算机辅助结构分析计算、计算机辅助工程数据管理等内容。CAD 技术中，人机配合，相互取长补短是其重要特征。随着计算机技术的不断发展，CAD 能完成的工作也将更加复杂。

AutoCAD（Auto Computer Aided Design）是目前世界上应用最广的 CAD 软件。拥有广泛的用户群体。其特点是拥有最强大的二维功能，如绘图、编辑、剖面线和图案绘制、标注及二次开发功能；同时又具备设计文档和基本三维设计功能。

AutoCAD 是美国 AutoDesk 公司的主导产品。在 CAD、CAE、CAM 工业领域内，该公司拥有全球用户量最多的软件供应商，其软件产品已被广泛应用于机械设计、建筑设计、影视制作、视频游戏开发及 Web 网络数据开发等领域。

AutoCAD 具有良好的用户界面，通过交互菜单或命令行方式便可以进行各种操作。它的多文档设计环境，让非计算机专业人员也能很快地学会使用，并使用户在不断实践的过程中更好地掌握它的各种应用和开发技巧，从而不断提高工作效率。

AutoCAD 具有广泛的适应性，它可以在各种操作系统支持的微型计算机和工作站上运行，并支持多种图形显示设备，以及数字仪、绘图仪和打印机等多种外设，这为 AutoCAD 的普及创造了条件。

AutoCAD 的优异性能主要表现在以下几个方面：

1）AutoCAD 有直观的用户界面、下拉菜单和图标以及易于使用的对话框等。

2）AutoCAD 有丰富的二维绘图、编辑命令以及强大的三维建模功能。

3）AutoCAD 绘图方式多样，既可通过交互方式绘图，也可通过编程命令自动绘图。

4）AutoCAD 能够混合编辑位图和矢量图。

5）AutoCAD 的着色功能使照片具有真实感，且渲染速度快、质量高。

6）AutoCAD 多行文字编辑器与标准的 Windows 系统下的文字处理软件工作方式相同，并支持 Windows 系统的 TrueType 字体。

7）AutoCAD 可方便地操作数据库，且功能完整。

8）AutoCAD 有强大的文件兼容性，可通过标准或专用的数据格式与其他 CAD、CAM 交换数据。

9）用户可通过 AutoCAD 提供的 Internet 工具在 Web 上打开、插入或保存图形。

10）AutoCAD 为其他开发商提供了多元化的开发工具。

虽然 AutoCAD 本身的功能集已经足以协助用户完成各种设计工作，但用户还可以通过 Autodesk 以及数千家软件开发商开发的多种应用软件把 AutoCAD 改造成为满足各专业领域的专用设计工具。这些领域中包括土木建筑、装饰装潢、城市规划、园林设计、电子工业、印制电路板设计、机械设计、工业制图、精密零件、模具、设备、服装制版、航空航天及轻工化工等诸多领域。

1.1.2 AutoCAD 的发展历程

CAD 诞生于 20 世纪 60 年代，由于当时计算机硬件较昂贵，只有美国通用汽车公司和美国波音航空公司使用自行开发的交互式绘图系统。直到 20 世纪 70 年代，小型计算机费用下降，美国工业界才开始广泛使用交互式绘图系统。20 世纪 80 年代，由于 PC 机的应用，CAD 得以迅速发展，出现了专门从事 CAD 系统开发的公司。当时 VersaCAD 是专业的 CAD 制作公司，所开发的 CAD 软件功能强大，但由于其价格昂贵，故不能普遍应用。而当时的 Autodesk 公司是一个仅有几名员工的小公司，其开发的 CAD 系统虽然功能有限，但因其可免费复制，故得到广泛应用。又由于该系统的开放性等特点使该 CAD 软件升级迅速。

AutoCAD 是由美国 Autodesk 公司于 20 世纪 80 年代初为微机上应用 CAD 技术而开发的绘图程序软件包。该软件自问世以来，在近二十年的发展历程中，得到不断丰富和完善并连续推出多个新版本，使得 AutoCAD 由功能非常有限的绘图软件发展成为功能强大、性能稳定、市场占有率位居世界第一位的 CAD 软件。".dwg" 文件格式成为二维绘图的事实标准格式，用户可以使用它来创建、浏览、管理、打印、输出、共享及准确复用富含信息的设计图形。

AutoCAD 的发展可分为初级阶段、发展阶段、高级发展阶段、完善阶段和进一步完善阶段，见表 1-1。

另外 Autodesk 公司开发了行业专用的版本和插件，如在机械设计与制造行业中发行了 AutoCAD Mechanical 版本；在电子电路设计行业中发行了 AutoCAD Electrical 版本；在勘测、土方工程与道路设计行业中发行了 Autodesk Civil 3D 版本；在学校教学、培训中所用的一般都是 AutoCAD Simplified 版本。没有特殊要求的服装、机械、电子、建筑行业的公司也都使用 AutoCAD Simplified 版本，所以 AutoCAD Simplified 版本基本上算是通用版本。

表 1-1　AutoCAD 发展历程

发 展 历 程	版 本 更 迭
初级阶段	1982 年 11 月，首次推出了 AutoCAD 1.0 版本 1983 年 4 月，推出了 AutoCAD 1.2 版本 1983 年 8 月，推出了 AutoCAD 1.3 版本 1983 年 10 月，推出了 AutoCAD 1.4 版本 1984 年 10 月，推出了 AutoCAD 2.0 版本
发展阶段	1985 年 5 月，推出了 AutoCAD 2.17 版本和 2.18 版本 1986 年 6 月，推出了 AutoCAD 2.5 版本 1987 年 9 月后，陆续推出了 AutoCAD 9.0 版本和 9.03 版本
高级发展阶段	1988 年 8 月推出的 AutoCAD 10.0 版本 1990 年推出的 AutoCAD 11.0 版本 1992 年推出的 AutoCAD 12.0 版本
完善阶段	1996 年 6 月，AutoCAD R13 版本问世 1998 年 1 月，推出了划时代的 AutoCAD R14 版本 1999 年 1 月，推出了 AutoCAD 2000 版本
进一步完善阶段	2001 年 9 月 Autodesk 公司向用户发布了 AutoCAD 2002 版本 2003 年 5 月，Autodesk 公司在北京正式宣布推出其 AutoCAD 软件的划时代版本——AutoCAD 2004 简体中文版 2004 年 10 月推出 AutoCAD 2005 2005 年推出 AutoCAD 2006 2006 年 10 月推出 AutoCAD 2007 2007 年 3 月推出 AutoCAD 2008 2008 年 3 月推出 AutoCAD 2009 2009 年 3 月推出 AutoCAD 2010

1.2　AutoCAD 2010 系统配置要求

与之前版本相比，AutoCAD 2010 对计算机软硬件配置的要求较高，不过目前的主流计算机均能满足配置要求，但要流畅的运行三维图形，则需要较高的配置，AutoCAD 2010 对计算机软硬件配置要求如下：

（1）硬件系统的配置要求

表 1-2 中列出了安装 AutoCAD 2010 的最低硬件配置要求。

表 1-2　硬件配置要求

硬　件	建议配置要求
CPU	32 位：（Windows XP）Intel Pentium 4 处理器或 AMD Athlon™ Dual Core，1.6 GHz 或更高，采用 SSE2 技术；（Windows Vista）Intel Pentium 4 或 AMD Athlon Dual Core，3.0 GHz 或更高，采用 SSE2 技术
	64 位：AMD Athlon 64，采用 SSE2 技术、AMD Opteron™，采用 SSE 技术、Intel Xeon；支持 Intel EM64T 并采用 SSE2 技术或 Intel Pentium 4，支持 Intel EM64T 并采用 SSE2 技术

硬　　件	建议配置要求
内存	2GB RAM 或更大
硬盘	（32 位）要 1GB 安装空间；（64 位）要 1.5GB 安装空间（三维建模）除安装空间外，可用空间 2GB
显示器	1024×768 VGA 真彩色及以上分辨率的显示器，具有 128 MB 或更大显存
其他	4 倍速以上 CD/DVD ROM 驱动器、鼠标、键盘或其他定位设备

（2）软件系统配置要求

表 1-3 中列出了安装 AutoCAD 2010 的软件环境要求。

表 1-3　软件环境要求

软　　件	建议配置要求
操作系统	32 位：Windows XP SP2 及更高版本或 Windows Vista 64 位：Microsoft Windows XP Professional x64 Edition SP2 及更高版本或 Windows Vista
浏览器	Microsoft Internet Explorer® 7.0 或更高版本

检查好计算机软硬件的配置后，就可以进行该软件的安装了，AutoCAD 2010 有单机版安装和网络版安装之分，普通用户一般使用单机版。单机版安装又有典型安装和配置好的安装两种。典型安装使用默认值，安装在“C:\Program Files\ AutoCAD 2010”路径中。配置好的安装，需要用户自行配置安装类型、安装可选工具或安装路径等。如果 C 盘有足够的空间，建议使用典型安装。

注意：无法在 Windows 的 6 位版本上安装 AutoCAD 2010 的 32 位版本。

1.3　AutoCAD 2010 的操作界面

通过上节的学习，对计算机辅助设计技术及 AutoCAD 软件已经有了感性的认识。下面启动 AutoCAD 2010 中文版，了解该软件的风格并熟悉该软件的工作界面。充分了解该界面，对后面的学习会有很大帮助，读者应认真学习。

（1）界面初识

AutoCAD 的操作界面是 AutoCAD 显示、编辑图形的区域，一个完整的 AutoCAD 的操作界面包括标题栏、绘图窗口、十字光标、菜单栏、工具栏、坐标系图标、命令行、状态栏、布局标签和滚动条等，如图 1-1 所示。

（2）界面功能浅析

1）标题栏：AutoCAD 2010 的标题栏除了和其他标准的 Windows 应用程序界面一样，包括窗口的“最大化”、“最小化”和“关闭”控制按钮，以及显示应用程序名和当前图形的名称外，还包括了“快速访问工具栏”和信息中心提供的“搜索”、“速博应用中心”、“通讯中心”、“收藏夹”和“帮助”等工具。

2）经典菜单栏：通过“快速访问工具栏”可以控制经典菜单栏的显示状态，如图 1-2 所示。

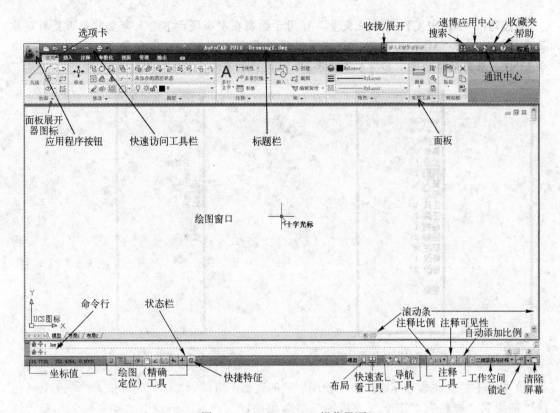

图 1-1 AutoCAD 2010 操作界面

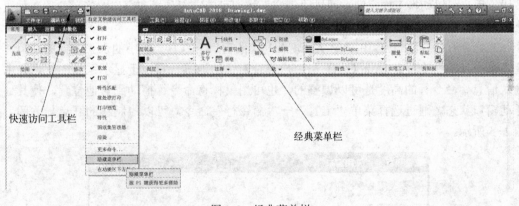

图 1-2 经典菜单栏

3）快捷菜单：除下拉菜单和屏幕菜单之外，AutoCAD 2010 还提供了方便的快捷菜单。将光标移动到区域、部件或图标上方时，单击鼠标右键，AutoCAD 就会根据当前系统的状态及光标的位置，显示相应的快捷菜单。

4）屏幕菜单：提供了选项板中显示菜单的传统界面。默认情况下，屏幕菜单是禁用的。可以在"选项"对话框（见 1.6.3 节）的"显示"选项卡中选中"显示屏幕菜单"复选框，打开屏幕菜单，如图 1-3 所示。

小技巧："MENUCTL"系统变量,可用于控制在命令提示下输入命令时是否更新屏幕菜单,例如,当"MENUCTL"系统变量的值设置为"1"时,在命令行中输入"直线"命令LINE,屏幕菜单的显示如图1-4所示。

 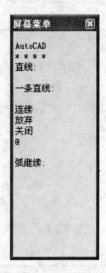

图1-3 屏幕菜单   图1-4 更新屏幕菜单

5)状态栏:应用程序状态栏位于绘图屏幕的底部,可显示光标的坐标值、绘图工具(包括"捕捉"、"栅格"、"正交"、"极轴"、"对象捕捉"、"对象追踪"、"动态输入"和"线宽")、导航工具以及用于快速查看和注释缩放的工具。用户可以使用导航工具在打开的图形之间进行切换以及查看图形中的模型,还可以显示用于缩放注释的工具。通过"工作空间"按钮,用户可以切换工作空间;通过"锁定"按钮可锁定工具栏和窗口的当前位置。如果要展开图形显示区域,可单击"全屏显示"按钮。

6)命令行:在图 1-1 中,在 AutoCAD 绘图窗口下方有一个小的水平方向的窗口,它就是命令行。命令行是 AutoCAD 与用户进行对话的地方,它用于显示系统的信息和用户输入信息。命令行的高度是可以调整的,也可用鼠标将命令行拖动到其他位置,使其处于浮动窗口状态。通过选择菜单"工具"→"命令行"命令,可以控制它的开启与关闭,如图 1-5 所示。

图1-5 "命令行"显示控制

7)工具栏:为了避免绘图区域狭小,AutoCAD 2010 有许多工具栏并没有显示,用户可以在任何一个可见的工具栏上单击鼠标右键,在弹出的快捷菜单中开启或关闭所需工具栏。

或者选择经典菜单栏中的"工具"→"工具栏"→"AutoCAD"菜单命令，开启或关闭相应的工具栏，如图1-6所示。

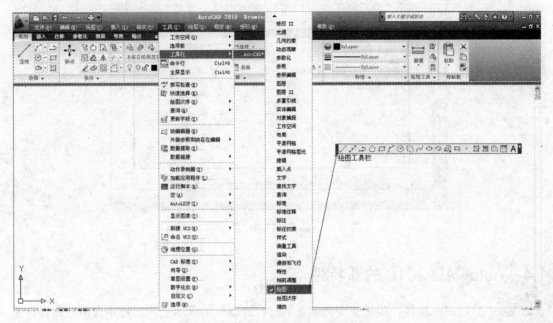

图1-6 工具栏的显示控制

注意：使用工具栏的命令图标，也是执行 AutoCAD 操作的一种方式，且在系统默认状态下，当鼠标悬停在工具栏中的命令图标上时，会出现命令图标的功能提示。单击工具栏中的命令图标，执行相应的命令时，同样在命令行中会自动出现对应的命令及提示，此时用户可根据提示交互完成命令操作。另外，工具栏的名称及其中工具的归类与菜单的分类基本一致，如图1-6的"绘图"工具栏与"绘图"菜单栏，请读者认真体会，找出规律。

8）绘图窗口：绘图窗口是 AutoCAD 中显示、绘制图形的主要场所。在 AutoCAD 中创建新图形文件或打开已有的图形文件时，都会开启相应的绘图窗口来显示和编辑其内容。由于从 AutoCAD 2000 版本开始支持多文档，因此在 AutoCAD 中可以有多个图形窗口。由于在绘图窗口中往往只能看到图形的局部内容，因此绘图窗口中都包括有垂直滚动条和水平滚动条，用来改变观察位置。

此外，绘图窗口的下部还有一个模型选项卡和多个布局选项卡，分别用于图形设计的模型空间和用于打印布局的图纸空间，详见本书6.3节。

9）文本窗口：文本窗口提供了调用命令的第三种方式，即用键盘直接输入命令。文本窗口的底部为命令行，用户可在提示下输入各种命令。文本窗口还显示 AutoCAD 命令的提示及有关信息，并可查阅和复制命令的历史记录。用户既可以使用〈F2〉键来打开文本窗口，也可以使用菜单"视图"→"显示"→"文本窗口"命令来打开它。如图1-7所示。

注意：在 AutoCAD 主窗口中，除了标题栏、菜单栏和状态栏之外，其他各个组成部分都可以根据用户的喜好来任意改变其位置和形状。

图 1-7　AutoCAD 2010 文本窗口

1.4　AutoCAD 2010 的新特性

AutoCAD 2010 软件，让想法变为现实的过程比以往的版本更快。使用自由曲面设计工具，几乎可以设计出任何可以想到的形状。许多重要的功能已经自动化，使用户的工作更加高效，并且转移到三维设计时更为顺畅。对于 PDF 性能的多项升级和惊人的三维打印功能，使与同事共享和共同完成项目变得简单。下面就来介绍它的新功能。

（1）初始设置

通过初始设置，可以在首次启动 AutoCAD 2010 之前执行某些基本的自定义和配置。可以根据最能描述用户从事的工作所属的行业指定要使用的默认图形样板，如图 1-8 所示。

图 1-8　AutoCAD 2010 初始设置

（2）应用程序菜单

单击"应用程序"按钮，可以搜索命令、浏览文档和访问用于创建、打开和发布图形的常用工具，如图 1-9 所示。

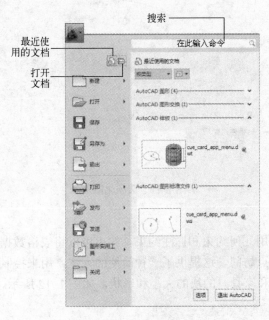

图 1-9 应用程序菜单

（3）信息中心

使用信息中心，用户可以通过输入短语搜索信息，访问速博应用中心（包括显示与产品增强功能或 Autodesk 技术专家提供的网上支持信息等），以及显示"通信中心"面板以获取与产品相关的更新和通告。还可以显示"收藏夹"面板以访问保存的主题，如图 1-10 所示。

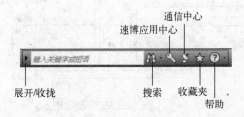

图 1-10 信息中心

（4）自由设计

使用增强的网格对象向设计中引入流畅的自由元素，用户可以动态地对其进行平滑、优化、锐化和塑形。通过将网格对象转换为三维实体或曲面对象可创建出复合三维对象。

（5）选项化图形

通过选项化图形，用户可以向二维几何图形添加约束，以控制对象相对于彼此的放置方式。在工程的设计阶段，对对象所做的更改可以自动调整其他对象，并可限制距离和角度。此功能提供了一种在尝试其他设计或进行更改时强制满足要求的方法。如图 1-11 所示。

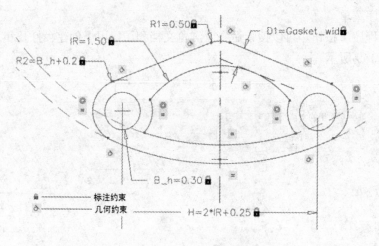

图 1-11　选项化图形

（6）增强的动态块

可以在动态块中使用几何约束和标注约束。约束可以将表格数据添加到块中的对象，并可控制对这些对象的夹点访问。这提供了一种简便的方法，用来控制表示零件族（例如紧固件、齿轮、结构钢、门和家具）的块的大小和形状，如图 1-12 所示。

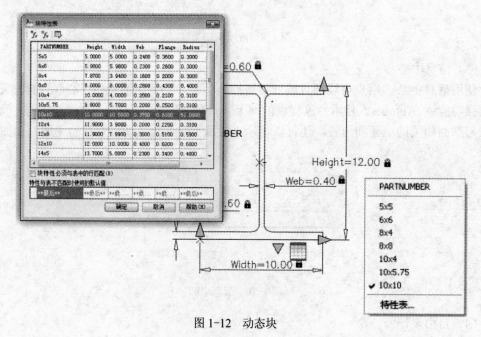

图 1-12　动态块

（7）三维打印

三维打印是从三维模型创建物理模型的过程。为了避免打印错误和损坏部件，请在打印之前优化三维模型。另外，如果要将三维模型的比例缩小，请确保其仍符合最低厚度要求。Autodesk 公司已经与多个三维打印服务提供商建立了合作伙伴关系。将三维模型发送给其中一家公司之前，可使用三维打印"3DPRINT"命令将选定的三维实体和无间隙网格发送到三维打印服务，如图 1-13 所示。

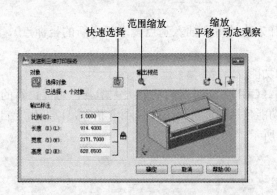

快速选择 范围缩放 缩放 平移 动态观察

图 1-13 "发送到三维打印服务"对话框

（8）PDF 增强功能

通过 PDF 增强功能，可以从功能区快速创建 PDF 文件，还可以将 PDF 附着为参考底图，并捕捉到图形文件中 PDF 的矢量几何图形，如图 1-14 所示。

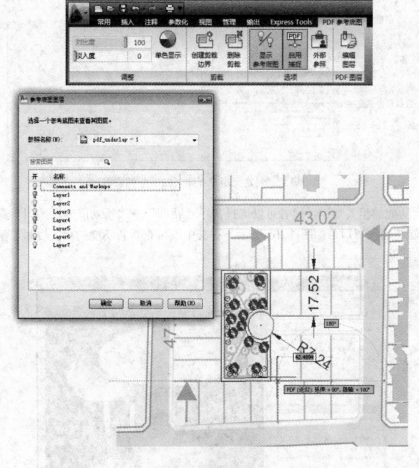

图 1-14　PDF 增强功能

（9）动作录制器增强功能

动作录制器的功能在 AutoCAD 2010 版中得到了增强。可以将基点插入动作宏（即在回放期间，用户可为动作宏中的每个插入基点请求一个新的坐标点），管理动作宏以及录制和修改动作的值。

（10）自定义增强功能

"自定义用户界面（CUI）"编辑器的功能大大增强，可提供新的经过改进的用户界面自定义方式。这些增强功能包括功能区上下文选项卡状态，以及用于自定义快速访问工具栏的新工作流，如图 1-15 所示。

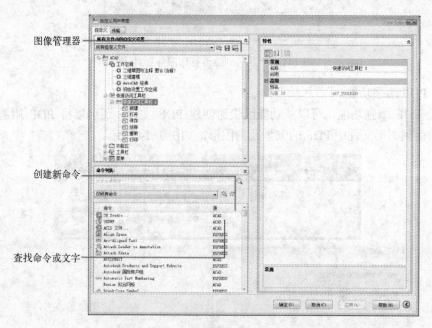

图 1-15 "自定义用户界面（CUI）"编辑器

有关新功能的相关知识，读者可以选择菜单"帮助"→"新功能专题练习"命令，打开"新功能专题练习"窗口，如图 1-16 所示，在其中既可查看新功能的相关资料，又可看到录制好的新功能演示。

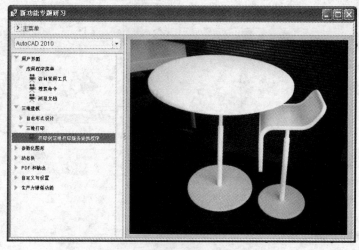

图 1-16 "新功能专题练习"窗口

总之，AutoCAD 2010 将使用户的设计工作变得更加轻松更有成效，使原本枯燥的设计工作变得趣味盎然。

1.5 AutoCAD 的基本操作

通过对前面章节的学习，读者已经对 AutoCAD 2010 软件有了一定的了解，接下来将介绍该软件的具体操作，这是学习该软件的第一步，熟练掌握该部分内容对学习后面的知识非常重要。请读者反复练习，做到熟练操作。

1.5.1 启动 AutoCAD

首先介绍如何进入 AutoCAD 的图形界面。AutoCAD 2010 安装完成后，会在 Windows 的系统桌面上出现 AutoCAD 2010 的程序图标，双击该图标即可启动 AutoCAD 2010；也可选择"开始"→"所有程序"→"AUTODESK"→"AutoCAD 2010——Simplified Chinese"→"AutoCAD 2010"命令；还可以直接双击已有的".dwg"文件，来启动该软件。

软件运行后，用户可以选择菜单"文件"→"新建"（NEW）命令来创建新图形，系统将开始一张新图，当然不管是使用向导、样板或默认方式创建新图，AutoCAD 都将为这张新图命名为"DRAWING1.dwg"。这时，读者就可以开始在这张新图上绘制图形了。

在创建新图形的过程中，系统变量"STARTUP"的设置显得尤为重要，通过该系统变量可以控制是使用"创建新图形"对话框还是使用"选择样板"对话框来创建新图形。

当系统变量"STARTUP"的值设置为"0"时，显示"选择样板"对话框，如图 1-17 所示；当系统变量"STARTUP"的值设置为"1"时，显示"创建新图形"对话框，如图 1-18 所示。

图 1-17 "选择样板"对话框   图 1-18 "创建新图形"对话框

注意：系统变量的知识，请读者参看 1.6.5 节内容。

1.5.2 打开已有的图形

用户选择菜单"文件"→"打开"（OPEN）命令，在 AutoCAD 中打开已有的图形文件，调用该命令后，系统将弹出"选择文件"对话框，如图 1-19 所示。

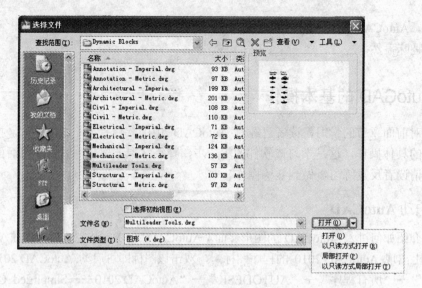

图 1-19 "选择文件"对话框

该对话框中主要控件的作用如下:

1)"预览"栏:用于显示指定文件的预览图像。

2)"文件名"下拉列表:用于指定需要打开的文件。

3)"文件类型"下拉列表:用于指定需要打开的文件的类型。在"文件类型"列表框中用户可选".dwg"、".dwt"、".dxf"或".dws"类型文件。其中".dxf"文件是用文本形式存储的图形文件,能够被其他程序读取,许多第三方应用软件都支持".dxf"格式。

4)"打开"按钮:单击该按钮可打开指定的文件,读者也可以单击该按钮右侧的图标,在弹出的菜单中,选择以某种方式打开指定图形。如:选择"以只读方式打开"项,将以只读方式打开图形文件,从而避免对该文件的修改。

使用"局部打开"命令,可以仅仅打开用户需要使用的视图和图层中的几何图形,以提高性能,在弹出的"局部打开"对话框中,在"要加载几何图形的视图"选项区域中,用户可以选择要打开的视图,在"要加载几何图形的图层"选项区域中,用户可以根据需要选择要打开的图层,从而实现在选定的视图中,打开选中图层上的对象,如图 1-20 所示。

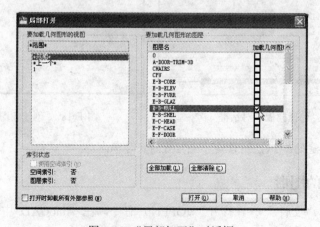

图 1-20 "局部打开"对话框

注意：如果打开的图形中包含宏，将显示"AutoCAD 宏病毒防护"对话框。

1.5.3 保存文件

完成图形文件的绘制后，可选择菜单"文件"→"保存"（SAVE）命令，保存所绘文件。执行上述命令后，若文件已命名，则 AutoCAD 自动保存；若文件未命名（即为默认名），则系统打开"图形另存为"对话框，用户可以命名保存。在"保存于"下拉列表框中可以指定保存文件的路径；在"文件类型"下拉列表框中可以指定保存文件的类型，另外还可以进行安全选项设置（如加密文件等）。如果选择"AutoCAD 图形样板"类型，将显示"样板选项"对话框，从中可以输入样板的说明并设置测量单位，如图 1-21 所示。

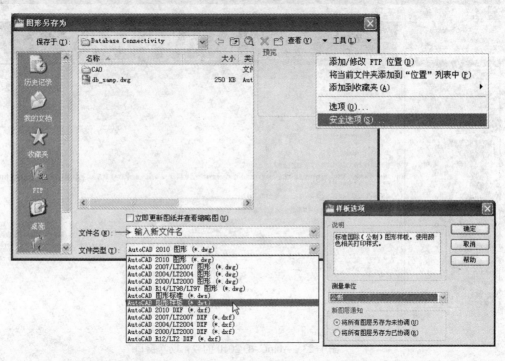

图 1-21　保存文件

1.5.4 退出 AutoCAD

选择菜单"文件"→"退出"（QUIT）命令，系统将退出 AutoCAD。执行该命令后，如果自上次保存图形后没有进行过修改，则退出程序。如果进行了编辑或修改操作，则在退出前，系统将提示用户保存修改或放弃修改，如图 1-22 所示。选择"是（Y）"按钮，则系统将保存改动到文件中，然后退出；若选择"否（N）"按钮，系统将不保存对文件的修改，若选择"取消"，表示取消退出系统的操作。

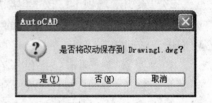

图 1-22　系统提示

1.5.5 获得帮助

在学习软件的过程中，应养成使用"帮助"的好习惯，这样可以大大提高学习的效率，AutoCAD 软件中提供了详细的单机帮助和在线帮助功能，用户可随时调用 AutoCAD 的帮助文件来查询相关信息。选择菜单"帮助"→"帮助"（HELP）命令，系统将打开"AutoCAD 2010 帮助"窗口，如图 1-23 所示。可以直接在目录选项卡中查找学习资源，或使用搜索选项卡查询信息，例如，直接输入需要查找的命令关键字，可查找出相应的帮助命令，或在任意打开的对话框中，将鼠标放于任意一个选项附近，按下键盘上的〈F1〉键，也可弹出与该对话框相关的帮助主题。

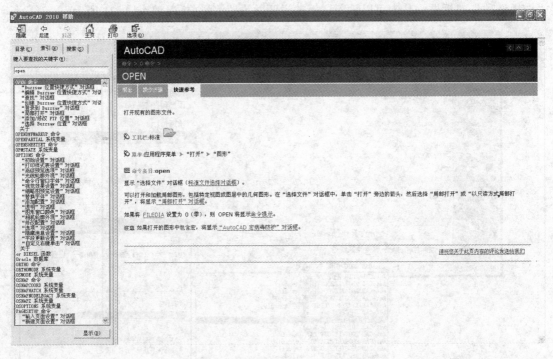

图 1-23　AutoCAD 2010 的"帮助"窗口

该对话框中的主要控件作用如下：

1）"目录"选项卡：以主题和次主题列表的形式显示可用文档的概述，允许用户通过选择和展开主题进行浏览。帮助系统提供了一个目录结构，使用户可以始终了解自己所处的位置，并能很快跳到其他主题。

2）"索引"选项卡：按字母顺序显示了与"目录"选项卡中的主题相关的关键字。如果已经了解某个功能、命令或操作的名称或者希望了解此程序执行哪个操作，则可以通过此选项卡快速访问相关信息。

3）"搜索"选项卡：提供了在"内容"选项卡中列出的所有主题的关键字搜索，接受布尔运算符"AND (+)、OR、NOT (-)和 NEAR"，接受通配符"*、?和~"。搜索结果将显示包含用户在关键字字段中输入的词语的主题分级列表。

1.5.6 透明命令

在 AutoCAD 2010 中有些命令不仅可以直接使用，而且还可以透明使用。所谓透明使用，就是指可以在使用一个命令时，插入另一个命令并执行该命令，待该命令执行完毕后，系统继续执行原命令，这个被插入的命令就是透明命令。

除了选择对象、创建新对象或结束绘图任务的命令，其他命令通常可以透明使用。特别是对于一些修改图形设置或打开辅助绘图工具的命令，例如，"栅格"（GRID）命令或 ZOOM 命令等就是这类透明命令。

在使用这类命令时，透明命令需要在命令名的前面加一个英文输入状态下的单引号(')。下面举例说明透明命令的用法，绘制一个矩形，首先绘制出矩形的一个角点，然后透明使用 ZOOM 命令，并输入执行该命令提示中的选项，如选择"动态(D)"选项，可输入该选项括号中的字母，字母不区分大小写，执行完毕后，再继续绘制矩形的另一个角点，完成整个矩形的绘制，执行过程如下。

命令: RECTANG ✓   //输入绘制"矩形"命令

指定第一个角点或 [倒角(C)/标高(E)

/圆角(F)/厚度(T)/宽度(W)]:200,200 ✓   //输入矩形一个角点的坐标

指定另一个角点或 [面积(A)/尺寸(D)/旋转(R)]: 'zoom   //透明使用窗口命令

>>指定窗口的角点，输入比例因子 (nX 或 nXP)，或者   //提示显示透明命令相关选项

[全部(A)/中心(C)/动态(D)/范围(E)

/上一个(P)/比例(S)/窗口(W)/对象(O)] <实时>: d✓   //输入透明命令提示的相应选项

正在恢复执行 RECTANG 命令。   //恢复回原命令

指定另一个角点或 [面积(A)/尺寸(D)/旋转(R)]:1000,1000✓   //输入矩形另一个角点坐标

透明命令插入运行的过程中，打开的对话框中所做的修改，直到被中断的命令已经执行后，才能生效。同样，透明重置系统变量时，新值在开始下一命令时才能生效。

注意：本书在书写命令执行过程时，为了简洁起见，用"✓"符号代表按下键盘上的〈ENTER〉键，"//"符号后面的信息，是对前面执行过程的说明。

1.5.7 AutoCAD 2010 操作方式

AutoCAD 2010 中提供的操作和功能，都可以通过下面列出的某一种方法来执行，对于有些命令功能则是通过以下几种方法都可以实现。这几种常用的操作方法是：

1）通过鼠标选择相应的菜单命令，并根据命令行的命令选项提示完成操作。在执行菜单命令时，系统会在命令行给出该功能对应的命令，且在命令前带有"_"，表示是由系统自动生成的，去掉"_"，便是该功能所对应的命令，可以直接在命令行中使用。

2）通过鼠标单击相应工具栏中的命令图标，并根据命令行的选项提示完成操作，同上面描述，这里不再重复。

3）直接在命令行中输入命令，然后根据命令提示选项操作完成。另外，也可以直接在命令行中输入和设置系统变量的值，该内容详见 1.6.5 节。

4）使用屏幕菜单中的命令及执行过程中在命令行中出现的命令提示，完成相应的操作。

5）使用鼠标单击功能区对应选项卡中提供的命令，如图 1-24 所示，并配合命令行中的相应命令提示完成操作。

6）单击应用程序按钮，使用应用程序菜单命令以及快速访问工具栏，可访问许多常用命令。如用于创建、打开和发布文件的工具等，如图 1-25 所示。

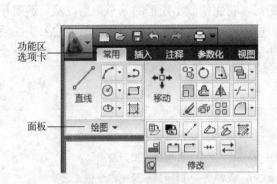

图 1-24　常用选项卡面板　　　　　　　　　　图 1-25　访问常用命令

7）使用键盘上的一组功能键或快捷键（参见本书附录 B），可以快速实现指定的功能，如单击键盘上的〈F1〉键，系统会调出 AutoCAD 2010 的"帮助"对话框。还有些功能键或快捷键在 AutoCAD 2010 的菜单中已经列出，如图 1-26 所示。

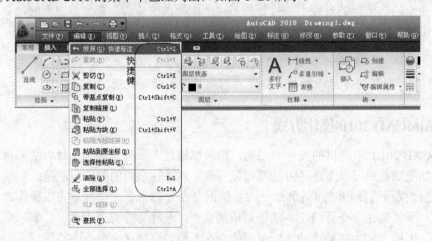

图 1-26　菜单快捷键

对于功能键或快捷键，只要在使用的过程中多加记忆，即可熟练掌握，从而大大提高工作效率。

注意： 本书采用的方式是，功能讲解部分采用菜单命令的方式给出，这样对于初学者显得更为直观，便于理解，而在综合例题部分则结合"适用原则"，采用了命令结合菜单的方式编写，一方面是基于综合演练的考虑，另一方面是结合具体操作方法的便捷程度，且有的命令无法用菜单实现等综合因素考虑。

1.6　AutoCAD 的环境配置

通过对前面章节的学习，读者已经对 AutoCAD 2010 及该软件的具体操作有了一定的了解，接下来将介绍 AutoCAD 工作环境的配置，这是使用该软件进行设计工作的第一步。

1.6.1　图形单位设置

在 AutoCAD 软件中，创建的所有对象都是根据图形单位进行测量的。因此，在开始绘图前，必须确定一个图形单位代表的实际大小，然后根据图形单位创建实际大小的图形。例如，一个图形单位的距离通常表示实际单位的一毫米、一厘米、一英寸或一英尺。

用户选择菜单"格式"→"单位"（UNITS）命令，执行该命令后，系统打开"图形单位"对话框，如图 1-27 所示。

该对话框中主要控件的作用如下：

1）"长度"与"角度"选项组：指定测量的长度与角度的当前单位及当前单位的精度。

2）"插入时的缩放单位"下拉列表：控制使用工具选项板拖入当前图形的块的测量单位。如果块或图形创建时使用的单位与该选项指定的单位不同，则在插入这些块或图形时，将对其按比例缩放，如果想在插入块时不按指定单位缩放，请选择"无单位"。

3）"方向（D）"按钮：单击该按钮，系统进入"方向控制"对话框，如图 1-28 所示，用户可以通过该对话框设置零角度的方向，该设置会影响到角度、显示格式、极坐标、柱坐标和球坐标等。

图 1-27　"图形单位"对话框

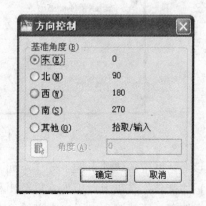

图 1-28　"方向控制"对话框

1.6.2 图形边界设置

可以在 AutoCAD 软件中，在当前的"模型"或"布局"选项卡中，设置并控制栅格显示的界限。用户选择菜单"格式"→"图形界限"（LIMITS）命令，然后根据命令提示，通过指定左下角点及右上角点，来确定栅格显示的界限，结果如图 1-29 所示。

该命令中主要选项的作用如下：

1）"开（ON）"：该选项的作用是打开界限检查。执行该选项时，将无法输入栅格界线外的点，不过需要注意，因为界限检查只测试输入点，所以对于某些对象可能会延伸出栅格界限，例如：圆的某些部分。

2）"关（OFF）"：该选项的作用是关闭界限检查，系统会保持当前的值，并用于下一次打开界限检查。

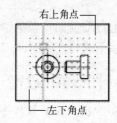

图 1-29　设置栅格显示的界限

1.6.3 配置绘图系统

通过配置绘图系统，可以调整应用程序界面和绘图区域，用户选择菜单"工具"→"选项"（OPTIONS）命令，调用该命令后，系统将弹出"选项"对话框，如图 1-30 所示。用户可以在该对话框的各选项卡中选择有关选项或设置相应选项值，对绘图系统进行配置。

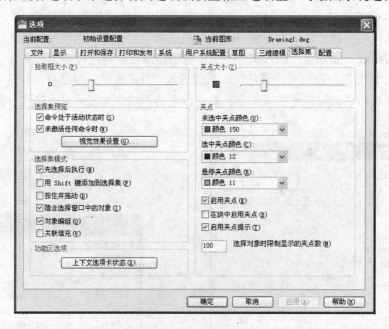

图 1-30　"选项"对话框

该对话框中各选项卡的主要作用如下：

1）"文件"选项卡：能搜索并列出程序支持的文件、驱动程序文件、菜单文件和其他文件的文件夹，还能够列出用户定义的可选设置，如哪个目录可用于进行拼写检查等。

2）"显示"选项卡：用于自定义显示状态，包括控制绘图环境特有的显示、控制现有布局和新布局的选项、控制十字光标的尺寸、控制对象的显示质量及控制影响性能的显示设置、以及控制 DWG 外部参照和参照编辑的淡入度的值等。

3）"打开和保存"选项卡：用于控制打开和保存文件的相关选项及文件安全措施等。

4）"打印和发布"选项卡：用于控制与打印和发布相关的选项。

5）"系统"选项卡：用于控制系统设置。如控制与三维图形显示系统的配置相关的设置及控制与数据库连接信息相关的选项等。

6）"用户系统配置"选项卡：用于控制优化工作方式的选项，包括设置关联标注、线宽、超链接及插入比例等。

7）"草图"选项卡：用于设置多个编辑功能的选项（包括自动捕捉和自动追踪）及自动捕捉靶框的显示尺寸等。

8）"三维建模"选项卡：用于设置在三维中使用实体和曲面的选项。包括设置显示 ViewCube 或 UCS 图标、动态输入，以及设置漫游、飞行和动画方式显示三维模型等。

9）"选择"选项卡：用于设置选择对象的选项。包括设置鼠标拾取框大小、控制与夹点相关的设置等。

10）"配置"选项卡：用于控制由用户定义的配置的使用。

注意：该对话框中各选项卡中的内容，将在后续章节作进一步介绍。

1.6.4　设置工作空间

工作空间可控制用户界面元素的显示方式及显示顺序，是由分组组织的菜单、工具栏、选项板和功能区控制面板组成的集合，使用户可以在专门的、面向任务的绘图环境中工作。工作空间可以根据用户的具体需求进行定义。使用自定义工作空间时，可以设置为只显示与任务相关的菜单、工具栏和选项板。此外，工作空间还可以自动显示功能区，即带有特定任务的控制面板的特殊选项板。

通过选择菜单"工具"→"工作空间"的下一级子菜单中的相应命令，可以轻松地切换工作空间，另外还可以通过状态栏中的工作空间图标，切换工作空间。AutoCAD 软件中自带了以下基于任务的工作空间。

1）"AutoCAD 经典"：对于习惯于 AutoCAD 传统界面的用户来说，可以使用"AutoCAD 经典"工作空间，其界面主要由应用程序按钮▲、菜单栏、工具栏、文本窗口、命令行及状态栏等元素组成。

通过选择菜单"工具"→"工作空间"→"AutoCAD 经典"命令，可方便不熟悉 AutoCAD 2010 界面的用户，切换到熟悉的经典工作空间，如图 1-31 所示。

当然，用户也可以通过菜单"工具"→"工作空间"中的其他命令，切换回 AutoCAD 2010 的软件风格。

2）"二维草图与注释"工作空间：默认状态下，打开"二维草图与注释"工作空间，其界面主要由应用程序按钮▲、"功能区"选项板、快速访问工具栏、文本窗口、命令行及状态栏等元素组成，在该工作空间中，可以使用"绘图"、"修改"、"图层"、"注释"、"块"、"特征"、"实用工具"和"剪贴板"等面板工具，快捷地绘制二维图形。

3）"三维建模"工作空间：在创建三维模型时，可以使用"三维建模"工作空间，其中仅包含与三维相关的工具栏、菜单和选项板。三维建模不需要的界面项会被隐藏，使得用户的工作屏幕区域最大化。

图 1-31　经典工作空间

用户可通过 AutoCAD 的用户界面或自定义用户界面（CUI）编辑器创建和管理工作空间。从用户界面创建和管理工作空间存在限制，而 CUI 编辑器使用户可以完全控制工作空间中的所有用户界面中的元素。具体如下：

1）从用户界面保存或创建工作空间，可使用以下任意一种方式。

① 通过工作空间工具栏保存工作空间的步骤：

● 首先设置好用户界面，然后在当前任何一个可见的工具栏上单击鼠标右键，在弹出的快捷菜单中单击选择"工作空间"。

● 在"工作空间"工具栏中，单击下拉列表并选择"将当前工作空间另存为"选项，如图 1-32 所示。

● 在"保存工作空间"对话框的"名称"文本框中，输入一个名称以创建一个新工作空间，如图 1-33 所示，或从下拉列表中选择一个现有的工作空间以覆盖它。

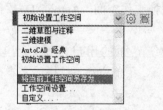

图 1-32　"工作空间"工具栏

图 1-33　"保存工作空间"对话框

● 单击"保存"按钮，完成工作空间的创建或修改。

② 通过状态栏保存工作空间的步骤：

● 在状态栏中单击切换工作空间。然后单击"将当前工作空间另存为"选项，如图 1-34 所示。

● 在"保存工作空间"对话框的"名称"文本框中，输入一个名称以创建一个新的工作空间，或从下拉列表中选择一个现有的工作空间以覆盖它，如图 1-33 所示。

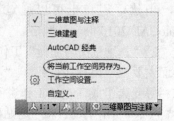

图 1-34　状态栏中的工作空间

● 单击"保存"按钮，完成工作空间的创建或修改。

2）使用"自定义用户界面"编辑器创建或修改工作空间。具体步骤如下：

① 依次单击"管理"选项卡标签的"用户界面"，如图 1-35 所示，也可以在命令行中直接输入命令 CUI，系统将弹出"自定义用户界面"编辑器。

图 1-35　状态栏上工作空间

② 在"自定义用户界面"编辑器中的"自定义"选项卡中的"所有文件中的自定义设置"窗格中，在"工作空间"树节点上单击鼠标右键，然后在弹出的快捷菜单中，选择"新建工作空间"，如图 1-36 所示。

③ 在"工作空间"树节点的底部将出现一个新的、空白的工作空间，默认为"工作空间 1"，可以在"工作空间 1"上单击鼠标右键。在弹出的快捷菜单中，单击"重命名"，然后输入新的工作空间名称，以重命名工作空间，如图 1-37 所示。

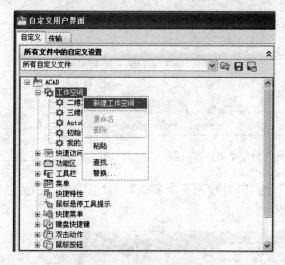

图 1-36　新建工作空间

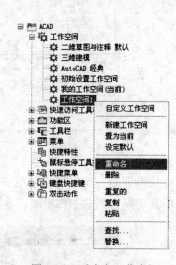

图 1-37　重命名工作空间

④ 在"工作空间内容"窗格中，单击"自定义工作空间"按钮，如图 1-38 所示。

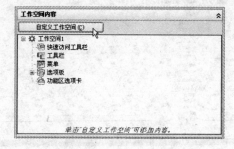

图 1-38　自定义工作空间

⑤ 在"所有文件中的自定义设置"窗格中，单击树节点旁边的加号，将其展开，在快速访问工具栏、功能区选项卡、工具栏、菜单和局部 CUIx 文件节点旁边将显示复选框，使用鼠标单击选中要添加到工作空间的每个用户界面元素旁边的复选框，便可轻松将选定的用户界面元素添加到工作空间中。完成设置后，在"工作空间内容"窗格中单击"完成"按钮，然后依次单击"应用"及"确定"按钮，退出"自定义用户界面"，设置过程如图 1-39所示。

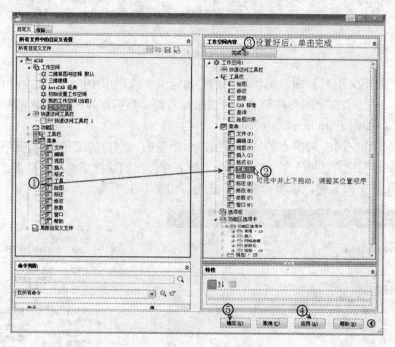

图 1-39　自定义用户界面

完成设置后，可以选择菜单"工具"→"工作空间"下名称为"工作空间 1"的工作空间，将其切换为当前工作空间，如图 1-40 所示。

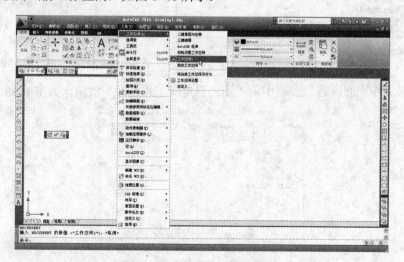

图 1-40　设置为当前工作空间

1.6.5 使用系统变量

在 AutoCAD 中，系统变量用于控制某些功能、设计环境和命令的工作方式，使用系统变量可以打开或关闭，如"捕捉"、"栅格"或"正交"等模式，还可以设置填充图案的默认比例，可以存储有关当前图形和程序配置的信息，及更改用户设置和显示当前状态等。

例如，用户可以使用"GRIDMODE"系统变量，更改、打开或关闭栅格的显示状态。在这种情况下，该系统变量在功能上等价于后面章节中将要讲到的用于控制栅格显示的〈F8〉功能键。

系统变量可以直接在命令行中输入并修改，还可以透明检查或修改系统变量的设置。但是，赋予系统变量的新值将直到被中断的命令结束时才会生效。

1) 系统变量的修改过程如下：

命令: GRIDMODE✓　　　　　　　　//输入系统变量名称"GRIDMODE"

输入 GRIDMODE 的新值 <0>:✓　　//更改"GRIDMODE"的状态，如果输入"1"，则表示打开栅格的显示状态；如果输入"0"，则表示关闭栅格的显示状态，这里直接按下键盘上的〈Enter〉键，则表示采用系统变量的当前值。

2) 查看系统变量的完整列表的步骤如下：

命令: SETVAR✓

输入变量名或 [?] <GRIDMODE>: ? ✓

输入要列出的变量 <*>:✓　　　　//按〈Enter〉键，表示列出所有系统变量，另外，还可以使用通配符，如：输入"D*"，然后按下〈Enter〉键，则系统会列出所有以"D"开头的系统变量

命令执行后，系统会弹出文本窗口，显示系统变量的信息，同时在命令行中显示相同的信息，见下图 1-41 所示。

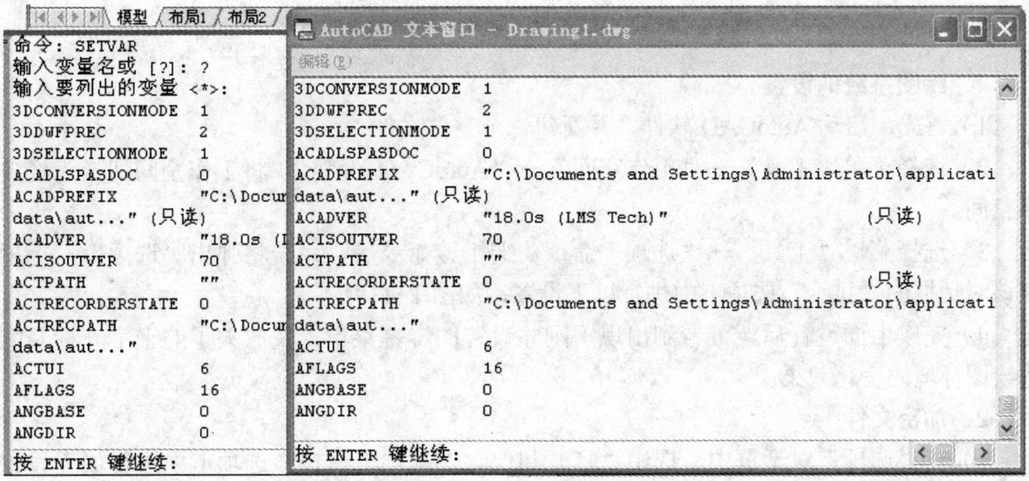

图 1-41　系统变量列表显示

1.7 综合范例——绘图环境设置及文件加密

学习目的：练习使用本章所学的新建、保存文件及配置绘图系统等知识。

重点难点：

➢ 配置绘图系统

➢ 加密文件

现在介绍配置 AutoCAD 软件绘图环境的设置及文件加密的过程，最终的效果如图 1-42 所示。

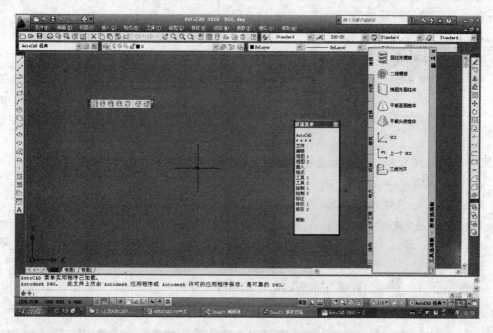

图 1-42　设置后的绘图环境效果

1. 绘图系统的设置

1）首先，启动 AutoCAD 软件，并新建一个空白文件。

2）选择菜单"工具"→"工作空间"→"AutoCAD 经典"，将工作空间切换为经典工作空间。

3）选择菜单"工具"→"选项"命令，调用该命令后，系统将弹出"选项"对话框，在该对话框的"显示"选项卡中进行以下设置，如图 1-43 所示。

4）完成上面设置后，可看到出现了刚才设置的屏幕菜单，及放大了的十字光标及颜色等绘图环境的变化效果。

2. 加密文件

1）在"选项"对话框中，选中"打开和保存"选项卡，在该选项卡中进行如下设置，见图 1-44 所示。

2）选择菜单"文件"→"另存为"命令，调用该命令后，系统将弹出"图形另存为"对话框，保持默认的文件类型和保存路径，在"文件名（N）"文本框中输入"DSE"，即保存为"DSE.dwg"文件。

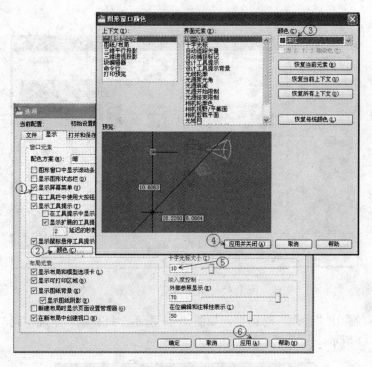

图 1-43　设置"选项"对话框

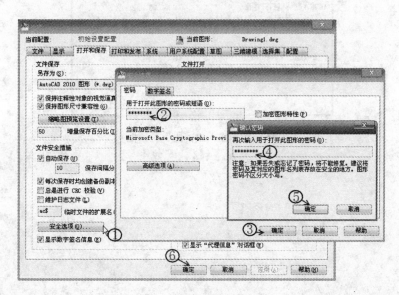

图 1-44　文件加密设置

3）选择菜单"文件"→"退出"命令，则退出 AutoCAD 2010 软件系统。

3．测试效果

1）重新启动 AutoCAD 2010 中文版。

2）选择菜单"文件"→"打开"命令，调用该命令后，系统将弹出"选择文件"对话

框中，选择前文中保存的"DSE.dwg"文件，单击"打开"按钮，则打开该文件，如图 1-45
所示。

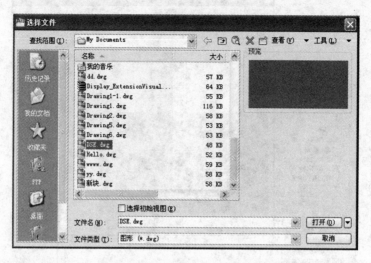

图 1-45 "选择文件"对话框

3）此时系统弹出"密码"对话框，如图 1-46 所示，只有输入正确密码，该文件才能被
打开，如图 1-42 所示。

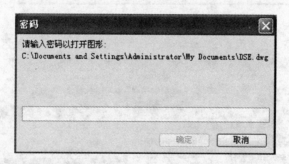

图 1-46 输入"密码"对话框

第 2 章　基本绘图命令

通过对第一章的学习，读者已经对 AutoCAD 软件有了一定的了解，接下来，将深入学习该软件的基本绘图命令，这部分内容是图形设计的基础，熟练掌握该部分内容，对后续课程的学习非常重要。

学习目标：
➢ 了解 AutoCAD 的二维平面坐标系统
➢ 了解基本的绘图命令
➢ 掌握基本输入操作

2.1　AutoCAD 中的坐标系

AutoCAD 为用户提供图形空间的主要目的是使用 AutoCAD 来绘制图形，因此，首先要了解图形对象所处的环境。AutoCAD 提供了一个三维的空间，通常的建模工作都是在这样一个空间中进行的。当第三维坐标始终为零则称为平面坐标系，本章只探讨二维平面坐标系。AutoCAD 有两个坐标系，一个是被称为世界坐标系（WCS）的固定坐标系，一个是被称为用户坐标系（UCS）的可移动坐标系。默认情况下，这两个坐标系在新图形中是重合的。通常在二维视图中，WCS 的 X 轴水平，Y 轴垂直。WCS 的原点为 X 轴和 Y 轴的交点（0,0）。图形文件中的所有对象均由其 WCS 坐标定义。系统默认的坐标系就是 WCS 即世界坐标系。但是，使用可移动的 UCS 创建和编辑对象通常更方便。

要恢复 UCS 使其与 WCS 重合，可以在命令提示下，输入（UCSMAN）命令，并按下键盘上的〈Enter〉键，在弹出的"UCS"对话框中的"命名 UCS"选项卡中，选择"世界"，然后单击"置为当前"按钮，最后单击"确定"按钮，完成操作并关闭该对话框。

2.1.1　笛卡尔坐标系

笛卡尔坐标系又称为直角坐标系，由一个坐标为（0,0）的原点和两个通过原点的、相互垂直的坐标轴构成。其中，水平方向的坐标轴为 X 轴，以向右为其正方向；垂直方向的坐标轴为 Y 轴，以向上为其正方向。平面上任何一点 P 都可以由 X 轴和 Y 轴的坐标所定义，即用一对坐标值（X,Y）即可定义一个点。例如，点 P 的直角坐标为（4,2），则它在坐标系中的位置，如图 2-1 所示。

2.1.2　极坐标系

极坐标系由一个极点和一个极轴构成，如图 2-2 所示，极轴的方向为水平向右。平面上任何一点 P 都可以由该点到极点的连线长度 L（>0）和连线与极轴的交角 α（极角，逆时针方向为正）所定义，即用一对坐标值（L<α）来定义一个点，其中"α"表示角度，例如，

某点的极坐标为（5<30），即表示"L=5、α=30 度"。

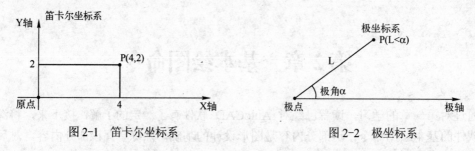

图 2-1　笛卡尔坐标系　　　　　　　　　　　　图 2-2　极坐标系

小技巧：在 AutoCAD 中，输入坐标的时候，必须切换到英文输入法状态输入。

2.1.3　AutoCAD 二维坐标系统

在 AutoCAD 中，二维坐标可以用直角坐标、极坐标来表示，每一种坐标又分别有两种坐标输入方式，即绝对坐标和相对坐标。所谓"绝对坐标"，简单地说就是指以原点为基准，某点到原点的坐标。例如，某点坐标 A（400，300），即表示点 A 距坐标原点 X 坐标增量为 400，Y 坐标增量为 300。在 AutoCAD 中可以使用绝对笛卡儿坐标，也可以使用绝对极坐标，可根据具体情况而定。

在某些情况下，用户需要直接通过点与点之间的相对位移来绘制图形，而不是指定每个点的绝对坐标。为此，AutoCAD 提供了使用相对坐标的办法，所谓"相对坐标"，就是某点与相对点的相对位移值，而不一定是指向坐标原点的，在 AutoCAD 中相对坐标用"@"标识。使用相对坐标时可以使用笛卡尔坐标，也可以使用极坐标，可根据具体情况而定。

例如，某一直线的起点坐标为绝对直角坐标（5,5）、终点坐标为绝对直角坐标（10,5），则终点相对于起点的相对直角坐标为（@5,0），用相对极坐标表示应为（@5<0）。

2.2　绘图命令详析

已经了解了关于 AutoCAD 的基本界面和基本知识，在这一节中将使用 AutoCAD 绘制一些简单的图形，增强读者对 AutoCAD 的认识。二维图形是指在二维平面空间绘制的图形，主要由一些基本图形元素组成，如点、直线、圆弧、圆、椭圆、矩形及多边形等几何元素。但点元素是最基本的图形元素，其他元素都可以由点元素构成，因此，这里先从点元素入手，介绍一些基本的二维绘图命令。AutoCAD 提供了大量的绘图工具，可以帮助用户完成二维图形的绘制。绘图命令和绘图工具如图 2-3 所示。

2.2.1　点命令

点在 AutoCAD 中有多种表示方式，用户可以根据需要进行设置。AutoCAD 中常见的点类型如图 2-4 所示。

点本身没有大小的概念，通常由一对坐标值确定，但可以通过选择菜单"格式"→"点样式"（DDPTYPE）命令，在该命令执行后打开的"点样式"对话框中设置点的样式和该样式点的大小，如图 2-5 所示。

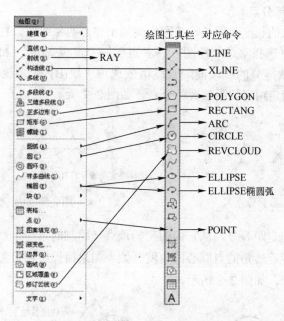

图 2-3　软件结构浅析导图——绘图命令

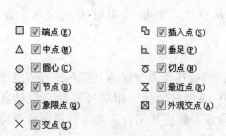

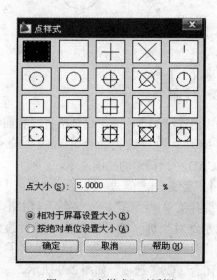

图 2-4　AutoCAD 中常见的点类型　　　　图 2-5　"点样式"对话框

设置好点的样式和大小后，用户可以选择"绘图"→"点"→"单点"（POINT）命令，或通过选择"绘图"→"点"→"多点"（POINT）命令，在绘图区域绘制点状图形。

1. 定数等分点

定数等分，即创建沿对象的长度或周长等间隔排列的点对象或块。

该命令执行前，首先要选中需要进行等分操作的目标，然后通过选择菜单"绘图"→"点"→"定数等分"（DIVIDE）命令，在该命令提示下，输入欲等分线段的数目或选项"块(B)"，如图 2-6 所示的定数等分点，就是首先选择要定数等分的曲线后，输入线段数目 5 后得到的结果。

2. 测量点（定距等分点）

该命令用于沿对象的长度或周长，按测定间隔创建点对象或块。首先选中需要进行等分操作的目标，然后通过选择菜单"绘图"→"点"→"定距等分"（MEASURE）命令，在该命令提示下，输入欲等分的线段间隔长度值或选项"块(B)"，系统将根据给定的线段长度，沿选定对象，按指定距离间隔放置等分点。如图2-7所示。

图2-6 定数等分点   图2-7 定距等分点

对于闭合多段线的定距等分，从它们的初始顶点（绘制的第一个点）处开始；圆的定距等分从设置为当前捕捉旋转角的自圆心的角度开始。如果捕捉旋转角为零，则从圆心右侧的圆周点开始定距等分圆，如图2-8所示。

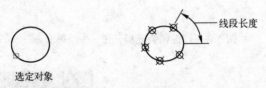

图2-8 圆形定距等分点

2.2.2 线命令

线由连续的点构成，线包括直线和曲线。当线的首尾点一致，即构成了闭合线。本节只探讨最简单的直线类命令。直线类命令，包括直线、构造线和射线。这几个命令是AutoCAD中最简单的绘图命令。

1. 直线

选择菜单"绘图"→"直线"（LINE）命令，然后在该命令提示下输入相应的点坐标，可以是绝对坐标（绝对极坐标、绝对直角坐标）或相对坐标（相对极坐标、相对直角坐标），即可创建直线段。如果已经绘制了若干条段线，想将其闭合。则可以使用命令提示中的"闭合（C）"选项，如图2-9所示。

若想删除直线序列中最近绘制的线段。则可以使用命令提示中的"放弃（U）"选项，该选项可以连续使用，多次输入命令选项"U"，可按绘制次序的逆序逐个删除线段。如图2-10所示。

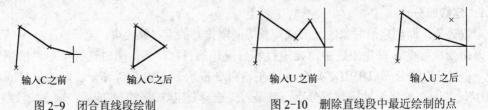

图2-9 闭合直线段绘制   图2-10 删除直线段中最近绘制的点

注意： 使用直线命令 LINE，可以创建一系列连续的线段。每条线段都是可以单独进行编辑的直线对象。

2．构造线

构造线是一种无限长的直线，通常应用构造线作为绘图的辅助线。

用户可以通过选择"绘图"→"构造线"（XLINE）命令，在该命令提示下，输入指定构造线通过的点或输入相应的命令选项，绘制构造线，如图 2-11 所示。

该命令中主要选项的作用如下：

1）"偏移（O）"：该选项用于创建平行于另一个对象的参照线。输入该选项后，出现命令提示"指定偏移距离或 [通过(T)] <通过>:"，在该提示状态可以指定偏移距离，所谓"偏移距离"，是指构造线偏离选定对象的距离。也可以输入命令选项"通过（T）"，或按〈Enter〉键，然后选择相应的直线对象（可以是直线、多段线、射线或构造线）。

2）"二等分（B）"：该选项用于创建一条参照线，它经过选定的角顶点，并且将选定的两条线之间的夹角平分，如图 2-12 所示。

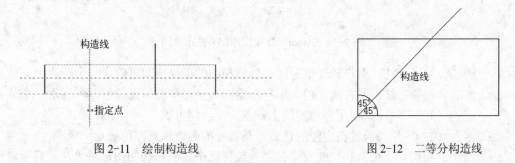

图 2-11　绘制构造线　　　　　　　　　　图 2-12　二等分构造线

3）"水平（H）"：该选项用于创建一条通过选定点的水平参照线，即创建平行于坐标 X 轴的构造线。

4）"垂直（V）"：该选项用于创建一条通过选定点的垂直参照线，即创建平行于坐标 Y 轴的构造线。

3．射线

射线是指始于一点并继续无限延伸的直线，用户可以通过选择"绘图"→"射线"（RAY）命令，在该命令执行后，根据提示指定起点，可以直接使用鼠标指定，也可以通过输入坐标值指定，然后指定射线要通过的点，起点和通过点定义了射线延伸的方向，射线在此方向上延伸到显示区域的边界。

射线也可用作创建其他对象的参照，如图 2-13 所示。

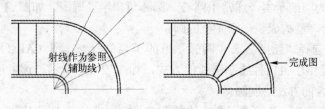

图 2-13　射线辅助绘图

2.2.3 圆类命令

圆类绘图命令主要包括圆、圆弧、椭圆、椭圆弧以及圆环等命令，这几个命令是 AutoCAD 中简单的曲线命令，请读者多加练习并熟练掌握。

1. 圆

AutoCAD 提供了多种绘制圆形的方法，绘制效果如图 2-14 所示。

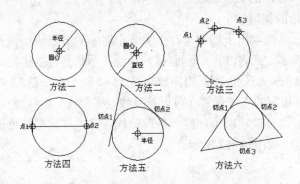

图 2-14　AutoCAD 中圆绘制方法示意图

1）"圆心、半径"法：用户通过指定圆心坐标和圆的半径值即可确定一个圆。

2）"圆心、直径"法：同方法（1），用户指定圆心坐标和圆的直径值即可确定一个圆。

3）"三点（3P）"法：只要用户指定圆上任意三个点即可确定一个圆。

4）"两点（2P）"法：通过指定圆的任意一条直径的两个端点即可确定一个圆。

5）"相切、相切、半径"法：此方法需要先选择两个与圆相切的图形对象，然后指定圆的半径，从而确定一个圆。

6）"相切、相切、相切"法：此方法需要选择三个与圆相切的图形对象来确定一个圆。

用户可以通过选择"绘图"→"圆"（CIRCLE）命令绘制圆形，在该命令执行后，根据命令选项提示，分析具体情况，采用最便捷、适宜的方法绘制圆。

该命令中主要选项的作用如下：

1）"三点（3P）"：用指定圆周上三点的方法画圆，见上图方法三所示。

2）"两点（2P）"：指定直径的两端点画圆，见上图方法四所示。

3）"相切、相切、半径（T）"：按指定两个相切对象，以及圆的半径的方法画圆，见上图方法五所示。

2. 圆弧

圆弧可以理解为圆的子集，通常由圆心、圆心角和半径确定，如图 2-15 所示。可见，当圆心角为 360°时，就构成了一个完整的圆。

用户可以通过选择"绘图"→"圆弧"下的子菜单命令，或（ARC）命令绘制圆弧，AutoCAD 为用户提供了 11 种绘制圆弧的方式，如图 2-16 所示。读者应首先分析具体情况，然后采用最适合的方法绘制圆弧。

执行绘制圆弧命令时，在命令的第一个提示"指定圆弧的起点或 [圆心(C)]:"下，按下键盘上的〈Enter〉键，可绘制出与上一条直线、圆弧或多段线相切的圆弧，见下图 2-17 所示。

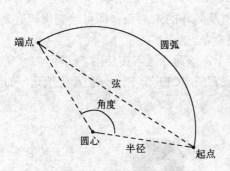

图 2-15　圆弧的几何构成

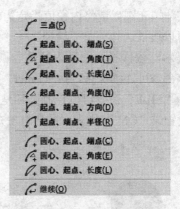

图 2-16　绘制圆弧的 11 种方式

3．椭圆与椭圆弧

椭圆与椭圆弧命令在图形设计时经常使用，用户可以通过选择菜单"绘图"→"椭圆"下的子菜单命令或 ELLIPSE 命令绘制，根据命令提示，依次输入椭圆轴的两个端点并指定另一条半轴长度或根据提示输入相应的命令选项，完成图形的绘制。

该命令中主要选项的作用如下：

1）"指定椭圆的轴端点"：通过两个端点可以定义椭圆的第一条轴，第一条轴既可作为椭圆的长轴也可作为椭圆的短轴（取决于另一轴的长度），该轴的角度确定了整个椭圆的角度，执行过程和结果如图 2-18 所示。

图 2-17　绘制相切的圆弧

图 2-18　轴端点法绘制椭圆

2）"中心（C）"：通过指定的圆心来创建椭圆，执行过程和结果如图 2-19 所示。

3）"圆弧（A）"：用于创建一段椭圆弧，如图 2-20 所示。椭圆弧上的点 1 和图中的点 2，确定第一条轴的位置和长度。点 3 确定椭圆弧的圆心与第二条轴的端点之间的距离，即确定出另一轴长度。点 4 和点 5 确定起始和终止角度。

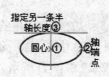

图 2-19　中心法绘制椭圆

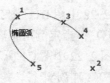

图 2-20　绘制椭圆弧

4．圆环

圆环即带有宽度的闭合多段线，可分为填充环或实体填充圆，要创建圆环，需要指定它的内外直径和圆心，用户通过指定不同的圆心，可以连续创建具有相同直径的多个副本。要创建实体填充圆，请将内径值指定为"0"。

可以通过选择菜单"绘图"→"圆环"（DONUT）命令绘制圆环，该命令执行后，按照命令提示，依次指定圆环内径值、圆环外径值及圆环的中心点，即可绘制出符合要求的圆环，该命令可连续执行，按〈Enter〉键可结束命令。

用"FILL"命令可以控制圆环是否填充显示，该命令通常在使用"圆环"命令前设置，如果设置成"ON"，则表示图形有填充，如果设置成"OFF"，则表示图形无填充，如图2-21所示。

1. 首先执行fill命令，设置为ON，做内径为0外径为40的圆环　　2. 首先执行fill命令，设置为OFF，做内径为0外径为40的圆环　　3. 首先执行fill命令，设置为ON，做内径为10外径为40的圆环　　4. 首先执行fill命令，设置为OFF，做内径为15外径为50的圆环

图2-21　绘制圆环

2.2.4　平面图形类命令

平面图形类绘图命令主要包括矩形和正多边形等命令，该类命令在 AutoCAD 的图形设计中经常用到，请读者反复练习并熟练掌握。

1. 矩形

矩形可以通过选择菜单"绘图"→"矩形"（RECTANG）命令绘制，该命令执行后，依次使用鼠标指定或输入矩形的一对对角点坐标，绘制矩形。另外，结合命令提示的选项，用户还可以绘制出圆角矩形以及倒角矩形等图形，详见下面的命令选项说明，绘制结果如图2-22所示。

该命令中主要选项的作用如下：

1）"第一个角点和另一个角点"：通过两个角点，可确定一矩形，如图 2-22 中图 A所示。

2）"尺寸（D）"：使用长和宽创建矩形，确定矩形的对角点，通过输入相对于第 1 点的长宽值，来确定矩形的另一个对角点，确定出矩形。

3）"宽度（W）"：指定矩形的线宽，要开启状态栏中的"显示/隐藏线宽"按钮，才能看到效果，如图2-22 中图 B1、图 2-22 中图 B2 所示。

4）"倒角（C）"：指定倒角距离，绘制带倒角的矩形，矩形的每个倒角的值根据具体要求可以一样，如图 2-22 中图 C1 所示，也可以不相同，如图 2-22 中图 C2 所示。

5）"圆角（F）"：指定半径，绘制带圆角的矩形，如图 2-22 中图 D 所示。

6）"旋转（R）"：输入该命令选项，在命令提示下，输入矩形需要旋转的角度值即可，如图 2-22 中图 E 所示。

7）"厚度（T）"：设置了厚度值，并将视图进行切换（详见三维建模篇），得到的效果，如图 2-22 中图 F 所示。

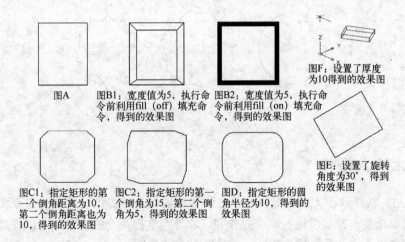

图A

图B1：宽度值为5，执行命令前利用fill（off）填充命令，得到的效果图

图B2：宽度值为5，执行命令前利用fill（on）填充命令，得到的效果图

图F：设置了厚度为10得到的效果图

图C1：指定矩形的第一个倒角距离为10，第二个倒角距离也为10，得到的效果图

图C2：指定矩形的第一个倒角为15，第二个倒角为5，得到的效果图

图D：指定矩形的圆角半径为10，得到的效果图

图E：设置了旋转角度为30°，得到的效果图

图 2-22　绘制矩形

2. 正多边形

正多边形可以通过选择菜单"绘图"→"正多边形"命令绘制。该命令执行后，根据提示，依次输入多边形的边数和正多边形的中心点等选项和值，即可绘制出指定的正多边形，如图 2-23 所示。

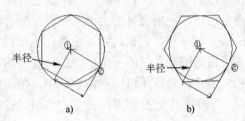

图 2-23　绘制正多边形

a）内接于圆"1"　b）外切于圆"C"

2.2.5　修订云线工具

修订云线是一种用法比较特殊的工具，既可以通过拖动光标创建新的修订云线，也可以将闭合对象（如椭圆或多段线）转换为修订云线。

该命令可通过选择菜单"绘图"→"修订云线"（REVCLOUD）命令执行。

该命令中主要选项的作用如下：

1）"弧长(A)"：该选项用于指定云线中弧线的长度，需要注意的是最大弧长不能大于最小弧长的三倍。

2）"对象(O)"：该选项用于指定要转换为云线的对象，同时提示"反转方向 [是(Y)/否(N)] <否>:"，此时如果输入"Y"，将以反转修订云线中的弧线方向，如果直接按下键盘上的〈Enter〉键，则保留弧线的原样，完成修订云线操作，如图 2-24 所示。

3）"样式（S）"：该选项用于指定修订云线的样式，有"普通（N）"和"手绘（C）"两种选项可选择。

图 2-24 修订云线

2.3 基本输入操作

AutoCAD 软件除了为用户提供了丰富的菜单操作,还提供了对应的命令操作方式,几乎所有的菜单功能,都可以通过命令操作完成,熟练掌握命令的输入,可以提高设计效率,请读者比较菜单与命令两种操作方式,并体会其中的异同。

2.3.1 命令输入方式

在命令行输入命令名,命令字符可不区分大小写,如前面学习过的"直线"命令 LINE、"圆"命令 CIRCLE、"圆弧"命令 ARC 等。

如果想再次执行刚刚执行过的命令,比较快捷的办法就是直接〈Enter〉键,而如果用户想再次运行前面使用过的命令,可以使用键盘的上下光标键,翻看已经运行过的命令,找到相应的命令后,直接按〈Enter〉键即可,再次运行该命令;也可以在绘图区中,单击鼠标右键,打开右键快捷菜单,在"最近的输入"的子菜单中选择需要的命令,系统立即重复执行上次使用的命令,如图 2-25 所示;另外还可以在命令行中,单击鼠标右键,打开右键快捷菜单,在"近期使用的命令"子菜单中选择需要的命令,如图 2-26 所示,以上几种方法均适用于重复执行某个命令。

图 2-25 绘图区快捷菜单

图 2-26 命令行快捷菜单

2.3.2 命令别名

熟练使用命令操作方式,可以提升图形设计速度,尤其是对于 AutoCAD 的老用户,更习惯使用命令的操作方式,而命令别名通常用于代替整个命令名,可使命令的输入更加快捷。用户可以为 AutoCAD 命令、设备驱动程序命令或外部命令定义别名。

1. 创建命令别名

"acad.pgp"文件用于定义命令别名。可以通过在 ASCII 文本编辑器（例如记事本）中编辑"acad.pgp"文件，来更改现有别名或添加新的别名。

选择菜单"工具"→"自定义"→"编辑程序选项"命令后，系统将弹出文本编辑器并显示该文件的内容，用户可以使用"abbreviation,*command"语法，向"acad.pgp"文件的命令别名部分添加行。其中"abbreviation"表示用户在命令提示下输入的命令别名，"command"表示要缩写的命令。必须在命令名前输入星号，以表示命令别名定义。

如果在 AutoCAD 运行时编辑"acad.pgp"文件，完成编辑并保存关闭该文件后，可以在命令行输入"REINIT"命令，然后在弹出的如图 2-27 所示的"重新初始化"对话框中，按"确定"按钮，以使用修订过的文件；也可以重新启动 AutoCAD 以自动重新加载该文件。

小技巧：必须选中该对话框中的"PGP 文件（F）"选项后，重新初始化文件才生效。

2. 命令别名创建范例

通过前面内容的学习，了解了命令别名的作用及设置方法，接下来就通过对命令别名文件的修改，加深对该知识点的了解。

在命令行输入命令"CIRCLE"，调用绘"圆"命令。该命令也可以通过命令别名"C"来实现，下面通过对"acad.pgp"文件的重新编辑和修订，将该命令的别名设置为"CII"，具体设置过程如下。

1）编辑及修订"acad.pgp"文件。

首先选择"工具"→"自定义"→"编辑程序选项"命令，执行该命令后，系统弹出文本编辑器并显示该文件的内容，将画圆的命令别名改为 CII，如图 2-28 所示，保存并关闭该文件。

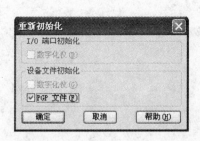

图 2-27 "重新初始化"对话框

图 2-28 编辑"acad.pgp"文件

2）使用"重新初始化"命令（REINIT），在打开的"重新初始化"对话框中选中"PGP 文件"复选框，单击"确定"按钮退出该对话框，作用是使用修订过的"acad.pgp"文件。

3）使用新命令别名。在 AutoCAD 软件中，测试画圆命令的别名，发现输入原来的命令别名"C"，已经失效，而输入新定义好的命令别名"CII"，则画圆命令被激活，如图 2-29 所示。

图 2-29 命令别名

注意：编辑 "acad.pgp" 之前，请先创建备份文件，以便将来需要时恢复。

2.3.3 命令的撤消、重做

在命令执行的任何时刻都可以取消和终止命令的执行，通常使用键盘上的〈Esc〉键。另外，AutoCAD 还为用户提供了撤销上一步操作和恢复刚撤销的操作，即重做的方法。

1. 命令的撤销

命令的撤销操作，用户可以通过选择菜单"编辑"→"放弃"（UNDO 或 U）命令，执行该操作。可以多次执行命令撤销操作，该命令类似于组合键"CTRL+Z"的作用和用法。

2. 命令的重做

命令的重做是指已被撤消的命令还可以恢复重做，要恢复撤消的最后一个命令。用户可以通过选择菜单"编辑"→"重做"（MREDO 或 REDO）命令，重做命令可恢复单个撤销命令放弃的操作，需要注意的是"重做"命令（REDO）必须紧跟在"撤销"命令操作后使用，如图 2-30 所示，可以将后绘制的矩形取消或重做。

```
命令: cii
CIRCLE 指定圆的圆心或 [三点(3P)/两点(2P)/切点、切点、半径(T)]:
指定圆的半径或 [直径(D)] <187.7954>:
命令: rec
RECTANG
指定第一个角点或 [倒角(C)/标高(E)/圆角(F)/厚度(T)/宽度(W)]:
指定另一个角点或 [面积(A)/尺寸(D)/旋转(R)]:
命令: undo
当前设置: 自动 = 开, 控制 = 全部, 合并 = 是, 图层 = 是
输入要放弃的操作数目或 [自动(A)/控制(C)/开始(BE)/结束(E)/标记(M)/后退(B)] <1>:
RECTANG
命令: redo
RECTANG
所有操作都已重做
```

图 2-30 命令的撤销与重做

2.4 综合范例一——绘制门图形

学习目的：综合使用本章所学的基本绘图工具绘制二维图形。

重点难点：

➢ 熟练使用矩形命令

➢ 熟练使用圆弧命令

➢ 熟练使用直线命令

现在综合使用本章所讲的基本绘图工具，绘制门图形，最终效果如图 2-31 所示。

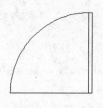

图 2-31 门图形

1. 分析图形

1）分析如图 2-32 所示的"设计图"，可以看出该图形是由矩形、直线和圆弧组成的。

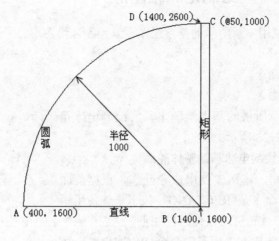

图 2-32　门设计图

2）根据上图所示，圆弧的已知条件为两个端点及半径，因此可以采用"起点、端点、半径（R）"法绘出。

2. 绘制图形

1）使用"直线"命令 LINE，绘制直线 AB，执行过程如下：

命令：LINE✓	//绘制"直线"命令
指定第一点：400,1600✓	//输入 A 点坐标值
指定下一点或 [放弃(U)]：1400,1600✓	//输入 B 点坐标值
指定下一点或 [放弃(U)]：✓	//按下〈Enter〉键，结束命令

2）使用"矩形"命令 RECTANG，过点 B 和点 C 绘制矩形，其中 C 点坐标（@50,1000）为相对直角坐标形式，表示距离点 B 的 X 坐标增量为"50"，Y 坐标增量为"1000"，执行过程如下。

命令：rectang✓　　　　　　　　　　　　　　　　　　　//绘制"矩形"命令

指定第一个角点或 [倒角(C)/标高(E)/圆角(F)/厚度(T)/宽度(W)]：1400,1600✓

　　　　　　　　　　　　　　　　　　　　　　　　　　//输入点 B 坐标值

指定另一个角点或 [面积(A)/尺寸(D)/旋转(R)]：@50,1000✓　　//输入点 C 坐标值

3）使用"圆弧"命令 ARC，根据前面分析，采用"起点、端点、半径（R）"法，将点 D 作为起点，将点 A 作为圆弧端点，绘制出半径为 1000 的圆弧，执行过程如下：

命令：ARC✓　　　　　　　　　　　　　　　　　　　　//绘制"圆弧"命令

指定圆弧的起点或 [圆心(C)]：1400,2600 ✓　　　　　　　//输入点 D 坐标值

指定圆弧的第二个点或 [圆心(C)/端点(E)]：E✓　　　　　　//选择端点选项

指定圆弧的端点：400,1600✓　　　　　　　　　　　　　//输入点 A 坐标值

指定圆弧的圆心或 [角度(A)/方向(D)/半径(R)]：R✓　　　　//选择半径选项

指定圆弧的半径：1000✓　　　　　　　　　　　　　　　//输入半径为 1000

至此门图形则绘制完成，效果如图 2-31 所示。

2.5 综合范例二——绘制电冰箱图形

学习目的：综合使用本章所学的基本绘图工具绘制二维图形。

重点难点：

➢ 熟练使用矩形命令

➢ 熟练使用圆形命令

现在综合使用本章所讲的基本绘图工具，绘制电冰箱图形，最终效果如图2-33所示。

1. 使用矩形工具绘制电冰箱的整体轮廓

为了提高设计效率，本例中使用命令操作，根据前面讲到的知识，"矩形"命令是 RECTANG，接下来就使用矩形命令绘制电冰箱的整体轮廓，具体过程如下。

1）在命令行窗口，输入"矩形"命令 RECTANG，按〈Enter〉键运行该命令，根据命令提示依次输入矩形的第一个角点坐标（2000,2200），按〈Enter〉键执行，继续输入矩形的另一个角点坐标（2400,1600），按〈Enter〉键执行，完成矩形绘制，绘制出电冰箱的上半部分轮廓，执行过程如下：

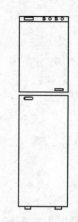

图 2-33 电冰箱效果图

命令: RECTANG↙   //绘制"矩形"命令

指定第一个角点或 [倒角(C)/标高(E)/圆角(F)/厚度(T)/宽度(W)]: 2000,2200↙

//输入矩形的第一个角点坐标

指定另一个角点或 [面积(A)/尺寸(D)/旋转(R)]: 2400,1600↙   //矩形的另一个角点坐标

2）与上面操作类似，继续使用"矩形"命令，以矩形的第一个角点坐标（2000,1575）和另一个角点坐标（2400,700）绘制矩形，得到电冰箱的下半部分轮廓，执行过程如下：

命令: RECTANG↙

指定第一个角点或 [倒角(C)/标高(E)/圆角(F)/厚度(T)/宽度(W)]: 2000,1575↙

指定另一个角点或 [面积(A)/尺寸(D)/旋转(R)]: 2400,700↙

3）使用"矩形"命令，以矩形的第一个角点坐标（2050,700）和另一个角点坐标（2100,680）绘制矩形，即冰箱腿图形，执行过程如下：

命令: RECTANG↙

指定第一个角点或 [倒角(C)/标高(E)/圆角(F)/厚度(T)/宽度(W)]: 2050,700↙

指定另一个角点或 [面积(A)/尺寸(D)/旋转(R)]: 2100,680↙

4）使用"矩形"命令，以矩形的第一个角点坐标（2300,700）和另一个角点坐标（2350,680）绘制矩形，即冰箱腿图形，执行过程如下：

命令: RECTANG↙

指定第一个角点或 [倒角(C)/标高(E)/圆角(F)/厚度(T)/宽度(W)]: 2300,700↙

指定另一个角点或 [面积(A)/尺寸(D)/旋转(R)]: 2350,680↙

5）使用"直线"命令 LINE，绘制点（2000,2160）到点（2400,2160）的直线，即完成冰箱操作控制区的划分，执行过程如下：

命令: LINE↙   //绘制"直线"命令

指定第一点: 2000,2160↙   //输入直线的一个端点坐标

指定下一点或 [放弃(U)]: 2400,2160↙   //输入直线的另一个端点坐标

至此则完成冰箱轮廓的绘制，如图 2-34 所示。

2．使用"圆角矩形"绘制电冰箱把手

1）使用"矩形"命令，在命令提示下输入"圆角(F)"选项，设置矩形的圆角半径为"5"，以矩形的第一个角点坐标（2040,1560）和另一个角点坐标（2110,1545）绘制圆角矩形，即冰箱门把手图形，执行过程如下：

命令: RECTANG↙

指定第一个角点或 [倒角(C)/标高(E)/圆角(F)/厚度(T)/宽度(W)]: f↙

　　　　　　　　　　　　　　　　　　　　　//输入"圆角(F)"选项，表示绘制圆角矩形

指定矩形的圆角半径 <0.0000>: 5↙   //输入圆角矩形的圆角半径值

指定第一个角点或 [倒角(C)/标高(E)/圆角(F)/厚度(T)/宽度(W)]: 2040,1560↙

指定另一个角点或 [面积(A)/尺寸(D)/旋转(R)]: 2110,1545↙

2）使用"矩形"命令，在命令提示下输入"圆角(F)"选项，设置矩形的圆角半径为"5"，以矩形的第一个角点坐标（2290,1630）和另一个角点坐标（2360,1615）绘制圆角矩形，即冰箱门把手图形，执行过程如下：

命令: RECTANG↙

当前矩形模式： 圆角=5.0000↙

指定第一个角点或 [倒角(C)/标高(E)/圆角(F)/厚度(T)/宽度(W)]: f↙

指定矩形的圆角半径 <5.0000>: ↙   //按下〈Enter〉键表示采用默认值

指定第一个角点或 [倒角(C)/标高(E)/圆角(F)/厚度(T)/宽度(W)]: 2290,1630↙

指定另一个角点或 [面积(A)/尺寸(D)/旋转(R)]: 2360,1615↙

完成后的图形如图 2-35 所示。

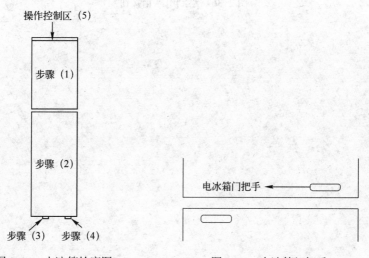

图 2-34　电冰箱轮廓图　　　　　　　　图 2-35　电冰箱门把手

小技巧：在上面矩形命令执行完毕后，如果没有进行其他操作，要想再次执行该矩形命

令，可以直接按下键盘上的〈Enter〉键，则可以再次执行矩形命令。

3. 使用圆形工具绘制电冰箱按钮

1）使用"矩形"命令，以矩形的第一个角点坐标（2040,2190）和另一个角点坐标（2110,2175）绘制圆角矩形，即绘制冰箱操作控制区的按钮，如图 2-36 中图 A 所示，执行过程如下：

命令: RECTANG✓

当前矩形模式: 圆角=71.5891✓

指定第一个角点或 [倒角(C)/标高(E)/圆角(F)/厚度(T)/宽度(W)]: f✓

指定矩形的圆角半径 <71.5891>: 5✓

指定第一个角点或 [倒角(C)/标高(E)/圆角(F)/厚度(T)/宽度(W)]: 2040,2190✓

指定另一个角点或 [面积(A)/尺寸(D)/旋转(R)]: 2110,2175✓

2）使用"圆"命令 CIRCLE，分别以（2200，2182），（2250，2182），（2300，2182），（2350，2182）为圆心，做半径为 10 的圆，完成冰箱门操作控制区的圆形按钮绘制，效果如图 2-36 中图 B 所示，执行过程如下：

命令: CIRCLE✓   //绘制"圆形"命令

指定圆的圆心或 [三点(3P)/两点(2P)/切点、切点、半径(T)]: 2200,2182✓   //输入圆心坐标值

指定圆的半径或 [直径(D)]: 10✓   //输入圆的半径值

其他三个圆形按照上面同样的步骤绘制即可，这里不再重复，完成效果如图 2-36 所示。至此冰箱图形绘制完成，如图 2-33 所示。

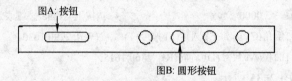

图 2-36　绘制电冰箱按钮

第3章　图形的精确定位与信息查询

上一章介绍了基本的绘图工具，相信一般简单的图形的绘制读者已经掌握了，但是通常在设计的过程中，需要面对都是由简单图形组合而成的复杂图形，这时，如果只使用前面章节讲到的知识，就很难体现 AutoCAD 精确制图的应用特点了，因此图形的精确定位的相关知识显得尤为重要，通过对本章内容的学习，可使读者提高二维图形设计的能力。

学习目标：
➢ 掌握精确定位工具
➢ 掌握特殊点的设置及捕捉
➢ 掌握基点捕捉和点过滤器捕捉的方法
➢ 掌握自动追踪及临时追踪
➢ 掌握信息查询工具的用法

3.1　精确定位工具

AutoCAD 为用户提供了多种绘图及辅助功能，如栅格、捕捉、正交、极轴追踪和对象捕捉等，这些辅助功能类似于手工绘图时使用的方格纸和三角板，使用它们可以更容易、更准确地创建和修改图形对象。例如，使用精确定位工具能够帮助用户快速准确地定位某些特殊点（如端点、中点和圆心等），这些工具主要集中在状态栏中及"对象捕捉"工具拦中，如图 3-1 所示。

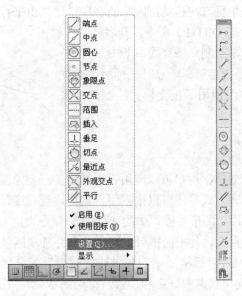

图 3-1　精确定位工具

状态栏中工具显示的多少，可以通过以下方式加以控制，如图 3-2 所示，在状态栏的快捷菜单命令后面，大多对应着用括号括起来的功能键，按下这些功能键可以快速开启或关闭对应的绘图状态。

选择菜单"工具"→"草图设置"（DSETTINGS）命令，系统将弹出"草图设置"对话框，在该对话框中可以对精确定位工具进行设置，如图 3-3 所示。

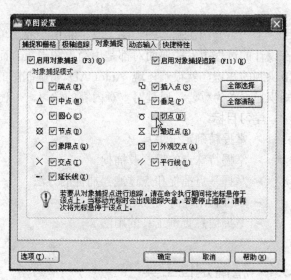

图 3-2　状态栏工具状态设置　　　　　图 3-3　"草图设置"对话框

3.1.1　正交模式

在使用 AutoCAD 绘图的过程中，经常需要绘制水平直线或垂直直线，但是使用鼠标拾取线段的端点时很难保证两个点严格地沿着水平或垂直方向，通过设置"正交模式"，就可以限定光标在水平方向或垂直方向移动，因此能够轻松地画出平行于坐标轴的正交线段。

用户可以通过〈F8〉或 ORTHO 命令，开启状态栏的正交模式。下面通过一个简单的例子介绍一下该设置的作用，绘制一条直线，其中点 1 是指定的第一个点，点 2 是指定第二个点时光标所在的位置。可以清楚地看出，直线使用了正交模式绘制的效果如图 3-4 所示。

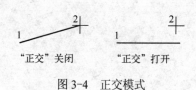

"正交"关闭　　　　　"正交"打开

图 3-4　正交模式

3.1.2　栅格工具

要提高绘图的速度和效率，用户可以应用显示栅格工具使绘图区域出现可见的网格，而且网格的间距、角度和对齐方式等还可以根据用户需要进行设置，栅格是点或线的矩阵，遍布指定为栅格界限（可使用"图形界限"中的 LIMITS 命令设定）的整个区域。使用栅格类似于在图形下放置一张坐标纸。使用栅格可以对齐对象并直观地显示对象之间的距离。

需要提示读者注意的是，"栅格显示"和"捕捉模式"各自独立，但使用时，一般要同时打开，配合使用（"捕捉"状态的开启和设置，见后面章节）。在启用栅格时，可以将栅格显示为点矩阵或线矩阵。·仅在当前视觉样式设置为"二维线框"时栅格才显示为点，否则栅格将显示为线。在三维中工作时，所有视觉样式都显示为线栅格，"栅格"的显示状态可用〈F7〉功能键控制。

开启"草图设置"对话框中的"捕捉和栅格"选项卡，其中的"启用栅格"复选框控制是否显示栅格。"栅格 X 轴间距"和"栅格 Y 轴间距"文本框用来设置栅格在水平与垂直方向的间距，具体设置如图 3-5 所示。

图 3-5 "捕捉和栅格"选项卡

如果需要沿特定的对齐或角度绘图，可以通过旋转用户坐标系（UCS）来更改栅格和捕捉角度，例如，下面将 UCS 旋转 30 度使其固定支架的角度一致，效果如图 3-6 所示。

用户坐标系的旋转，可通过选择菜单"工具"→"新建 UCS"→"三点"命令完成，如图 3-7 所示。此时，十字光标在屏幕上重新对齐，并与新的角度匹配。

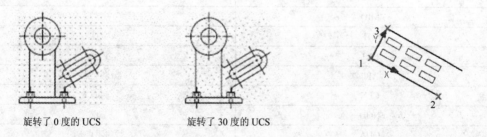

图 3-6 旋转栅格角度   图 3-7 旋转用户坐标系（UCS）

3.1.3 捕捉工具

为了准确地在屏幕上捕捉点，AutoCAD 提供了捕捉工具。捕捉工具用于限制十字光标，使其按照用户定义的间距移动。当"捕捉"模式打开时，光标就只能捕捉到栅格的某一个节点上，若想捕捉栅格点以外的其他点，则需要关闭捕捉状态。

"捕捉"对应键盘上的〈F9〉键，开启"草图设置"对话框中的"捕捉和栅格"选项卡，如图 3-5 所示，其中的"启用捕捉"复选框，控制捕捉功能的开关。而"捕捉"选项组，用于设置各选项。该选项卡中的"捕捉栅格 X 轴间距"和"捕捉栅格 Y 轴间距"用于确定捕捉栅格点在水平和垂直两个方向上的间距。另外"捕捉类型"选项组，用于设置捕捉类型，包括"栅格捕捉"、"矩形捕捉"和"等轴测捕捉"三种方式。

其中"栅格捕捉"是指按正交位置捕捉位置点；"矩形捕捉"方式，设定捕捉栅格是标准的矩形；"等轴测捕捉"方式，用于设定捕捉栅格和光标十字线不再相互垂直，而是成绘制等轴测图时的特定角度，这种方式对于绘制等轴测图十分方便。

对于"极轴间距"选项组，该选项组只有在"PolarSnap（极轴捕捉）"类型时才可用，可在"极轴距离"文本框中输入距离值。

3.2 对象捕捉

使用该功能可以迅速、准确地捕捉到目标对象的某些特殊点位，从而迅速、准确地绘出图形。

3.2.1 特殊位置点捕捉

在设计图形的过程中，经常需要捕捉特征点，AutoCAD 中提供了以下 4 种特征点的捕捉方式，下面就一一进行讲解。

1. 命令方式

绘图时，当在命令行中提示输入一点时，通过输入特征点对应的命令，可完成相应点的捕捉。特征点与命令的对照，见表 3-1。

表 3-1 特征点与命令对照表

特征点命令	特 征 点 名
END	端点
MID	中点
INT	交点
EXT	延伸
APP	外观交点
CEN	圆心
NOD	节点
QUA	象限点
INS	插入点
PER	垂足
TAN	切点
NEA	最近点
PAR	平行

2. 工具栏方式

用户可以在工具栏的右键菜单中，调出"对象捕捉"工具栏，如图 3-8 所示。通过该工具栏，用户可以更方便地实现对特征点的捕捉。当命令行提示输入一点时，把鼠标放在"对象捕捉"工具栏的图标上，根据图标功能的提示，单击相应的图标即可。

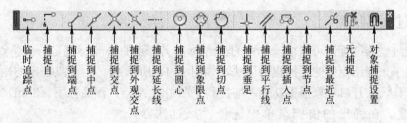

图 3-8　"对象捕捉"工具栏

3. 快捷菜单方式

在绘图区，通过同时按下〈Shift〉或〈Ctrl〉键和鼠标右键，在弹出的右键菜单中列出了 AutoCAD 提供的对象捕捉模式，如图 3-9 所示。

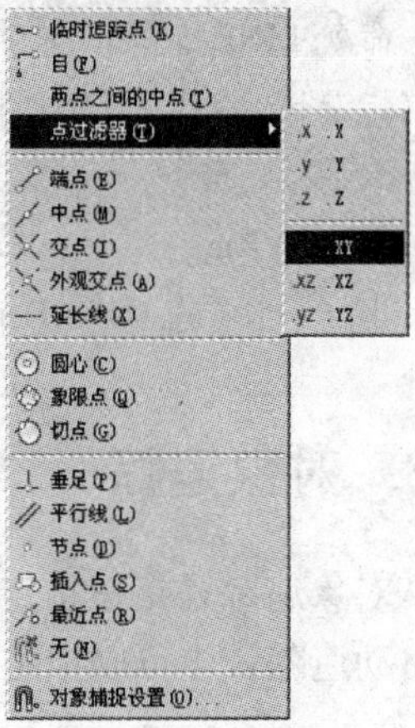

快捷菜单方式的具体操作方法与工具栏方式相似，只要在 AutoCAD 提示输入点时，单击快捷菜单上的相应选项，然后按提示操作即可。

4. 状态栏快捷菜单方式

用鼠标左键单击状态栏上的对象捕捉图标，可开启或关闭对象捕捉功能，右键单击该图标，则可弹出快捷菜单，选中其中的"设置"命令，可打开图 3-3 所示"草图设置"对话框中的"对象捕捉"选项卡，轻松地完成特征点的捕捉设置。

3.2.2　基点捕捉

基点捕捉，是对象捕捉功能中一种比较特殊的用法，通俗地理解，就是以某个点作为临时参考点，并将该参考点作

图 3-9　快捷菜单方式

为指定后续点的基点，该模式通常与其他对象捕捉模式及相关坐标联合使用。

举个例子来看基点捕捉的用法，如果想过点 A 与圆心点 C 作一条连线，以 A 为起点，用基点捕捉的方法捕捉到圆心点 C，需要首先使用直线工具，并开启对象捕捉功能，捕捉到下图中的点 A，然后同时按下〈Shift〉键和鼠标右键。在快捷菜单中选择"自（F）"命令，在命令提示下，捕捉到下图所示的点 B，接下来，在命令提示"<偏移>:"时，捕捉到圆心点 C，则自动画出从"点 A"到"点 C"的连线，执行过程如下，结果如图 3-10 所示。

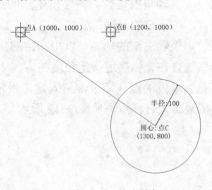

图 3-10　基点捕捉

命令: LINE✓　　　　　　　　　　　　//绘制"直线"命令

指定第一点:　　　　　　　　　　　　//捕捉点 A

指定下一点或 [放弃(U)]: _from 基点:　　//在右键快捷菜单中选择"自（F）"，并捕捉点 B

<偏移>:	//捕捉点 C
指定下一点或 [放弃(U)]: ✓	//按下〈Enter〉键，结束命令

3.2.3 点过滤器捕捉

使用点过滤器捕捉，可以由一个点的 X 坐标和另一点的 Y 坐标确定一个新点。

举个例子来介绍点过滤器捕捉的用法，如图 3-11 所示 A、C 两点确定的矩形中，首先使用直线工具，并开启对象捕捉功能，捕捉到下图中的 A 点，然后按下〈Shift〉键的同时单击鼠标右键。在弹出的快捷菜单中选择"点过滤器" >
".x.x"，在命令行提示".X 于"时，捕捉 D 点，目的是获取 D 点的 X 坐标，在接下来的命令提示"(需要 YZ):"时，捕捉 B 点，获取 B 点的 Y 坐标后，鼠标自动捕捉到 C 点，得到 A 点到 C 点的连线，执行过程如下，结果如图 3-11 所示。

命令: LINE✓	
指定下一点或 [放弃(U)]:	//捕捉点 A
.X 于	//捕捉点 D
(需要 YZ):	//捕捉点 B
指定下一点或 [放弃(U)]: ✓	

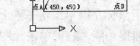

图 3-11 点过滤器捕捉

3.3 对象追踪

对象追踪是指按指定角度或与其他对象的指定关系绘制对象。可以结合对象捕捉功能进行自动追踪，也可以指定临时点进行临时追踪。

3.3.1 自动追踪

自动追踪包括"极轴追踪"和"对象捕捉追踪"两种。其中"极轴追踪"是指按指定的极轴角或极轴角的倍数对齐要指定点的路径；"对象捕捉追踪"是指以捕捉到的特殊位置点为基点，按指定的极轴角或极轴角的倍数对齐要指定点的路径。

使用极轴追踪的功能可以用指定的角度来绘制对象。用户在极轴追踪模式下确定目标点时，系统会在光标接近指定角度的方向上显示临时的对齐路径，并自动地在对齐路径上捕捉距离光标最近的点（即极轴角固定、极轴距离可变），同时给出该点的信息提示，用户可据此准确地确定目标点，如图 3-12 所示。

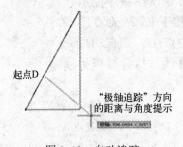

图 3-12 自动追踪

1. 极轴追踪设置

使用极轴追踪关键是极轴角的设定。用户可以在"草图设置"对话框的"极轴追踪"选项卡中对极轴角进行设置，如图 3-13 所示。

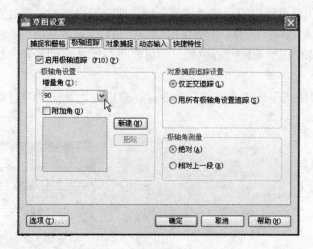

图 3-13 "极轴追踪"选项卡

选中"极轴追踪"选项卡中的"启动极轴追踪（F 10）"复选框，表明启用极轴追踪功能。关于极轴角的设置，可以直接在"增量角"下拉列表中选择一种极轴追踪增量角值，如果没有合适的极轴追踪增量角值，用户可以选中"附加角（D）"复选框，然后单击"新建（N）"按纽，在左侧文本框中输入任意角度的附加角。

注意：系统在进行极轴追踪时，会同时追踪增量角和附加角，用户可以一次设置多个附加角。不需要的附加角可用"删除"按钮删除。

2. 对象捕捉追踪设置

使用"对象捕捉追踪"功能，可以沿着基于对象捕捉点的对齐路径进行追踪。已获取的点将显示一个小加号"+"，该功能一次最多可以获取 7 个追踪点。获取点之后，当在绘图路径上移动光标时，将显示相对于获取点的水平、垂直或设置的极轴对齐路径。

使用对象捕捉追踪，通常同时设置和开启"对象捕捉"和"对象捕捉追踪"功能，用户既可以在"草图设置"对话框的"对象捕捉"选项卡中实现，又可以在状态栏上实现（提示：使用状态栏上的"对象捕捉（F3）和"对象追踪（F11）"）。

例如，在"草图设置"对话框的"对象捕捉"选项卡中，同时选中"启用对象捕捉（F3）"、"启用对象捕捉追踪（F11）"和"端点（E）"复选框，完成设置后关闭该对话框。然后单击如图 3-14 所示的直线起点 A，开始绘制直线，接着将光标移动到另一条直线的端点 B 处捕捉该点，最后沿水平对齐路径移动光标，定位出要绘制的直线端点 C。

图 3-14 对象捕捉追踪

3.3.2 临时追踪

在绘制图形对象时，还可以指定临时点作为基点，进行临时追踪。为了让读者更好地理解"临时追踪"在图形设计中的用法，这里举例说明，用户首先设置好点的样式。接着使用点命令，绘制出点 A、B 和点 D。然后使用 A、B、D 三点，采用三点法绘圆，最后通过临时追踪的方法，追踪出该圆形的圆心位置，并得到圆心到 B 点的半径，具体过程如下，完成结果如图 3-15 所示。

1）选择菜单"格式"→"点样式"命令，在弹出的"点样式"对话框中设置好点的样式，如图 3-16 所示。

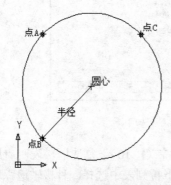

图 3-15　结果图　　　　　图 3-16　"点样式"设置

2）使用"点"（POINT）命令，根据命令提示，依次输入点 A 的坐标（400，2000）、点 B 的坐标（400，400）和点 D 的坐标（2000，2000），绘制出点 A、B、D 三点。

3）选择菜单"工具"→"草图设置"命令，打开"草图设置"对话框，在"对象捕捉"选项卡中，选中除圆心外的其他特征点，同时选中"启用对象捕捉（F3）"复选框，完成设置后，关闭该对话框。

4）选择菜单"绘图"→"圆"→"三点"命令，根据命令提示，依次捕捉 B、A、D 三点，绘制圆形。

5）使用"直线"（LINE）命令，首先捕捉点 B，此时命令提示"指定下一点"，这时可以输入"TT"或按住〈Shift〉键的同时选择右键菜单中的"临时追踪点（K）"命令，根据命令提示，输入临时对象追踪点的坐标（400，1200）。沿着图 3-17 所示的追踪线方向，根据命令提示"指定下一点"，输入"800"，并按下〈Enter〉键结束，执行过程如下。

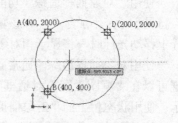

图 3-17　临时追踪

命令:LINE ↙　　　　　　　　　　//绘制"直线"命令

指定第一点:　　　　　　　　　　//捕捉点 B

指定下一点或 [放弃(U)]: TT↙　　// "临时追踪点（K）"命令

指定临时对象追踪点: 400,1200↙　　//输入对象的临时追踪点坐标值

指定下一点或 [放弃(U)]: 800↙　　//输入沿该方向线的坐标增量值

指定下一点或 [放弃(U)]: ↙　　　　　　　　//按下〈ENTER〉键，结束命令

6）得到的线段端点，即是该圆的圆心，所绘出的直线段即是通过点 B 的该圆半径，如图 3-15 所示。

注意： 读者可以通过标注圆心等方法定位出的圆心位置进行检核，详细内容请参考第 8 章标注。

3.4　综合范例一——绘制五角星图形

学习目的：使用前面章节学习的绘图命令，结合对象捕捉追踪功能，绘制五角星图形。

重点难点：

➢ 图形绘制

➢ 对象捕捉追踪

现在使用前面章节介绍的基本绘图命令，结合对象捕捉追踪功能的设置和使用，完成五角星图形的绘制，完成效果如图 3-18 所示。

1. 设置对象捕捉追踪

选择菜单"工具" → "草图设置"命令，打开"草图设置"对话框，选中"对象捕捉"选项卡，按照图 3-19 进行设置，然后单击"确定"按钮，关闭该对话框。

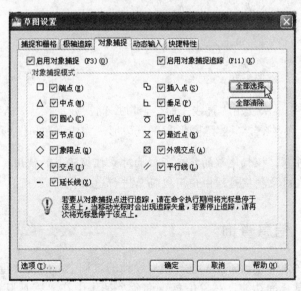

图 3-18　五角星图形　　　　　　　图 3-19　对象捕捉设置

2. 图形绘制

1）使用"圆"（CIRCLE）命令，以（832，317）为圆心，以 76 为半径，绘制一个圆形，执行过程如下：

命令: circle↙　　　　　　　　　　　　　　　　　　// 绘制"圆"命令

指定圆的圆心或 [三点(3P)/两点(2P)切点、切点、半径(T)]: 832,317↙　　//输入圆心坐标

指定圆的半径或 [直径(D)] <36.0555>: 76↙　　　　　　//输入圆形半径

2）使用"正多边形"（POLYGON）命令，以（832，317）为圆心，绘制一个半径为 76 且内接于圆的正五边形，执行过程如下：

命令: polygon↙   //绘制"正多边形"命令

输入边的数目 <4>: 5↙   //指定正多边形边数

指定正多边形的中心点或 [边(E)]: 832,317↙

输入选项 [内接于圆(I)/外切于圆(C)] <I>:↙   //按下〈Enter〉键代表直接选用默认的内接于圆方
                                                   式，用户也可以根据具体情况设置为外切于圆方式

指定圆的半径: 76↙

完成结果如图 3-20 所示。

3. 使用对象捕捉追踪

1）使用"直线"（LINE）命令，从点 O 开始，追踪出正五边形构成边的中点方向，并在命令提示下，输入值"200"，然后按下键盘上的〈Enter〉键，确定出直线的另一个端点，用这种方式依次得到 A、B、C、D、E 共 5 个点，如图 3-21 所示。

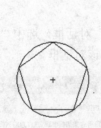

图 3-20　完成结果图

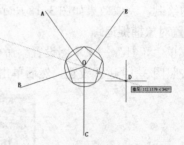

图 3-21　使用"对象追踪捕捉"功能定点

2）再次使用"直线"命令，顺序捕捉并连接点"A"、点"C"、点"E"、点"B"、点"D"、点"A"，并删除圆形和正五边形，完成五角星图形的设计，如图 3-18 所示。

注意: 极轴追踪的状态不影响对象捕捉追踪的使用，即使极轴追踪处于关闭状态，用户仍可在对象捕捉追踪中使用极轴角进行追踪。

3.5　信息查询

在使用 AutoCAD 进行图形设计的过程中，经常要查看图形要素的信息，这就要经常用到信息查询功能，对象信息查询命令都集中在"工具"→"查询"菜单下的子菜单中，如图 3-22 所示，另外查询功能，还可以通过"查询"工具栏实现，在该工具栏中包含着"测量工具"工具栏，如图 3-23 所示。

3.5.1　测量工具

这是一组用于测量选定对象或点序列的距离、半径、角度、面积和体积的工具。其对应的命令是 MEASUREGEOM，通过该命令，可以获取有关选定对象和点序列的几何信息，而无需使用（如 AREA、DIST、MASSPROP 等）多个命令，且可执行与这些命令相同的计

算。该命令的执行过程如下，查询结果信息将以当前单位格式显示在命令行提示中。

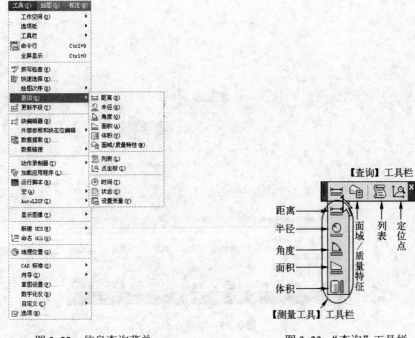

图 3-22　信息查询菜单　　　　　　　　　　图 3-23　"查询"工具栏

命令: MEASUREGEOM↙

输入选项 [距离(D)/半径(R)/角度(A)/面积(AR)/体积(V)] <距离>:

该命令的主要参数作用如下：

1)"距离"：用于测量指定点之间的距离，这在图形设计工作中经常用到，通常在信息查询之前，首先要设置好并开启对象捕捉功能。该命令执行后，系统将提示用户指定目标的第一点和第二个点或"多个点（M）"，如果使用此选项，将基于现有直线段和当前橡皮线即时计算总距离（即总长将随光标移动进行累加更新），其中目标点即可以是直线段端点，也可以是多边形某条边的端点，图 3-24 中所示的是某条直线距离查询的结果。

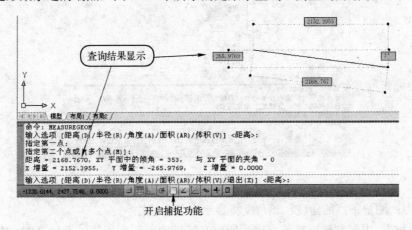

图 3-24　距离查询

2）"半径"：用于测量指定圆弧或圆的半径和直径，指定对象的半径还将显示为动态标注，如图 3-25 所示。

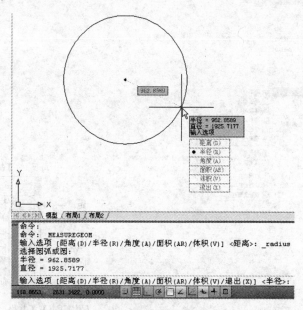

图 3-25　半径查询

3）"角度"：用于测量指定圆弧、圆、直线或顶点的角度。

① 圆弧：测量圆弧的角度，指定圆弧的角度显示为动态标注。

② 圆：测量圆内指定的角度。角度会随光标的移动进行更新，指定角度将显示为动态标注。

③ 直线：测量两条直线之间的角度，该角度将显示为动态标注，如图 3-26 所示。

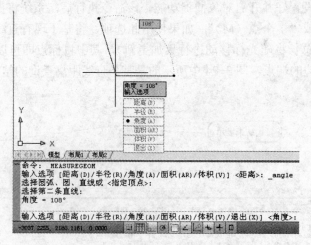

图 3-26　角度查询

④ 顶点：测量顶点的角度，该角度将显示为动态标注。

4）"面积"：用于测量对象或点序列所定义区域的面积和周长，不过 MEASUREGEOM 命令无法计算自相交对象的面积。

① 指定角点：计算由指定点所定义的面积和周长，如图 3-27 所示。

②"对象(O)"：该选项用于计算选定对象的面积和周长，可以计算圆、椭圆、样条曲线、多段线、多边形、面域和实体的面积，如图 3-28 所示。

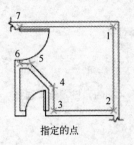

指定的点

图 3-27 点定义的面积和周长

任意形状闭合面域

选定的开放多段线

定义的面积

图 3-28 计算对象的面积和周长

③ 增加面积：打开"加"模式，并在定义区域时即时保持总面积。可以使用"增加面积"选项计算以下各项。

● 各个定义区域和对象的面积。

● 各个定义区域和对象的周长。

● 所有定义区域和对象的总面积，见下图 3-29 所示。

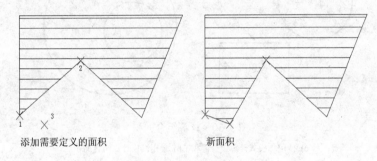

添加需要定义的面积   新面积

图 3-29 面积加

● 所有定义区域和对象的总周长。

④ 减少面积：从总面积中减去指定的面积。例如，图 3-30 中图 a 所示，分别在加模式下选择对象一和对象二，则总面积为面积一和面积二之和。图 b 中在加模式下选择对象一，在减模式下选择对象二，则总面积为对象一和对象二之间的部分，执行过程如下。

命令：MEASUREGEOM↙

输入选项 [距离(D)/半径(R)/角度(A)/面积(AR)/体积(V)] <距离>: AR↙　　//面积测量

指定第一个角点或 [对象(O)/增加面积(A)/减少面积(S)/退出(X)] <对象(O)>: A↙

　　　　　　　　　　　　　　　　　　　　　　　　　　　　//增加面积

指定第一个角点或 [对象(O)/减少面积(S)/退出(X)]: O↙　　　//用选定对象方式测量面积

("加"模式) 选择对象：　　　　　　　　　　　　　　　　//选择对象一

面积 = 377170.7204，圆周长 = 2177.0776

总面积 = 377170.7204

("加"模式) 选择对象：↙　　　　　　　　　　　　　　//按下〈Enter〉键，结束选择

面积 = 377170.7204，圆周长 = 2177.0776

总面积 = 377170.7204

指定第一个角点或 [对象(O)/减少面积(S)/退出(X)]: S↙   //减少面积

指定第一个角点或 [对象(O)/增加面积(A)/退出(X)]: O↙

("减"模式) 选择对象: //选择对象二

面积 = 41879.0265，圆周长 = 725.4429

总面积 = 335291.6940

("减"模式) 选择对象: //按下〈Enter〉键，结束选择

面积 = 41879.0265，圆周长 = 725.4429

总面积 = 335291.6940

指定第一个角点或 [对象(O)/增加面积(A)/退出(X)]: X↙   //退出该模式状态

总面积 = 335291.6940

输入选项 [距离(D)/半径(R)/角度(A)/面积(AR)/体积(V)/退出(X)] <面积>: X↙

                                        //退出测量命令

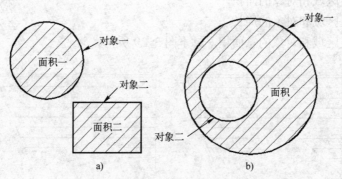

图 3-30 计算组合面积

a) 使用加模式计算组合面积   b) 使用减模计算组合面积

注意：在计算某对象的面积和周长时，如果该对象不是封闭的，则系统在计算面积时认为该对象的第一点和最后一点间通过直线进行封闭；而在计算周长时则为对象的实际长度，而不考虑对象的第一点和最后一点间的距离。

5）"体积"：用于测量对象或定义区域的体积。

① 对象：测量对象或定义区域的体积。可以选择三维实体或二维对象。如果选择二维对象，则必须指定该对象的高度。如果通过指定点来定义对象，则必须至少指定三个点才能定义多边形。所有点必须位于与当前 UCS 的 XY 平面平行的平面上。如果未闭合多边形，则将计算面积，就如输入的第一个点和最后一个点之间存在一条直线。

② 增加体积：当打开"加"模式，将在定义区域时即时保持总面积。

③ 减去体积：当打开"减"模式，将从总体积中减去指定体积。

3.5.2 面域/质量特征查询

使用面域/质量特征查询命令，可以分析三维实体和二维面域的质量特性，包括体积、

面积、惯性矩和重心等，查询结果所显示的特性，取决于选定的对象是面域还是实体。

用户可以通过选择菜单"工具"→"查询"→"面域/质量特征"（MASSPROP）命令，进行对象面积的查询，该命令执行后，可根据命令提示，选择对象进行查询，如果选择多个面域，则只接受与第一个选定面域共面的面域，质量特性等查询信息在文本窗口中显示，并提示用户是否将质量特性写入文本文件。

该命令只对实体或面域对象才能使用，并可以根据用户需要将查询分析结果输出成文件保存，如图3-31所示。

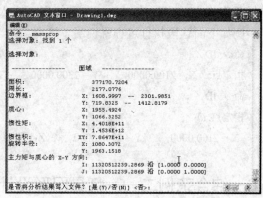

注意：此命令只能用于对二维面域和三维实体的质量特征信息查询，因此对于采用前面讲解的简单二维绘图工具所绘制出的图形，不能直接使用此命令，必须要先通过"面域"（REGION）命令，将图形转换成面域后才能使用，具体内容请参考后面章节学习。

图3-31 "面域/质量特征"查询

3.5.3 查询列表显示

信息列表功能，通常被用于查看图形对象的信息，包括对象类型、图层、颜色和几何特性等综合信息，用户可以通过选择菜单"工具"→"查询"→"列表"（LIST）命令，来执行该操作，根据命令提示，用户可一次使用鼠标框选出一个对象，也可以一次选中多个对象，按〈Enter〉键运行该命令后，系统会自动切换到文本显示窗口，在该窗口将显示出所选择对象的状态及各种选项信息，同时在命令行也会显示相应的查询信息，如图3-32所示。

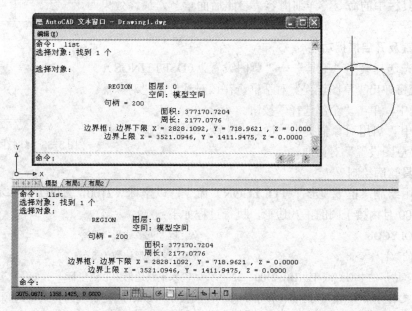

图3-32 信息列表

3.5.4 点查询

该功能用于显示指定点位的坐标值。可以通过选择菜单"工具"→"查询"→"点坐标"（ID 或透明使用'ID）命令，来执行该操作，此时系统将列出指定点的 X、Y 和 Z 值，存储最后查询点的坐标值，并可在系统提示输入下一点时，输入"@"来引用最后一点的坐标，例如下面这段执行过程就说明了这点。

命令: ID↙	//"点坐标"查询命令
指定点: X = 2100.0000 Y = 2300.0000 Z = 0.0000	//鼠标捕捉待查坐标点
命令: ID↙	//再次执行"点坐标"查询命令
指定点: @↙	//引用最后查询点的坐标值
X = 2100.0000 Y = 2300.0000 Z = 0.0000	

3.6 综合范例二——灯具图形设计

学习目的：使用本章介绍的捕捉等知识，及前面章节所介绍的绘图命令，完成灯具图形的设计。

重点难点：

➤ 点的捕捉

➤ 绘图命令的熟练使用

现在使用前面章节学习到的基本绘图命令，配合捕捉功能，完成灯具图形的设计，有了点的捕捉功能，可使设计工作变得简单快捷。本例在设计中使用了后面章节的"旋转"（ROTATE）命令和"偏移"（OFFSET）命令，这两个命令都是"修改"工具栏中的命令，详细内容请参照后面章节，最终效果如图 3-33 所示。

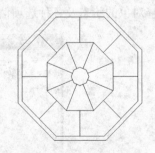

图 3-33　灯具图案效果图

1. 设置及开启捕捉功能

1）首先选择菜单"工具"→"草图设置"（DSETTINGS）命令，系统将弹出"草图设置"对话框，在该对话框的"对象捕捉"选项卡中，单击"全部选择"按钮。

2）选中"启用对象捕捉"，完成设置后，单击"确定"按钮，关闭"草图设置"对话框。

2. 灯具轮廓绘制

1）使用绘制"正多边形"（POLYGON）命令，以坐标（2100，2200）为中心点，绘制出半径为 400 且内接于圆的正八边形，执行过程如下：

命令: POLYGON ↙	//绘制"正多边形"命令
输入边的数目 <8>:8 ↙	//输入多边形边数为 8
指定正多边形的中心点或 [边(E)]: 2100, 2200↙	//输入正八边形中心点坐标
输入选项 [内接于圆(I)/外切于圆(C)] <I>: ↙	//按下〈Enter〉键表示选择默认选项"内接于圆(I)"方式
指定圆的半径: 400 ↙	//输入内接圆的半径值

2）使用"直线"(LINE)命令，使用捕捉功能，捕捉并连接如图 3-34 中所示的 1 号特征点和 3 号特征点，执行过程如下：

命令: LINE↙　　　　　　　　　　　　//绘制"直线"命令

指定第一点:　　　　　　　　　　　　//使用鼠标捕捉图 3-34 中 1 号点

指定下一点或 [放弃(U)]:　　　　　　//使用鼠标捕捉图 3-34 中 3 号点

指定下一点或 [放弃(U)]: ↙　　　　　//按下〈Enter〉键表示结束直线命令

3）使用"直线"中的 LINE 命令，捕捉并连接 2 号特征点和 4 号特征点，方法同第（2）步。

4）使用绘制"正多边形"中的 POLYGON 命令，捕捉前面步骤（2）和步骤（3）所绘制的直线的交点 P 作为中心点，绘制出半径为 700 且内接于圆的正八边形，执行过程如下：

命令: POLYGON ↙　　　　　　　　　//绘制"正多边形"命令

输入边的数目 <8>:↙　　　　　　　　//按下〈Enter〉键表示选择默认值

指定正多边形的中心点或 [边(E)]:　　//捕捉步骤（2）和步骤（3），所绘制的直线的交点 P
　　　　　　　　　　　　　　　　　　作为正八边形的中心点

输入选项 [内接于圆(I)/外切于圆(C)] <I>: ↙　　//按下〈Enter〉键表示选择默认值

指定圆的半径: 700↙　　　　　　　　//输入内接圆的半径值

5）再次使用绘制"正多边形"的 POLYGON 命令，捕捉步骤（2）和步骤（3）所绘制的直线的交点 P 作为中心点，绘制出半径为 750 且内接于圆的正八边形，方法同上面第（4）步。

6）使用绘制"正多边形"的 POLYGON 命令，捕捉上面步骤（2）和步骤（3）所绘制的直线的交点 P 作为中心点，绘制出半径为 100 且内接于圆的正八边形，方法同上面第（4）步。

7）选择菜单"工具"→"查询"→"点坐标"（ID）命令，调用该命令后，系统提示"ID 指定点"，捕捉上面步骤（2）和步骤（3），所绘制的直线的交点 P，得到交点 P 的坐标为（2100，2200）。

8）选择菜单"格式"→"点样式"的 DDPTYPE 命令后，在弹出的"点样式"对话框中设定点的样式，然后使用绘"点"（POINT）命令，绘制出坐标值为（2100，2200）的点 P，执行过程如下：

命令: POINT↙　　　　　　　　　　　//绘制"点"命令

当前点模式: PDMODE=98　PDSIZE=0.0000

指定点: 2100,2200↙　　　　　　　　//输入点 P 坐标

9）使用鼠标选中并删除从特征点 1 到特征点 3 以及从特征点 2 到特征点 4 之间的连线。

10）使用"旋转"（ROTATE）命令，然后根据命令提示，选中第（6）步中绘制的半径为 100 的正八边形，并按下键盘上的〈Enter〉键，接下来指定交点 P 作为基点，输入该点坐标值（2100，2200），最后在命令提示下，输入旋转角度为 22.5 度，将该正八边形旋转 22.5 度，执行过程如下，完成效果如图 3-34 所示。

命令: ROTATE ↙　　　　　　　　　　// "旋转"命令

UCS 当前的正角方向: ANGDIR=逆时针　ANGBASE=0

选择对象: 找到 1 个　　　　　　　　//选中半径为 100 的正八边形

选择对象: ✓   //按下〈Enter〉键，结束选择
指定基点: 2100,2200✓   //输入点 P 的坐标值（2100，2200）作为基点
指定旋转角度，或 [复制(C)/参照(R)] <0>: 22.5✓   //输入旋转角度 22.5 度

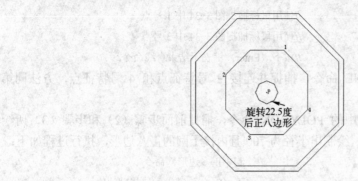

图 3-34　灯具轮廓图

3. 捕捉功能在设计绘图中的运用

1）使用"直线"（LINE）命令和对象捕捉追踪功能，用图 3-35 所示的方法，依次连接半径为 400 的正八边形的各顶点到半径为 100 的正八边形各边的中点的连线。

2）使用"直线"（LINE）命令，并借助捕捉功能，依次捕捉并连接半径为 400 的正八边形与半径为 700 的正八边形对应各边的中点，方法如图 3-36 所示。

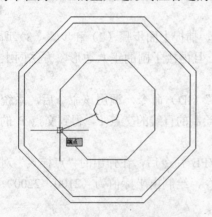

图 3-35　对象追踪捕捉功能应用

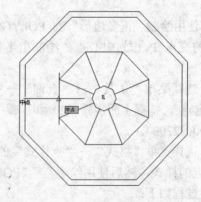

图 3-36　捕捉功能在绘图中的应用

3）选中并删除中心点 P，完成灯具图形的设计，灯具的最终完成效果如图 3-33 所示。

第4章 高级二维绘图命令

通过第二章中介绍的基本的二维绘图命令，可以完成一些简单二维图形的绘制。但对于有些图形，只使用这些简单的命令进行绘制，则很难实现。为此，AutoCAD 推出了一些高级二维绘图命令，来有效地解决这类复杂二维图形的绘制。

学习目标：
- ➢ 掌握多段线的绘制及编辑
- ➢ 掌握多线样式的定义、绘制和编辑
- ➢ 掌握样条曲线的绘制和编辑
- ➢ 创建面域及面域的布尔运算
- ➢ 掌握图案填充和编辑

高级二维绘图命令菜单和工具栏如图 4-1 所示。

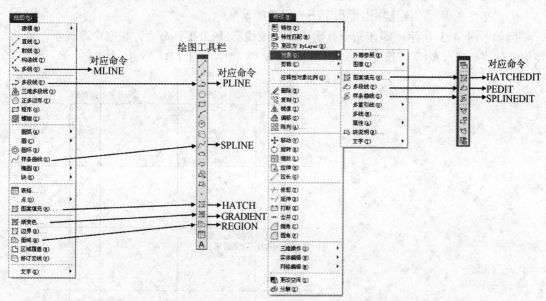

图 4-1　软件结构浅析导读——高级二维绘图及修改命令

4.1　多段线

二维多段线是作为单个对象创建的相互连接的线段序列，可以用于创建直线段、圆弧段或两者的组合线段。这种线由于其组合形式多样，线宽变化，弥补了直线或圆弧功能的不足，适合绘制各种复杂的图形轮廓，因而被广泛应用。

4.1.1　绘制多段线

多段线主要由连续的、不同宽度的线段或圆弧组成，绘制过程中可以通过提示的选项在线与圆弧间自由的切换。

可以通过选择菜单中的"绘图"→"多段线"（PLINE），来调用该命令，然后根据命令提示，以坐标的形式输入或用鼠标直接指定出多段线的起点，接着指定多段线的下一点，或通过输入"宽度（W）"选项设置下一点的线宽或恢复某种线宽的设置。

该命令中主要选项的作用如下：

1）"圆弧（A）"：该选项用于将弧段添加到多段线中。

2）"半宽（H）"：该选项用于指定从宽多段线线段的中心到其一边的宽度，起点半宽将成为默认的端点半宽。端点半宽在再次修改半宽之前将作为所有后续线段的统一半宽值。

3）"闭合（C）"：该选项用于从指定的最后一点到起点绘制直线段，从而创建闭合的多段线，执行该选项前，必须至少指定两个点才能使用该选项。

4）"直线（L）"：该选项用于退出"圆弧（A）"选项，并返回多段线初始的命令提示。

5）"方向（D）"：该选项用于指定弧段的起始方向，图 4-2 中的点 2 用于定义圆弧的起点切向方向，点 3 用于指定圆弧的端点。

6）"宽度（W）"：该选项用于指定下一段线的宽度。

例如下图 4-3 所示，即在命令行输入"多段线"（PLINE）命令，根据命令提示，依次使用选项"圆弧（A）"、"长度（L）"、"宽度（W）"和"方向（D）"，绘制完成。

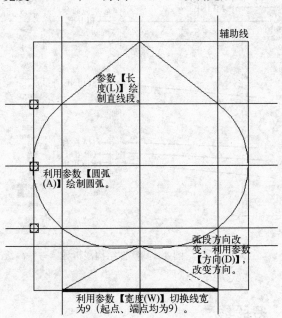

图 4-2　弧段方向　　　　　　　　　图 4-3　绘制多段线

经验：在绘制图形的过程中，要巧妙地使用辅助线对图形进行控制，一般顺序是先构建辅助线，再使用绘图命令绘制图形。

4.1.2　编辑多段线

选择菜单中的"修改"→"对象"→"多段线"（PEDIT）命令，根据提示在绘图区选中待编辑的多段线，然后继续根据命令行提示或单击鼠标右键，从弹出的快捷菜单中选择多段线编辑命令，可完成对选定多段线的编辑修改，如将多段线进行拟合或非曲线化处理等。

该命令中主要选项的作用如下：

1）"合并（J）"：该选项用于合并多段线对象，在编辑多段线命令的提示下，首先使用"多条（M）"选项，并使用鼠标框选要合并的多条多段线对象，然后输入命令选项"合并（J）"和设置模糊距离，一般模糊距离设置应该足以包括端点，命令执行后可将不相接的多段线合并，另外该选项还可以转化并合并其他类型的线段，如图 4-4 所示，可以先将框选的圆弧转换为多段线，然后再进行合并，执行过程如下。

命令: PEDIT ✓　　　　　　　　　　　　　　　　　//编辑多段线命令

选择多段线或 [多条(M)]: M ✓　　　　　　　　　　　//对多条多段线进行编辑

选择对象: 指定对角点: 找到 2 个　　　　　　　　　//鼠标框选目标多段线

选择对象: ✓　　　　　　　　　　　　　　　　　　//按下〈Enter〉键，结束选择

是否将直线、圆弧和样条曲线转换为多段线？ [是(Y)/否(N)]? <Y>✓　//转换为多段线

输入选项 [闭合(C)/打开(O)/合并(J)/宽度(W)/拟合(F)/样条曲线(S)/非曲线化(D)/线型生成(L)/反转(R)/放弃(U)]: J✓　　　　　　　　　　　　　　//进行合并多段线编辑操作

合并类型 = 延伸

输入模糊距离或 [合并类型(J)] <200.0000>: J✓　　　//修改合并方式

输入合并类型 [延伸(E)/添加(A)/两者都(B)] <延伸>: B✓

合并类型 = 两者都 (延伸或添加)

输入模糊距离或 [合并类型(J)] <200.0000>: 200✓　　//输入模糊距离值，不能小于两条多段线要合并端的端点之间的距离，建议用鼠标拾取距离，可使设置更加直观

多段线已增加 2 条线段

输入选项 [闭合(C)/打开(O)/合并(J)/宽度(W)/拟合(F)/样条曲线(S)/非曲线化(D)/线型生成(L)/反转(R)/放弃(U)]: ✓　　　　　　　　　　　　　　//按下〈Enter〉键，结束命令

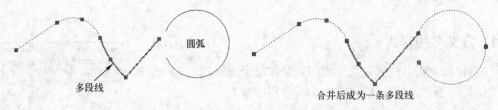

图 4-4　多段线合并

2）"宽度（W）"：该选项用于为整个多段线指定新的统一宽度，另外也可以使用"编辑顶点（E）"选项的"宽度（W）"选项，来更改线段的起点宽度和端点宽度，如图 4-5 所示。

3）"样条曲线（S）"：该选项用于将选定多段线的顶点作为近似 B 样条曲线的曲线控制

点或控制框架，生成样条曲线，如图4-6所示。

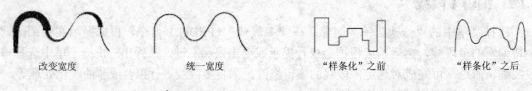

| 改变宽度 | 统一宽度 | "样条化"之前 | "样条化"之后 |

图4-5　修改多段线线宽　　　　　　　　图4-6　样条化

4)"非曲线化（D）"：该选项用于删除由拟合曲线或样条曲线插入的多余顶点，拉直多段线的所有线段，保留指定给多段线顶点的切向信息，用于随后的曲线拟合。

以图4-3绘制的图形为例，说明多段线编辑（PEDIT）命令的用法，执行该命令后，首先根据命令行提示选择要修改的多段线，然后输入命令选项，如分别选择并执行"宽度（W）"或"样条曲线（S）"选项，将多段线线宽改为20或将多段线改变为样条曲线，效果如图4-7所示。

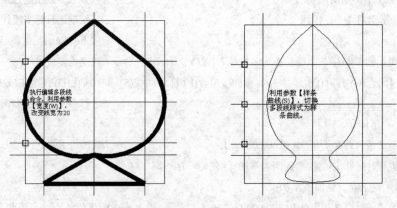

图4-7　编辑多段线

4.2　多线

多线是一种复合线，由多条（1～16）平行线复合组成，这些平行线又称为元素，如图4-8所示。

4.2.1　定义多线样式

多线样式是指多线所包含元素的数量和每个元素的特性（包括元素的位置、偏移距离、颜色和线型等）。

可以通过选择菜单中的"格式"→"多线样式"（MLSTYLE）命令来设置多线样式，该命令执行后，将弹出"多线样式"对话框，在该对话框中，可以对多线样式进行新建、保存和加载、删除、修改、重命名等操作，如图4-9所示。

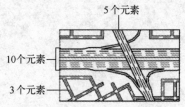

图4-8　多线元素

下面将举例讲解如何定义多线样式，首先选择菜单中的"格式"→"多线样式"（MLSTYLE）命令，将弹出"多线样式"对话框，基于"标准（STANDARD）"样式创建名称为"承重墙墙体"的多线样式，单击"新建"按钮后，系统将弹出"创建新的多线样式"对话框，如图 4-10 所示。

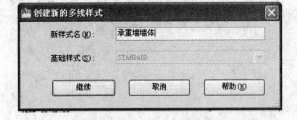

图 4-9 "多线样式"对话框   图 4-10 "创建新的多线样式"对话框

单击"继续"按钮后，系统将弹出"新建多线样式：承重墙墙体"对话框，该对话框中的参数设置如图 4-11 所示，单击"确定"按钮返回"多线样式"对话框。在"多线样式"对话框中选择建立好的"承重墙墙体"样式，然后单击"置为当前"按钮，确定后返回绘图区，至此该多线样式设置完成，接下来即可使用设置好的"承重墙墙体"多线样式进行外墙设计了。

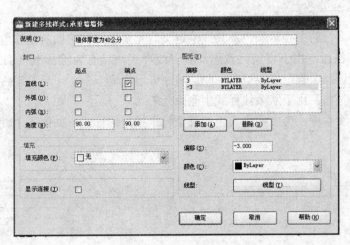

图 4-11 设置多线样式

该对话框中主要控件的作用如下：

1）"封口"选项组：用于控制多线起点和端点封口及样式。

①"直线"复选框：用于控制多线起点、端点封口为直线，如图 4-12 所示。

②"外弧"复选框：用于控制多线最外端元素之间封口为圆弧，如图 4-13 所示。

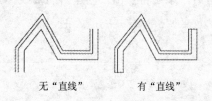

无"直线"　　　　有"直线"

图 4-12　直线封口

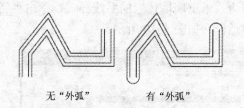

无"外弧"　　　　有"外弧"

图 4-13　外弧封口

③"内弧"复选框：显示成对的内部元素之间的圆弧，如图 4-14 所示。如果有奇数个元素，则不连接中心线。例如，如果有 6 个元素，内弧连接元素 2 和 5、元素 3 和 4，如果有 7 个元素，内弧连接元素 2 和 6、元素 3 和 5。未连接元素 4。

④"角度"文本框：指定端点封口的角度，如图 4-15 所示。

无"内弧"　　　　有"内弧"

图 4-14　内弧封口

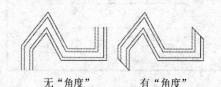

无"角度"　　　　有"角度"

图 4-15　封口角度

2）"填充颜色"下拉列表框：用于设置多线的背景填充色。

3）"显示连接"复选框：用于控制每条多线段顶点处连接的显示，如图 4-16 所示。

4）"图元（E）"选项组：用于设置新的和现有的多行元素的元素特性，例如偏移、颜色和线型。

①"偏移、颜色和线型"列表框：用于显示当前多行样式中的所有元素，样式中的每个元素由其相对于多行的中心、颜色及其线型定义，元素始终按它们的偏移值降序显示。

②"添加"按钮：用于将新元素添加到多线样式，只有为除标准（STANDARD）样式以外的多行样式选择了颜色或线型后，此选项才可用。

③"删除"按钮：用于从多线样式中删除元素。

④"偏移"文本框：为多线样式中的每个元素指定偏移值，如图 4-17 所示。

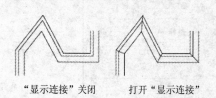

"显示连接"关闭　　　　打开"显示连接"

图 4-16　连接的显示与关闭

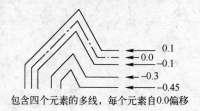

包含四个元素的多线，每个元素自0.0偏移

图 4-17　元素偏移设置

⑤"颜色"下拉列表框：用于显示并设置多行样式中元素的颜色，如果选择"选择颜色"，将显示"选择颜色"对话框。

⑥"线型"按钮：用于显示并设置多行样式中元素的线型。如果选择该按钮，将显示"选择线型"对话框，该对话框中列出了已加载的线型。如果用户想要加载新线型，请单击

"加载"按钮，系统将显示"加载或重载线型"对话框。

4.2.2 绘制多线

通过选择菜单中的"绘图"→"多线"（MLINE）命令，可以绘制多线，根据命令的提示，以坐标的形式输入或指定多线的起点和下一点，如果想放弃前一点的绘制，输入命令提示中的选项"放弃（U）"，如果想闭合线段，则输入闭合选项"闭合（C）"。

该命令中其他主要选项的作用如下：

1）"对正（J）"：该选项用于给定绘制多线的基准。共有三种对正类型"上"、"无"和"下"，其中，"上（T）"表示以多线上侧的线为基准，依次类推，如图4-18所示。

图 4-18　多线对正

2）"比例（S）"：输入该选项，要求用户设置平行线的间距。输入值为"0"时平行线重合，值为负时多线的排列倒置，如图4-19所示。

3）"样式（ST）"：该选项用于设置当前使用的多线样式。

比例为1　　　　　　比例为2

图 4-19　多线比例

下面将举例说明，首先选择菜单中的"格式"→"多线样式"（MLSTYLE）命令，打开"多线样式"对话框，以"标准（STANDARD）"样式为基准，新建名为"多线演示"的多线样式，具体设置如图 4-20 所示，设置好后，将该样式置为当前。

使用上面设置好的多线样式，绘制出如图4-21所示的图形并保存备用。

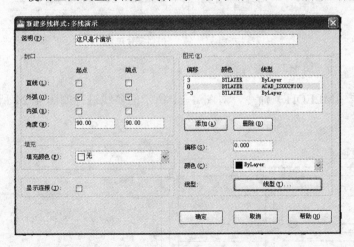

图 4-20　设置多线

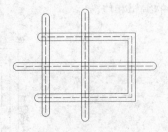

图 4-21　绘制多线

4.2.3 编辑多线

编辑多线，可以通过选择菜单中的"修改"→"对象"→"多线"（MLEDIT）命令完成，命令执行后，将弹出"多线编辑工具"对话框，如图 4-22 所示，在该对话框中，用户可以选择合适的编辑工具，对选定的多线进行编辑修改。

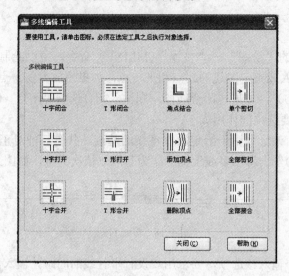

图 4-22　"多线编辑工具"对话框

　　例如，编辑两条相交的多线，应首先选择"多线编辑工具"对话框中相应的工具，在命令提示下，依次选择相交的多线，来改变它们相交的方式，可以使相交方式成十字形或 T 字形，还可以控制十字形或 T 字形的闭合、打开或合并状态，如图 4-23 所示。

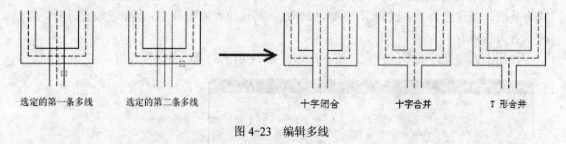

图 4-23　编辑多线

　　下面，请读者使用多线编辑（MLEDIT）命令，对图 4-21 所示的多线进行如图 4-24 所示的编辑和修改。

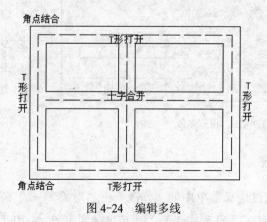

图 4-24　编辑多线

小技巧：在设计建筑平面图时，也可使用"多线"命令，绘制建筑物墙体结构图，如图 4-25 所示，请读者仿照完成并保存备用。

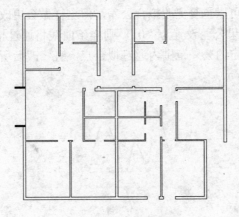

图 4-25　墙体结构图

4.3　样条曲线

样条曲线是经过或接近一系列给定点的光滑曲线，且可以控制曲线与点的拟合程度。AutoCAD 使用的样条曲线是一种称为一致有理 B 样条曲线（NURBS）的特殊曲线，如图 4-26 所示。通过指定的一系列控制点，AutoCAD 可以在指定的允差范围内把控制点拟合成光滑的 NURBS 曲线。所谓允差，表示样条曲线拟合所指定的拟合点集时的拟合精度。公差越小，样条曲线与拟合点越接近。当公差为 0 时，样条曲线将通过该点。在绘制样条曲线时，可以改变样条曲线拟合公差以查看效果。

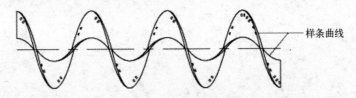
　　　　　　　　　　　　　　　　　　　　　　　　　　——样条曲线

图 4-26　样条曲线

样条曲线工具可用于创建形状不规则的曲线，被广泛的应用于地理信息系统（GIS）或汽车设计绘制轮廓线等领域。

4.3.1　绘制样条曲线

可以通过选择菜单中的"绘图"→"样条曲线"（SPLINE）命令，来绘制样条曲线，并根据命令的提示，完成由各个指定点控制的样条曲线的绘制。

该命令中主要选项的作用如下：

1）"对象（O）"：该选项的作用是将选定的二维或三维的二次或三次样条曲线拟合多段线转换为等效的样条曲线并删除多段线。

2）"闭合（C）"：该选项用于将最后一点定义为与第一点一致，并使它在连接处相切，这样可以闭合样条曲线，如图4-27所示。

3）"拟合公差（F）"：该选项用于修改拟合当前样条曲线的公差，根据新公差以现有点重新定义样条曲线。用户可以重复更改拟合公差，但这样做会更改所有控制点的公差，不管选定的是哪个控制点。如果公差设置为"0"，则样条曲线将通过拟合点；输入大于"0"的公差，将使样条曲线在指定的公差范围内通过拟合点，且修改后所有控制点的公差都会相应地发生变化，如图4-28所示。

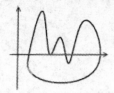

零公差

正公差

图4-27　闭合的样条曲线　　　　　　　　　　图4-28　拟合公差

4）"起点切向"：使用该选项，可以定义样条曲线的第一点和最后一点的切向（也可以直接按下〈Enter〉键）。如果在样条曲线的两端都指定切向，可以输入一个点或者使用"切点"和"垂足"对象捕捉模式，使样条曲线与已有的对象相切或垂直，按〈Enter〉键可计算默认切点。

下面将举例说明，使用样条曲线工具绘制出高等数学中的正旋曲线，其中坐标轴和刻度可用"直线"（LINE）命令绘出，如图4-29所示。

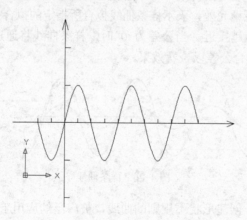

图4-29　正旋曲线

经验：在绘制样条曲线结束后，将提示指定起点和终点的切线方向，如果想保持图形的起点和终点沿着默认方向，即沿着目前绘制的方向，可以连续三次按下键盘上的〈Enter〉键，即可完成该命令。

4.3.2　编辑样条曲线

可以通过选择菜单中的"修改"→"对象"→"样条曲线"（SPLINEDIT）命令，编辑样条曲线。首先，根据命令提示选择需要编辑的样条曲线，若选择的样条曲线是用"样条曲线"（SPLINE）命令创建的，其近似点以夹点的颜色显示出来；若选择的样条曲线是用"多段线"（PLINE）命令创建并转换生成的，其控制点以夹点的颜色显示出来，然后可根据命令提示的选项，完成对选定样条曲线的编辑。

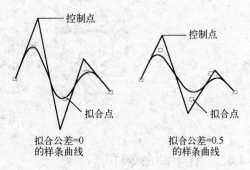

图 4-30　改变样条曲线的公差

该命令中主要选项的作用如下：

1）"拟合数据（F）"：该选项用于编辑样条曲线的拟合点数据，包括修改公差，公差越小，样条曲线与拟合点越接近，如图 4-30 所示。

2）"闭合（C）"：该选项的作用是，将开放的样条曲线修改为连续闭合的环，但如果选定的样条曲线为闭合，则系统将提示"打开"选项。

3）"移动顶点（M）"：该选项用于重新定位样条曲线的控制顶点并清理拟合点，如图 4-31 所示。

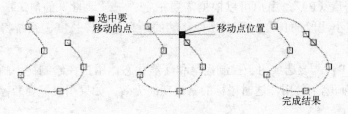

图 4-31　移动顶点

4）"精度（R）"：用户可以通过在一段样条曲线中增加控制点的数目或改变指定控制点的权值来控制样条曲线的精度，增加控制点的权值将把样条曲线进一步拉向该点。也可以通过改变它的阶数来控制样条曲线的精度，样条曲线的阶数是样条曲线多项式的次数加一，样条曲线的阶数越高，控制点越多。

5）"反转（E）"：该选项用于修改样条曲线的方向。

4.4　徒手画线段

使用 AutoCAD 提供的"徒手画"（SKETCH）命令，可以创建一系列徒手绘制的线段。该功能对于创建不规则边界或使用数字化仪追踪非常有用。

4.4.1　徒手画命令简介

使用"徒手画"（SKETCH）命令，可以将鼠标当作画笔来用，绘制一些不规则的边界，如等值线和签名等，徒手画实质上是一系列连续的直线或多段线，如图 4-32 所示。

徒手绘图时，鼠标就像画笔一样，单击鼠标左键将把"画笔"放到屏幕上，这时可以进行绘图，再次单击鼠标左键将提起画笔并停止绘图。徒手画由许多条线段组成，每条线段都可以是独立的对象或多段线，可以设置线段的最小长度或增量。使用较小的线段可以提高绘图精度，但会明显增加图形文件的大小。

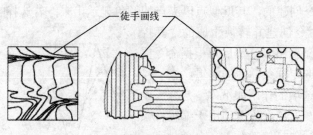

图 4-32 徒手画

4.4.2 徒手画命令详解

执行"徒手画"（SKETCH）命令后，将提示用户输入记录增量，然后可根据命令提示输入相应的命令选项，或使用鼠标绘制出任意形状的图形。

该命令中主要选项的作用如下：

1）"记录增量（P）"：用户可以根据需要指定"记录增量"的值。所谓记录增量是指徒手画线段中最小线段的长度，每当光标移动的距离达到该长度，系统将临时记录这一段线段。

2）"画笔（P）"：该选项用于控制提笔和落笔状态，用户在绘制徒手画时必须先落笔，此时鼠标被当作画笔来使用，这时鼠标的常规功能无效。如果用户需要暂停或结束绘制，则需要提笔。

注意，抬笔并不能退出"徒手画"（SKETCH）命令，也不能永久记录当前绘制的徒手线，用户可以通过单击鼠标左键在提笔和落笔状态之间转换。

3）"退出（X）"：该选项可用于记录所有临时线并退出徒手画命令，用户也可按〈Enter〉键或空格键完成同样的功能。

4）"结束（Q）"：该选项可用于不记录任何临时线并退出徒手画命令，相当于用户按"Esc"键。

5）"记录（R）"：该选项可用于记录最后绘制的徒手线，但不退出徒手画命令，未记录的临时徒手线以绿颜色显示。

6）"删除（E）"：选择该选项后，可以用光标从最后绘制的线段开始向前逐步删除任何一段线段，在选择该选项时，如果画笔处于落笔状态，则系统会自动提起画笔。

7）"连接（C）"：用户抬笔或删除线段后会出现断点，这时使用该选项可以从最后的断点处继续绘制徒手线。选择该选项后，当光标移至断点附近并且光标点与断点间距离小于增量长度时，AutoCAD 将自动从断点开始绘制徒手线。

下面将举例说明，使用徒手画工具，绘制如图 4-33 所示的地类界限范围，其中记录增量可以控制曲线的采点密度，密度越大，则数据量越大。

图 4-33 徒手画曲线

4.5 参数化图形

参数化图形是一项用于具有约束的设计的技术，该约束适用于二维几何图形，在工程的

74

设计阶段，通过对图形对象之间建立约束关系，可以在更改某对象时自动调整与其有约束关系的其他对象，有两种常用的约束类型：

1）几何约束：用于控制对象相对于彼此的关系。

2）标注约束：用于控制对象的距离、长度、角度和半径值，详细介绍可参考第八章 8.7 节的内容。

1. 几何约束

几何约束可将二维几何图形对象关联在一起，或者指定固定的位置或角度，应用约束时，将出现两种情况：

1）用户选择的对象将自动调整为符合指定约束。

2）默认情况下，约束图标显示在受约束的对象旁边，且将光标移至受约束的对象上时，将随光标显示一个蓝色小图标，如图 4-34 所示。

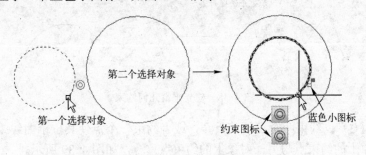

图 4-34　建立几何约束

在某些情况下，应用约束时选择两个对象的顺序十分重要。通常，所选的第二个对象会根据第一个对象进行调整，如上图所示，大圆被调整到与小圆同心的位置上。不过，对于某些约束，不需要选择对象，而需要在对象上指定约束点（包括端点、中点、中心点以及插入点），执行过程与对象捕捉相似。

选择菜单中的"参数"→"几何约束"（GEOMCONSTRAINT）下的子菜单命令，可对图形建立几何约束，命令行执行方式如下。

命令: GEOMCONSTRAINT↙　　　　　　　　　　　　// "几何约束" 命令

输入约束类型[水平(H)/竖直(V)/垂直(P)/平行(PA)/相切(T)/平滑(SM)/重合(C)/同心(CON)/共线(COL)/对称(S)/相等(E)/固定(F)] <垂直>:

该命令中主要选项的作用如下：

1）"水平（H）"：使直线或点对位于与当前坐标系的 X 轴平行的位置，默认选择类型为对象，如图 4-35 所示。

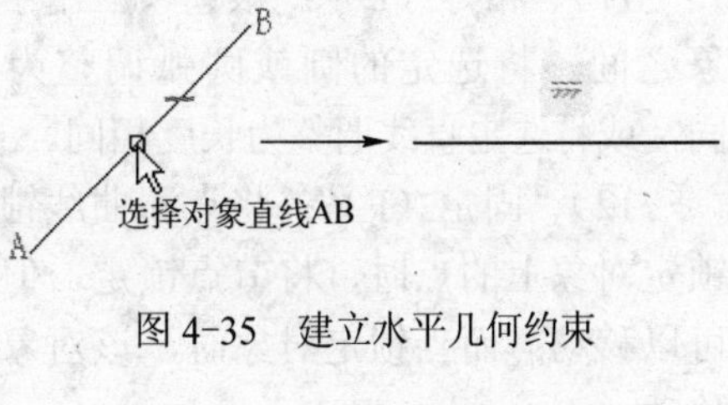

2）"竖直（V）"：使直线或点对位于与当前坐标系的 Y 轴平行的位置。

图 4-35　建立水平几何约束

3）"垂直（P）"：该选项应用两个对象之间，使选定的直线位于彼此垂直的位置上，如图 4-36 所示。

4）"平行（PA）"：该选项应用于两个对象之间，使选定的直线位于彼此平行的位置。

5）"相切（T）"：该选项应用于两个对象之间，将两条曲线或其延长线，约束在彼此相切的位置上，如图 4-37 所示。

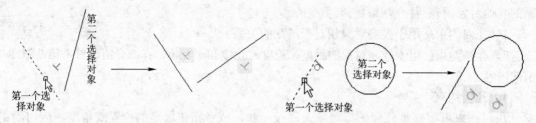

图 4-36　建立垂直几何约束　　　　　图 4-37　建立相切几何约束

6）"平滑（SM）"：将选定样条曲线与其他样条曲线、直线、圆弧或多段线在端点处合并为一条连续曲线，如图 4-38 所示。

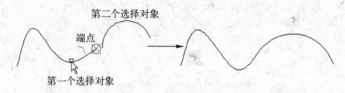

图 4-38　建立平滑几何约束

7）"重合（C）"：约束两个点使其重合，或者约束一个点使其位于曲线或其延长线上。可以使某个对象上的约束点与另一对象上的约束点重合，如图 4-39 所示。

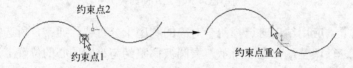

图 4-39　建立重合几何约束

8）"同心（CON）"：将两个圆弧、圆或椭圆约束到同一个中心点，如图 4-34 所示。

9）"共线（COL）"：使两条或多条直线段沿同一直线方向。

10）"对称（S）"：使选定对象沿选定的直线对称放置。

11）"相等（E）"：该选项应用于两个对象之间，将选定的圆或圆弧调整为半径相同，或将选定直线调整为长度相同。

12）"固定（F）"：将点和曲线锁定，当锁定对象上的点时，将节点锁定，但该对象可以移动；而当锁定对象时，该对象将无法移动。

2．几何约束设置

选择菜单中的"参数"→"约束设置"（CONSTRAINTSETTINGS）命令，可以打开"约束设置"对话框，如图 4-40 所示。

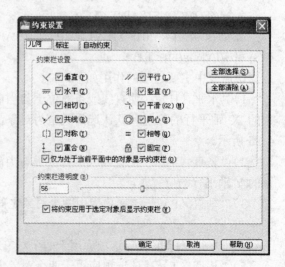

图 4-40　设置几何约束

该对话框中主要控件的作用如下：

1）"几何"选项卡：用于控制约束栏中约束类型的显示。

2）"标注"选项卡：用于显示标注约束时设置行为中的系统配置，详细内容请参考第 8 章 8.7.2 节的内容。

3）"自动约束"选项卡：用于控制应用于选择集的约束。

4.6 边界

所谓边界，就是指某个封闭区域的轮廓，使用"边界"（BOUNDARY）命令，可以根据封闭区域内的任一指定点来自动分析该区域的轮廓，并可通过多段线或面域的形式进行保存，如图 4-41 所示。

图 4-41　图形边界

4.6.1　边界的创建

选择菜单中的"绘图"→"边界"（BOUNDARY）命令后，系统将弹出"边界创建"对话框，如图 4-42 所示。

该对话框中主要控件的作用如下：

1）"拾取点"按钮：单击"拾取点"按钮，并在绘图区中某封闭区域内任选一点，系统将自动分析该区域的边界，并相应地生成多段线或面域来保存边界。如果用户选择的区域没有封闭，则系统将弹出如图 4-43 所示的"边界定义错误"对话框进行提示，用户可重新进行选择。

图 4-42　"边界创建"对话框　　　　图 4-43　"边界定义错误"对话框

2）"孤岛检测"复选框：该复选框用于控制边界检测是否检测内部闭合边界，该边界称为孤岛。

3）"对象类型"下拉列表：该下拉列表框中包括"多段线"和"面域"两个选项，用于指定边界的保存形式。

4）"边界集"下拉列表：该下拉列表用于指定进行边界分析的范围，其默认项为"当前视口"，即在定义边界时，AutoCAD 分析所有在当前视口中可见的对象。用户也可以单击"新建"按钮，回到绘图区，选择需要分析的对象构造一个新的边界集，这时 AutoCAD 将放弃所有现有的边界集并用新的边界集替代它。

4.6.2 面域

面域是使用形成闭合环的对象创建的二维闭合区域，其中闭合环可以是直线、多段线、圆、圆弧、椭圆、椭圆弧和样条曲线的组合，如图 4-44 所示，组成环的对象必须闭合或通过与其他对象共享端点而形成闭合的区域，面域可用于填充和着色。

图 4-44　面域

面域是具有物理特性（例如质心）的二维封闭区域，可以将现有面域合并为单个复合面域来计算面积。

可以通过多个环或者端点相连形成环的开曲线创建面域，但是不能通过开放对象内部相交构成的闭合区域（例如，对于相交的圆弧或自相交曲线）构造面域。

4.6.3 创建面域

可以选择菜单中的"绘图"→"面域"（REGION）命令创建面域。根据命令提示用鼠标选择已形成闭合环的对象，或使用鼠标框选一个范围区域，选择对象后，系统将提示找到闭合对象的个数，按〈Enter〉键，系统将自动将所选择的对象转换成面域，并提示创建的闭合环和闭合曲面的数目。

只能通过平面闭合环来创建面域，即组成边界的对象或者是自行封闭的，或者与其他对象有公共端点从而形成封闭的区域，同时它们必须在同一平面上。如果是对象内部相交而构成的封闭区域，则不能使用"面域"（REGION）命令生成面域，但可以通过"边界"（BOUNDARY）命令提取边界后，再使用"面域"（REGION）命令创建面域，如图 4-45 所示。

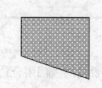　　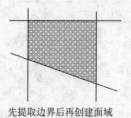

通过"面域"命令直接创建面域　　　　　　　先提取边界后再创建面域

图 4-45　面域的创建

4.6.4 面域的布尔运算

布尔运算是数学上的一种逻辑运算，用在 AutoCAD 设计中，能够极大地提高绘图的效率。需要注意的是，布尔运算的对象只包括三维实体和面域类型的对象，而对于普通的线条图形对象无法使用这类运算，通常布尔运算包括并集、交集和差集三种。

其中，使用"并集"（UNION）命令，可以合并两个或两个以上面域（或实体）的总面积（或体积），合并后可得到一个复合对象，如图 4-46a 所示。

使用"差集"（SUBTRACT）命令，可以从面域（或实体）中删除与另一面域（或实体）的公有区域，如图 4-46b 所示。

使用"交集"（INTERSECT）命令，可以从两个或两个以上重叠面域（或实体）的公共部分创建面域或复合实体，如图 4-46c 所示。

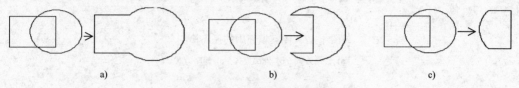

a)　　　　　　　　　　　　b)　　　　　　　　　　　　c)

图 4-46　面域的布尔运算

a) 并集运算结果　b) 差集运算结果　c) 交集运算结果

4.7　图案填充

在绘制图形时经常会遇到这种情况，当用户需要重复绘制某图案以填充图形的一个区域时，可以使用"图案填充"（BHATCH）命令建立一个相关联的填充阴影对象，即所谓的图案填充。图案填充经常用于在剖视图中表达对象的材料类型，可增加图形的可读性。

在 AutoCAD 中，可以使用预定义填充图案填充区域或使用当前线型定义简单的线图案，也可以创建更复杂的填充图案。有一种图案类型是使用实体颜色填充区域，另外还可以创建渐变填充。渐变填充可在一种颜色的不同灰度之间或两种颜色之间使用过渡。渐变填充提供光源反射到对象上的外观，可用于增强演示图形。

无论一个填充图案是多么复杂，系统都将其认为是一个独立的图形对象，可作为一个整体进行各种操作。但如果使用"分解"（EXPLODE）命令将其分解，则图案填充将按其图案的构成分解成许多相互独立的直线对象。因此，分解图案填充将大大增加文件的数据量，建议用户除了特殊情况不要将其分解。

在 AutoCAD 中绘制的填充图案可以与边界具有关联性。一个具有关联性的填充图案是和其边界联系在一起的，当其边界发生改变时，会自动更新以适合新的边界；而对于非关联性的填充图案，则独立于它们的边界。

注意：如果对一个具有关联性填充的图案进行移动、旋转、缩放和分解等操作，该填充图案与原边界对象将不再具有关联性。如果对其进行复制或带有复制的镜像、阵列（详细内容请参照后续章节）等操作，则该填充图案本身仍具有关联性，而其拷贝则不具有关联性。

4.7.1　图案填充的基本概念

所谓图案边界，是指当进行图案填充时，首先要确定填充图案的边界。定义边界的对象只能是直线、双向射线、多线、样条曲线、圆弧、圆、椭圆、椭圆弧和面域等对象或用这些对象定义的块，而且作为边界的对象在当前屏幕上必须全部可见。

所谓"孤岛"，是指在进行图案填充时，把位于总填充域内的封闭区域称为孤岛。在"图案填充和渐变色"对话框中，选中"孤岛检测"复选框，且可以指定在最外层边界内填充对象的方法，其中包括"普通"、"外部"和"忽略"3种方式，其填充效果如图4-47所示。

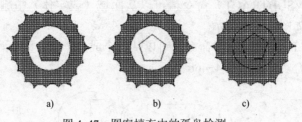

a)   b)   c)

图 4-47   图案填充中的孤岛检测

a) 普通方式   b) 外部方式   c) 忽略方式

4.7.2　图案填充的操作

通过选择菜单中的"绘图"→"图案填充"（BHATCH）或"绘图"→"渐变色"（GRADIENT）命令，可执行填充图案的操作，该命令执行后，系统将打开"图案填充和渐变色"对话框。该对话框由"图案填充"及"渐变色"两个选项卡组成。

其中"图案填充"选项卡用于定义要应用的填充图案的外观，如图4-48所示。

图 4-48   "图案填充"选项卡

该选项卡中主要控件的作用如下：

1）"类型和图案"选项组：用于定义要应用的填充图案的外观。

①"类型"下拉列表：用于确定填充图案的类型，有三种类型供选择，首先"预定义"填充图案类型是由 AutoCAD 系统提供的，选用该选项，表示用 AutoCAD 标准图案文件（ACAD.PAT）中的图案填充。第二种是"用户定义"类型，是基于图形的当前线型创建的直线填充图案，选择该项后，用户可以通过""角度"和"间距"下拉列表框来控制用户定义图案中的角度和直线间距。此外，选择该项后，"双向"复选框将被激活，如果选择该开关，则将在用户定义的填充图案中绘制第二组直线，这些直线相对于初始直线成 90 度，从而构成交叉填充。最后一种是"自定义"类型，表示选用 ACAD.PAT 图案文件或其他图案

文件（.PAT 文件）中的图案填充。

②"图案"下拉列表：该下拉列表中列出了可用的预定义图案，最近使用的 6 个用户预定义图案出现在列表顶部。

2）"角度和比例"选项组：用于指定选定填充图案的角度和比例。

①"角度"下拉列表：用于确定填充图案时的旋转角度，图案在定义时的旋转角度为"0"，用户可以在"角度"编辑框内输入新的旋转角度。

②"比例"下拉列表：用于确定填充图案的比例值。图案在定义时的初始比例为"1"，用户可以根据需要在"比例"框内输入相应的比例值，来放大或缩小比例。

"图案填充和渐变色"对话框中的另一个重要的选项卡是"渐变色"选项卡。渐变色，是指某种颜色渐变的过渡或从一种颜色到另一种颜色的平滑过渡。渐变色能产生光的效果，可为图形添加视觉效果，该选项卡如图 4-49 所示。

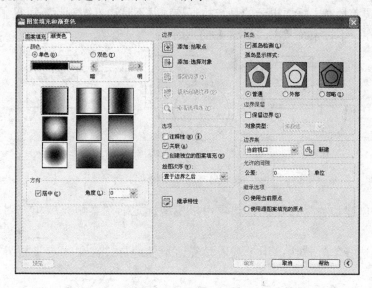

图 4-49 "渐变色"选项卡

该选项卡中主要控件的作用如下：

1）"颜色"选项组：用于设置填充颜色。

①"单色"单选按钮：用于指定使用从较深着色到较浅色调平滑过渡的单色填充。

②"双色"单选按钮：用于指定在两种颜色之间平滑过渡的双色渐变填充。

③"明暗"滑块：用于指定一种颜色的渐明（选定颜色与白色的混合）或渐暗（选定颜色与黑色的混合），用于渐变填充，如果选择单色，且将滑块置中，则可填充均一色。

2）"方向"选项组：用于指定渐变色的角度以及其是否对称。

①"居中"复选框：用于指定对称的渐变配置，如果没有选定此选项，渐变填充将朝左上方变化，创建光源在对象左边的图案。

②"角度"下拉列表框：用于指定渐变填充的角度，相对当前 UCS 指定角度，此选项与指定给图案填充的角度互不影响。

接下来这部分内容，对于"图案填充"选项卡和"渐变色"选项卡均一致，因此这里不再详细区分。

1）"添加:拾取点"按钮：用于根据围绕指定点构成封闭区域的现有对象确定边界。选择该项，对话框将暂时关闭，系统将提示拾取一个点，系统会自动确定出包围该点的封闭填充边界，并且以高亮度进行显示，按〈Enter〉键对图形按照设置好的图案样式和填充样式进行填充，如图 4-50 所示。

2）"添加:选择对象"按钮：用于根据构成封闭区域的选定对象确定边界。使用该选项可以单个对象进行选择，也可以使用鼠标框选一个区域，系统将自动识别并提示处封闭区域的相应信息。

选定内部点　　图案填充边界　　结果

图 4-50　图案填充

3）"删除边界"按钮：选择图案填充或填充的临时边界对象，将它们删除。该选项必须在进行了第 1 或第 2 步选择操作并按下〈Enter〉键后才能使用，选择删除边界按钮后，选择将要被删除的边界对象，这样该对象的边界将被系统忽略，并被覆盖填充。需要提示的是，执行该项并不是边界被删除不可见了，而只是在填充时视作不存在，不被系统考虑，如图 4-51 所示。

选定的内部点　　删除的对象　　结果

图 4-51　删除填充边界

4）"重新创建边界"按钮：该选项可以围绕选定的图案填充或填充对象创建多段线或面域。

5）"查看选择集"按钮：用于观看填充区域的边界，如果未定义边界，则此选项不可用。

6）"选项"选项组：用于控制几个常用的图案填充或填充选项。

①"注释性"复选框：用于指定图案填充为注释性。

②"关联"复选框：用于控制图案填充或填充的关联。也就是当填充图案的图形边界发生移动时，AutoCAD 会根据边界的新位置，重新生成填充图案。

③"创建独立的图案填充"复选框：用于控制当指定了几个单独的闭合边界时，是创建单个图案填充对象，还是创建多个图案填充对象，如图 4-52 所示。

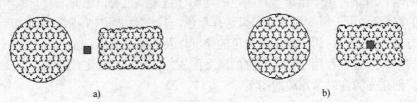

a)　　　　　　　　　　　　b)

图 4-52　创建独立的图案填充

a) 不独立填充，选中后填充图案是一个整体　b) 选择独立填充后，选中时填充图案不是一个整体

④"绘图次序"下拉列表框：该列表框用于为图案填充或填充指定绘图次序，图案填充

可以被放在所有其他对象之后、所有其他对象之前、图案填充边界之后或图案填充边界之前，图 4-53 所示的是将图案与颜色同时填充到同一个图形中，且将图案前置颜色后置的效果。

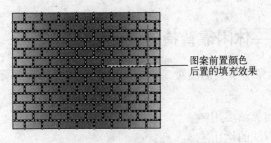

图案前置颜色
后置的填充效果

图 4-53　绘图次序

7）"继承特性"按钮：该按钮用于使用选定图案填充对象的图案填充样式或填充特性等，对指定的边界进行图案填充或颜色填充。

8）"允许的间隙"：允许设置的边界间隙值为 0～5000（按图形单位计算），默认值为"0"，表示只对边界封闭的对象进行填充，而对于边界未完全闭合的图形拾取内部点，进行图案填充时，系统会检测到无效的图案填充边界，同时显示红色圆，从而有助于用户查找和修复图案填充边界，并弹出"图案填充-边界未闭合"对话框，提示解决办法，如图 4-54 所示。再次启动"图案填充"（HATCH）命令时，红色圆将消失。

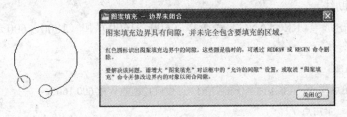

图 4-54　填充边界未封闭图形

9）"预览"按钮：该按钮用于临时关闭"图案填充和渐变色"对话框，并用设定的填充特性显示选定的对象，按"Esc"键或单击鼠标右键，将返回对话框，可修改或接受并完成该图案的填充。

图案填充的可见性取决于"填充"（FILL）命令的设置，如果设置为"ON"，则图案填充可见，设置成"OFF"，则图案填充不可见。

注意：默认情况下，AutoCAD 创建的填充图案所包含的线段不能超过 10,000 条。该限制是由注册表中的 MAXHATCH 设置限定的，该界限可重置为"100～10,000,000"之间的任意值。

4.7.3　编辑填充的图案

用户可以通过选择菜单中的"修改"→"对象"→"图案填充"（HATCHEDIT）命令，编辑填充的图案，命令执行后将提示用户"选择图案填充对象:"，选中需要修改的填充图案，此时系统将弹出"图案填充编辑"对话框。

该对话框中各项的含义与"图案填充和渐变色"对话框中的各项含义相同，使用该对话框，可以对已弹出的图案进行一系列的编辑修改，请读者参照"图案填充和渐变色"部分内容加以理解。

4.8 综合范例——休闲靠背椅的设计

学习目的：使用本章所学到的高级二维绘图命令，完成休闲靠背椅的设计。

重点难点：

➢ 样条曲线命令的灵活运用

➢ 点的定数等分方法的运用

➢ 构造线在设计中作为辅助线的用法

现在使用"矩形"（RECTANG）命令、点的定数等分方法、辅助线的用法及本章学习到的"样条曲线"（SPLINE）等命令和方法，设计休闲靠背椅。

本例在设计过程中，使用了后面章节将讲到的"分解"（EXPLODE）、"修剪"（TRIM）及"偏移"（OFFSET）命令，构造椅子的外延，详细内容请参照后面章节，最终的完成效果如图 4-55 所示。

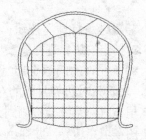

图 4-55 休闲靠背椅效果图

1. 绘制辅助线

1）使用"矩形"（RECTANG）命令以（600，1600）和（1800，600）作为矩形对角点坐标，绘制矩形。

命令: RECTANG ✓   //绘制"矩形"命令

指定第一个角点或 [倒角(C)/标高(E)/圆角(F)/厚度(T)/宽度(W)]: 600,1600✓

//输入矩形的一个角点坐标

指定另一个角点或 [面积(A)/尺寸(D)/旋转(R)]: 1800,600✓

//输入矩形的另一个角点坐标

2）使用窗口缩放（ZOOM）命令，将图形缩放到屏幕的可视范围内。

命令: zoom✓   // "窗口缩放"命令

指定窗口的角点，输入比例因子 (nX 或 nXP)，或者

[全部(A)/中心(C)/动态(D)/范围(E)/上一个(P)/比例(S)/窗口(W)/对象(O)] <实时>: a✓

3）使用"分解"（EXPLODE）命令，选中上一步绘制好的矩形，按下〈Enter〉键，将其分解。

命令: EXPLODE ✓   //使用"分解"命令

选择对象: 找到 1 个   //鼠标单击分解对象

选择对象: ✓   //按下〈Enter〉键执行分解

4）选择菜单中的"格式"→"点样式"命令，在弹出的"点样式"对话框中，按照图 4-56 所示，设置点样式。

5）使用点的"定数等分"（DIVIDE）命令，选定矩形左侧被分解的边，将该边等分为12 等份，同样方法将分解后的矩形上边等分为 12 等份，如图 4-57 所示。

6）使用"构造线"（XLINE）命令，并设置和开启点的捕捉功能，使用通过上一步操作

得到的等分点，分别捕捉构造水平和垂直构造线，作为后面设计的辅助线，其中个别辅助线，不在定位等分点上，偏移距离，如图 4-56 所示，请读者使用"偏移"（OFFSET）命令绘制，以偏移距离 20 为例执行过程如下。

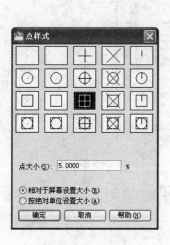

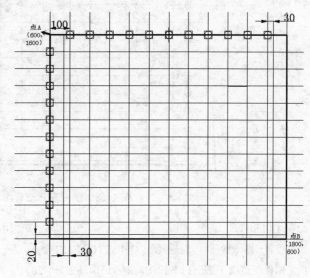

图 4-56　设置点样式　　　　　　　　　图 4-57　辅助线效果图

命令: OFFSET↙　　　　　　　　　　　　　　　　　　　//"偏移"命令

当前设置: 删除源=否　图层=源　OFFSETGAPTYPE=0

指定偏移距离或 [通过(T)/删除(E)/图层(L)] <10.0000>:20↙　　//输入图中偏移距离值

选择要偏移的对象，或 [退出(E)/放弃(U)] <退出>:↙　　　//按下〈Enter〉键，结束选择

指定要偏移的那一侧上的点，或 [退出(E)/多个(M)/放弃(U)] <退出>:　//指定偏移方向

选择要偏移的对象，或 [退出(E)/放弃(U)] <退出>:↙　　　//按下〈Enter〉键，结束命令

2．绘制休闲靠背椅轮廓

1）首先通过键盘上的〈F3〉键，开启点的捕捉功能，然后使用绘制"样条曲线"（SPLINE）命令，并根据命令提示从矩形左下角开始，依次选择如图 4-58 所示的选中状态的点，最后选定"点 C"作为外轮廓的起、终点切向，完成座椅靠背外轮廓的绘制。同样的方法使用"样条曲线"（SPLINE）命令，依次选取点 3、点 4、点 13、点 D、点 14、点 9 和点 10，并选定"点 D"作为内轮廓的起、终点切向，完成靠背椅内轮廓的绘制，最后完成结果如图 4-58 所示，下面以椅背外轮廓为例（内轮廓方法相似），绘制过程如下。

命令: SPLINE↙　　　　　　　　　　　　　　//绘制"样条曲线"命令

指定第一个点或 [对象(O)]:　　　　　　　　　//捕捉下图 4-58 所示的 1 点

指定下一点:　　　　　　　　　　　　　　　//捕捉下图 4-58 所示的 2 点

指定下一点或 [闭合(C)/拟合公差(F)] <起点切向>:　//依次捕捉下图 4-58 所示的点 3 到点 12

指定起点切向:　　　　　　　　　　　　　　//鼠标选择点 C，作为外轮廓的起点切向

指定端点切向:　　　　　　　　　　　　　　//鼠标选择点 C，作为外轮廓的端点切向

2）执行"偏移"（OFFSET）命令，根据命令提示，选择并将靠背椅外轮廓线偏移距离20，完成靠背椅上边沿的绘制。

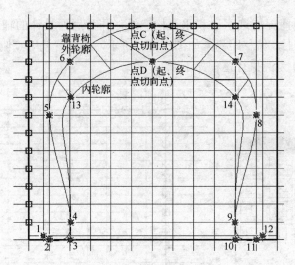

图 4-58 座椅靠背轮廓图

命令: OFFSET✓   //使用"偏移"命令

当前设置: 删除源=否   图层=源   OFFSETGAPTYPE=0

指定偏移距离或 [通过(T)/删除(E)/图层(L)] <通过>: 20✓   //指定需要偏移的距离

选择要偏移的对象，或 [退出(E)/放弃(U)] <退出>:   //用鼠标点选靠背椅外轮廓线

指定要偏移的那一侧上的点，或 [退出(E)/多个(M)/放弃(U)] <退出>:   //使用鼠标单击靠背椅外轮廓

　　　　　　　　　　　　　　　　　　　　　　　　　　　　　外的任一点，表示向外偏移

选择要偏移的对象，或 [退出(E)/放弃(U)] <退出>:✓   //按〈Enter〉键结束选择并退出

3）使用"直线"（LINE）工具，借助点的捕捉功能，完成椅背部分的图案绘制，该内容请读者参照下图自己完成；并使用"圆弧"（ARC）命令，完成椅边绘制，完成结果如图 4-59。

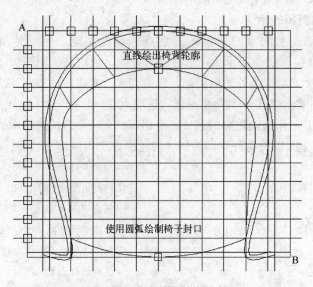

图 4-59　靠背椅外轮廓绘制

4）再次使用"圆弧"（ARC）命令，捕捉如图 4-60 所示的点，绘制椅子扶手封口。

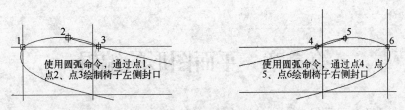

图 4-60　绘制椅子封口

3. 靠背椅坐垫部分的绘制

1）使用"修剪"（TRIM）命令，根据命令提示，使用鼠标拉框选中图 4-59 中所示的矩形 AB 及其内部的全部图形，然后按下键盘上的〈Enter〉键，接下来参照图 4-55 中所示的结果图，修剪出坐垫部分的图案，并修剪掉扶手等处的多余线条。

2）选中并删除多余的点、线等图形元素，完成休闲靠背椅的设计。

注意：关于修剪命令的详细讲解，请参见后面章节。

第5章 平面图形的编辑

前面章节已经介绍了很多二维绘图命令，通过这些命令读者已经可以设计一些二维图形，但只掌握以上知识对于处理一些复杂图形来说，是远远不够的这主要是因为还没学习编辑命令的原因。因此可以说，编辑命令是设计工作中不可或缺的部分，熟练使用它，将使设计达到事半功倍的效果，因此读者一定要认真学习本章内容，并进行反复练习，以便牢固掌握并熟练运用。

学习目标：
- 掌握夹点的设置与使用
- 掌握快速选择和构造选择集
- 掌握基本修改命令
- 掌握并熟练运用修改工具栏中的各种命令

5.1 使用夹点

夹点是进行图形控制和编辑非常重要的手段，既可用其改变图形的形状，又可通过拖动夹点及右键快捷菜单，完成对图形的拉伸、移动、旋转、缩放或镜像等编辑操作。

5.1.1 夹点简介

在 AutoCAD 中当用户选择了某个对象后，将出现一些夹点，夹点是一些实心的小方框，如图 5-1 所示。使用鼠标指定对象时，对象关键点上将出现夹点，当光标经过夹点时，AutoCAD 自动将光标与夹点精确对齐，从而可得到图形的精确位置。光标与夹点对齐后单击鼠标左键可选中夹点，单击鼠标右键将弹出快捷菜单，可进一步对图形对象进行移动、镜像、旋转、比例缩放、拉伸和复制等操作。

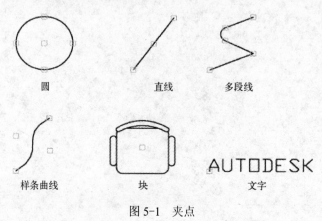

图 5-1 夹点

使用夹点进行编辑，要先选择一个作为基点的夹点，这个被选定的夹点显示为红色实心正方形，称为基准夹点，也叫热夹点。

注意：锁定图层上的对象不显示夹点，图层的相关知识请参见第 6 章。

5.1.2　使用夹点编辑对象

AutoCAD 中要使用夹点功能编辑对象就必须先打开夹点功能，可以通过选择菜单中的"工具"→"选项"（OPTIONS）命令，打开"选项"对话框，在其中的"选择集"选项卡中选中"启用夹点"复选框，如图 5-2 所示。

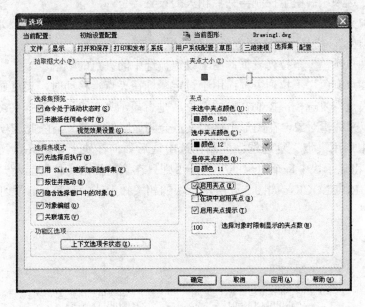

图 5-2　"选项"对话框

使用夹点编辑对象，首先要选择目标对象，然后选择一个夹点作为操作基点，在该基点上，单击鼠标右键打开快捷菜单，在该菜单提供的命令中选择需要的编辑命令，如"镜像"、"移动"、"旋转"、"拉伸"和"缩放"等"，完成夹点编辑。如图 5-3 所示。

图 5-3　夹点编辑的快捷菜单

5.1.3 夹点设置

AutoCAD 还允许用户根据自己的喜好和要求设置夹点的显示效果。再次打开如图 5-2 所示的"选项"对话框，切换到"选择集"选项卡，使用该选项卡可以完成对夹点的设置。下面就详细介绍该选项卡。

"选择集"选项卡中主要控件的作用如下：

1）"夹点大小"滑块：该滑块的作用是控制夹点的显示尺寸，对应的系统变量是 GRIPSIZE，作用是以像素为单位设置夹点框的大小，有效取值范围为 1～255。

2）"夹点"选项组：用于控制与夹点相关的设置。

①"未选中夹点颜色"下拉列表框：用于设定未被选中的夹点的颜色，如果从颜色列表中选择"选择颜色"，将显示"选择颜色"对话框。

②"选中夹点颜色"下拉列表框：用于设定被选中的夹点的颜色。

③"悬停夹点颜色"下拉列表框：用于设定鼠标在夹点上移动时，夹点显示的颜色。

④"启用夹点"复选框：控制在选中对象后是否显示夹点，通过选择夹点和使用快捷菜单，可以用夹点来编辑对象，在图形中显示夹点会明显降低性能。清除此选项可优化性能。

⑤"在块中启用夹点"复选框：控制在选中块后如何在块上显示夹点。如果选中此选项，AutoCAD 将显示块中每个对象的夹点；否则只在块的插入点位置显示一个夹点，对应的系统变量是 GRIPBLOCK，如图 5-4 所示，块的相关知识请参照第 9 章学习。

关闭"在块中启用夹点"
（GRIPBLOCK=0）

打开"在块中启用夹点"
（GRIPBLOCK=1）

图 5-4　块中夹点控制

⑥"启用夹点提示"复选框：用于控制当鼠标悬停在夹点上时，显示夹点的特定提示。

⑦"选择对象时限制显示的夹点数"文本框:当初始选择集（请参见 5.2 节）包括多于指定数目的对象时，将不显示夹点，例如，设置为"1"时，如果选择了多个对象，则不显示夹点。但当设置为"0"时，将始终显示夹点，该文本框有效值的取值范围是"1～32,767"。默认设置是"100"。

5.1.4 修改对象属性

用户可以通过选择菜单中的"修改"→"特性"（PROPERTIES）命令，打开"特性"工具板，如图 5-5 所示，使用它可以方便地设置或修改对象的各种属性。

图 5-5　"特性"工具板

90

5.2 编组与对象选择

AutoCAD 提供了多种选择对象的方法，如点选、线选、框选和栏选等，用户可以把选择的多个对象组成整体，如选择集和对象组，对对象组进行整体的编辑与修改。

5.2.1 编组

编组是一种对象选择集，它由若干个对象成员组成，可以命名并随图形保存。当把图形作为外部参照或将它插入到另一个图形中时，编组的定义仍然有效。使用编组可以使用户更加方便灵活地对图形对象进行组织管理和操作。

用户在创建或编辑编组时，可以指定它是否可选。对于一个可选编组，选择编组中的某一个成员时，将使该组中的所有成员都被选中（也可以通过编组的名称选择编组中所有对象）。而对于非可选编组，只能单独选择编组中的成员。一个对象可以是多个编组的成员，用户可以使用"对象编组"（GROUP）命令查看某一对象所属的编组情况。

另外，使用"对象编组"（GROUP）命令，系统将打开"对象编组"对话框，如图 5-6 所示，用该对话框可建立对象编组。

该对话框中主要控件的作用如下：

1）"编组标识"选项组：用于显示在"编组名"列表中选定的编组的名称及其说明。

①"编组名"文本框：用于显示列表中指定编组的名称。如果新建编组，则应先在此编辑框中输入编组名，编组名最多可以包含 31 个字符，可用字符包括字母、数字和特殊符号（美元符号 [$]、连字号 [-] 和下画线 [_]），但不能使用空格。

②"说明"文本框：用于显示选定编组的说明。

③"查找名称（F）"按钮：单击该按钮将返回绘图窗口，并提示用户选择某个编组中的成员，然后 AutoCAD 将给出选择对象所隶属的所有编组名称，如图 5-7 所示。

图 5-6 "对象编组"对话框

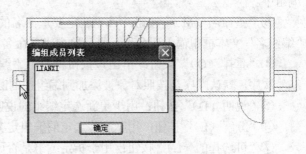

图 5-7 查看编组名

④"亮显（H）"按钮：单击该按钮将返回绘图窗口，并亮显选定编组的成员对象，如图 5-8 所示。

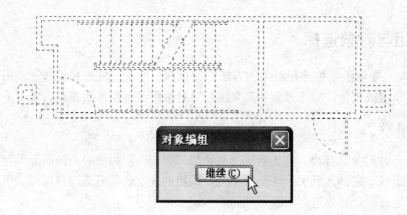

图 5-8　亮显编组

　　⑤"包含未命名的（I）"复选框：用于指定是否在列表中显示未命名的编组，当不选择此选项时，只显示已命名的编组。

　　2）"创建编组"选项组：用于指定新编组的特性。

　　①"新建（N）"按钮：首先用户应在"编组名"文本框中，输入新编组的名称，然后单击此按钮后将返回绘图窗口，并提示用户选择用来构成编组的对象，创建一个新编组。

　　②"可选择的"复选框：用于指出新编组是否可选择。如果在创建新编组时，选择了该复选框，则选中它的一个成员时将使当前空间中符合条件的所有成员都被选中，如果在创建新编组时，不选择该复选框，则进行选择时，只能选中成员本身。

　　③"未命名的"复选框：用于指示新编组为未命名（匿名）。创建编组时，既可以为它命名，也可以将它指定为匿名。AutoCAD 为未命名编组指定默认名"*An"，其中"n"随着创建新编组数目的增加而递增。

　　3）"修改编组"选项组：用于修改现有编组。

　　①"删除（R）"按钮：单击该按钮后将返回绘图窗口，提示用户选择编组的对象并将其从指定编组中删除，即使删除了编组中的所有对象，编组定义依然存在，可以单击"分解（E）"按钮，从图形中删除编组定义。

　　②"添加（A）"按钮：与"删除（R）"按钮作用相反，用于将指定对象添加到选定的编组中。

　　③"重命名（M）"按钮：首先选定要重命名的编组，然后在"编组标识"选项组中的"编组名"文本框中输入新名称，最后单击"重命名"按钮，完成对选定编组的重命名。

　　④"重排（O）"按钮：单击该按钮将弹出"编组排序"对话框，用于修改编组对象的编号次序，默认顺序是按照对象被添加到编组中的顺序排列的。

　　⑤"说明（D）"按钮：用于更新选定编组的说明文字。

　　⑥"分解（E）"按钮：用于删除选定的编组定义，而编组的对象仍保留在图形中。

　　⑦"可选择的（L）"按钮：用于指定编组是否可选择，如果是可选择状态，则选中编组中的一个对象，则整个编组中的所有对象都呈现选中状态，再次按下该按钮，则关闭选择状态，此时只能选中鼠标选中的对象目标。

5.2.2 构造选择集

AutoCAD 必须先选中对象,才能对它进行处理,这些被选中的对象被称为选择集。在许多命令执行的过程中都会出现"选择对象"的提示。在该提示下,光标的形状由十字光标变为拾取框。此时,用户可以使用多种选择模式构建选择集。

选择集可以仅由一个图形对象构成,也可以是一个复杂的对象组(如位于某一特定层上具有某种特定颜色的一组对象)。

下面通过"选择"(SELECT)命令,来了解各种选择模式的用法。该命令既可以单独使用,也可以在执行其他编辑命令时被调用。执行"选择"(SELECT)命令后,系统将提示用户选择对象,AutoCAD 提供了多种选择方式,输入"?"可查看该命令提供的选择方式选项,用户可以根据具体情况输入相应的选项,进行选择操作,执行过程如下:

命令: SELECT↙　　　　　　　　　　　//使用"选择"命令

选择对象:? ↙　　　　　　　　　　　//询问系统该命令的可用选项

无效选择

需要点或窗口(W)/上一个(L)/窗交(C)/框(BOX)/全部(ALL)/栏选(F)/圈围(WP)/圈交(CP)/编组(G)/添加(A)/删除(R)/多个(M)/前一个(P)/放弃(U)/自动(AU)/单个(SI)/子对象(SU)/对象(O)

选择对象:　　　　　　　　　　　　//根据系统提示,选择相应的命令选项进行选择操作

该命令中主要选项的作用如下:

1)"窗口(W)":该选项的作用是,使用鼠标从左到右指定角点创建窗口选择,将窗口范围内的对象同时选中,如图 5-9 所示。

2)"窗交(C)":该选项显示的选择框为虚线或高亮度方框,与窗口选择不同,即选择的对象不但包含窗口内部的,还包括与选择窗口相交的对象,如图 5-10 所示。

窗口选择

图 5-9　窗口选择

图 5-10　窗交选择

3)"圈交(CP)":通过鼠标在待选对象周围指定点来定义选择多边形,同时选中该多边形内部或与之相交的所有对象,该多边形可以为任意形状,且在任何时候都是闭合的。但不能与自身相交或相切,如图 5-11 所示。

4)"栏选(F)":该选项用于选择与选择栏相交的所有对象。栏选方法与圈交方法相似,只是栏选不闭合,并且栏选可以自交,如图 5-12 所示。

图 5-11　圈交选择

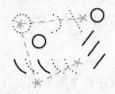

图 5-12　栏选选择

5）"编组（G）"：使用该选项，可以选择指定编组中的全部对象。例如，使用前面构建好的名称为"LIANXI"的编组进行选择，在提示"选择对象："时，输入编组名称且按下〈Enter〉键，则可以将该编组所包含的对象同时选中，如图5-13所示，执行过程如下：

命令：SELECT↙   //使用"选择"命令

选择对象：? ↙   //询问系统该命令的可用选项

无效选择

需要点或窗口(W)/上一个(L)/窗交(C)/框(BOX)/全部(ALL)/栏选(F)/圈围(WP)/圈交(CP)/编组(G)/添加(A)/删除(R)/多个(M)/前一个(P)/放弃(U)/自动(AU)/单个(SI)/子对象(SU)/对象(O)

选择对象：G↙   //使用编组选择

输入编组名：LIANXI↙   //输入已有的编组名

找到 115 个

选择对象：↙   //按下〈Enter〉键结束选择，退出该命令

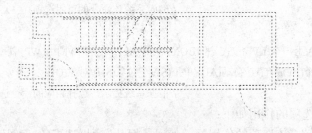

图 5-13　选择编组对象

6）"删除（R）"：该选项用于切换到删除模式，可以使用任何对象选择方法从当前选择集中删除对象。

7）"多个（M）"：该选项用于指定多次选择而不高亮显示的对象，从而加快对复杂对象的选择过程。如果两次指定相交对象的交点，则系统也将选中这两个相交对象。

8）"上一个（L）"：该选项用于选择最近创建的选择集。从图形中删除对象将清除"上一个"选项设置。程序将跟踪是在模型空间中还是在图纸空间中指定每个选择集，如果在两个空间中切换将忽略"上一个"选择集。

5.3　快速选择和对象选择过滤器

当用户在 AutoCAD 中构造一个选择集时，可使用"快速选择"或"对象选择过滤器"对话框根据对象特性或对象类型对选择集进行过滤。也就是说，用户可以只选择满足指定条件的对象，其他对象可被排除在选择集之外。

通过快速选择，系统将根据指定的过滤条件快速定义一个选择集。如果使用"对象选择过滤器"，则可以命名和保存过滤器以供将来使用。

5.3.1　快速选择

快速选择，·可以在整个图形或现有选择集的范围内创建一个选择集，用户可以使用对象特征或对象类型来将对象包含在选择集中或排除在选择集之外。同时，可以指定该选择集是

用于替换当前选择集，还是将其附加到当前选择集之中。

可以选择菜单中的"工具"→"快速选择"（QSELECT）命令，执行快速选择操作，该命令执行后，系统将打开"快速选择"对话框，如图 5-14 所示。

该对话框中主要控件的作用如下：

1）"应用到"下拉列表框：用于指定过滤条件应用的范围，包括整个图形或当前选择集，用户也可单击右侧选择按钮，返回到绘图区，创建当前选择集。

2）"对象类型"下拉列表框：用于指定过滤对象的类型。如果当前不存在选择集，则该列表将包括 AutoCAD 中的所有可用对象类型及自定义对象类型，并显示默认值"所有图元"；如果存在选择集，此列表只显示选定对象的对象类型。

3）"特性"列表框：用于指定过滤对象的特性。此列表包括选定对象类型的所有可搜索特性。

4）"运算符"下拉列表框：用于控制过滤的范围，当使用"全部选择"选项时，将忽略所有特性过滤器。

5）"值"下拉列表框：用于指定过滤条件中对象特性的取值，如果指定的对象特性具有可用值，则该项显示为列表，用户可以从中选择一个值；如果指定的对象特性不具有可用值，则该项显示为编辑框，用户根据需要输入一个值。此外，如果在"运算符"下拉列表中选择了"全部选择"项，则"值"文本框将不显示。

6）"如何应用"选项组：用于指定将符合给定过滤条件的对象包括在新选择集内或排除在新选择集之外。

①"包括在新选择集中"单选按钮：将符合过滤条件的对象，创建一个新的选择集。

②"排除在新选择集之外"单选按钮：将不符合过滤条件的对象创建一个新的选择集。

7）"附加到当前选择集"复选框：选择该项后，将通过过滤条件所创建的新选择集附加到当前的选择集之中，否则将替换当前选择集。

下面将举例说明，使用"快速选择"（QSELECT）命令，执行如图 5-15 所示的操作，将椅子（CHIARS）图层中的所有对象同时选中，结果如图 5-16 所示。

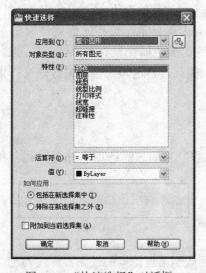

图 5-14　"快速选择"对话框

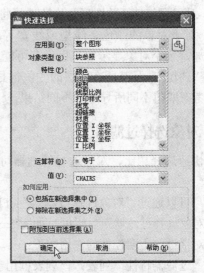

图 5-15　快速选择条件设置

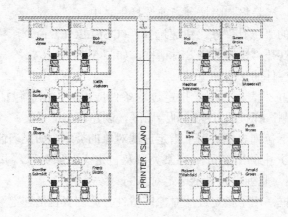

图 5-16　选择结果

注意：本例使用的数据是 AutoCAD 2010 默认安装路径 "C:\Program Files\AutoCAD 2010\Sample\Database Connectivity" 中的 "db_samp.dwg" 文件，关于图层的相关知识，请参见后面第 6 章。

另外，需要提醒读者的是，关于"快速选择"命令在使用时，还需要注意以下几点：

1）如果当前文件中没有任何图形等可用对象，则"快速选择"命令不能使用。如果调用该命令，系统将显示警告信息，如图 5-17 所示。

图 5-17　警告信息

2）对于局部打开的图形，快速选择将不考虑未被加载的对象。

3）对于对象的颜色、线型或线宽等属性，会出现显示结果相同而属性取值不同的情况。例如，一个对象显示为红色，有可能是因为它的颜色属性设置为"红色"，也可能是被设置为"随层"，且其所在图层的颜色也是红色。因此，将这些属性作为过滤选择集的条件时，应考虑取值不同所导致的不同结果。

5.3.2　对象选择过滤器

与快速选择相比，对象选择管理器可以提供更复杂的过滤选项，并可以命名和保存过滤器。

用户可以通过"对象选择过滤器"（FILTER）命令，调用该功能，命令执行后，系统将弹出"对象选择过滤器"对话框，如图 5-18 所示。

该对话框中主要控件的作用如下：

1）"过滤器特性"列表：该列表框用于显示组成当前过滤器的过滤器特性列表。

2）"选择过滤器"选项组：用于为当前过滤器添加过滤器特性。

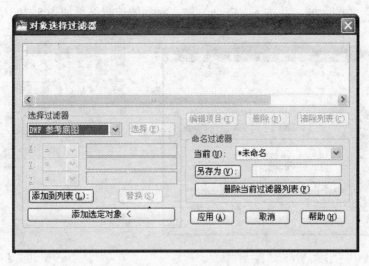

图 5-18　"对象选择过滤器"对话框

①"选择"按钮：该按钮的作用是显示一个对话框，其中列出了图形中指定类型的所有项目，供用户选择。例如，如果选择对象类型"颜色"，单击该按钮，将为过滤器显示可选择的颜色列表。

②"添加到列表"按钮：当用户完成过滤条件设置后，单击该按钮，将向过滤器列表中添加当前的"选择过滤器"特性。

③"替换"按钮：该按钮用于将"选择过滤器"选项组中显示的某一过滤器特性，替换"过滤器特性"列表框中选定的特性。

④"添加选定对象"按钮：用户单击该按钮，可返回绘图区来选择图形对象，该对象的属性设置将自动添加到过滤器列表中。

3）"编辑项目"按钮：用于将选定的过滤器特性移动到"选择过滤器"选项组区域进行编辑。例如，要编辑某过滤器特性，首先选中它，然后单击"编辑项目"按钮，接着对该过滤器特性进行编辑，再单击"替换"按钮，则已编辑的过滤器将替换选定的过滤器特性。

4）"删除"按钮：用于从当前过滤器中删除选定的过滤器特性。

5）"清除列表"按钮：用于从当前过滤器中删除所有列出的特性。

6）"命名过滤器"选项组：用于显示、保存和删除过滤器。

①"当前"下拉列表框：在该下拉列表框中显示已保存的过滤器列表。对于一个正在构造的、新的过滤器，则显示为"*未命名"。

②"另存为"按钮：用于保存过滤器及其特性列表。具体操作方法是，首先在该按钮右侧的文本编辑框中输入过滤器列表的名称，最多可以输入 18 个字符，然后单击该按钮进行保存。

③"删除当前过滤器列表"按钮：如果一个已保存的过滤器列表名被设置为当前列表，则可单击该按钮删除该列表名及其所有特性。

下面举例说明对象选择过滤器的用法，例如，要选中"db_samp.dwg"文件中"椅子（CHIARS）"图层中的所有图形，可按照如图 5-19 所示进行设置，然后单击"应用"按钮，用鼠标框选整个绘图区域，并按下〈Enter〉键，得到的选择结果如图 5-20 所示。

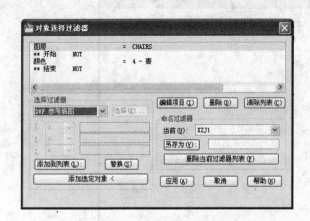

图 5-19　对象选择过滤器特性设置　　　　　　　　图 5-20　选择结果

注意：AutoCAD 从默认的 "filter.nfl" 文件中加载命名过滤器以及特性列表。

5.4　图形显示顺序

在默认情况下，对象是按照创建时的次序进行绘制的。在某些特殊情况下，如两个或更多对象相互覆盖时，常需要修改对象的绘制和打印顺序来保证正确的显示和打印输出。

通过选择菜单中的"工具"→"绘图次序"下的子菜单命令，可调整图形的显示顺序，同时该组命令对应着"绘图次序"工具栏，如图 5-21 所示。

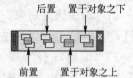

图 5-21　"绘图次序"工具栏

另外，AutoCAD 还提供了 "DRAWORDER" 命令，同样可修改图形的显示次序，该命令中主要选项的作用如下：

1）"最前（F）"：该选项用于将选定的对象移到图形次序的最前面。

2）"最后（B）"：该选项用于将选定的对象移到图形次序的最后面。

3）"对象上（A）"：该选项用于将选定的对象移动到指定参照对象的上面。

4）"对象下（U）"：该选项用于将选定的对象移动到指定参照对象的下面。

如果用户一次选中多个对象进行排序，则被选中对象之间的相对显示顺序并不改变，而只改变与其他对象的相对位置。

5.5　基本修改命令

下面介绍一些基本的、通用的修改命令。对于大部分的 AutoCAD 命令，用户通常可使用两种编辑方法：一种是先启动命令，后选择要编辑的对象；另一种则是先选择对象，然后再调用命令进行编辑修改。为了叙述的统一，本章中均使用第一种操作方式进行修改。

5.5.1 剪贴板相关命令

这一类命令的特点是使用 Windows 剪贴板作为平台进行相应地编辑。与 Windows 系统中其他应用软件中的相应编辑命令类似。

1. 剪切命令

剪切操作，可通过选择菜单中的"编辑"→"剪切"（CUTCLIP）命令执行，根据命令提示，选择要剪切的实体，执行命令后，所选择的实体将被剪切到剪贴板上，同时该实体图形从绘图环境中消失。

通常在很多软件的"编辑"菜单中都会提供这些与剪贴板相关的命令工具，相似的命令还有"全选"（Ctrl+A）、"复制"（Ctrl+C）、"粘贴"（Ctrl+V）等，这些命令内容比较简单，在此不一一列举。

使用"复制"（Ctrl+C）功能复制对象时，已复制到目的文件的对象与源对象毫无关系，源对象的改变不会影响复制得到的对象。

2. 带基点复制命令

用户也可以通过选择菜单中的"编辑"→"带基点复制"（COPYBASE）命令执行复制操作，根据命令提示，首先指定基点，然后选择需要复制的实体，执行命令后，所选择的实体被复制到剪贴板上。

本命令与复制（Ctrl+C）命令相比，有明显的优越性，因为有基点信息，所以在粘贴插入时，可以根据基点找到准确的插入点，该命令也要和"粘贴"（Ctrl+V）命令配合使用。

3. 选择性粘贴对象

选择菜单中的"编辑"→"选择性粘贴"（PASTESPEC）命令，可执行选择性粘贴对象操作，命令执行后，系统将打开"选择性粘贴"对话框，如图 5-22 所示。

通过该对话框，用户可以设置将剪贴板中的内容以图片（元文件）、图像图元或 AutoCAD 图元等形式，插图到当前文档中，如果选择"AutoCAD 图元"选项，则程序将把剪贴板中图元文件格式的图形转换为 AutoCAD 对象。如果没有转换图元文件格式的图形，图元文件将显示为 OLE 对象。

图 5-22 "选择性粘贴"对话框

AutoCAD 格式是最简单的可编辑格式，所以从 AutoCAD 中复制对象或将对象复制到其中时，最好使用这种格式。它将保留所有相关的对象信息，包括块参照和三维对象要素等。

粘贴到 AutoCAD 中的图像图元文件比位图图像（BMP 文件）的分辨率高，但不如 AutoCAD 对象那么容易操作。位图图像是光栅图像，由不同颜色的像素排列而成。

图片（元文件）格式包含了屏幕矢量信息，而且此类文件可以在不降低分辨率的情况下进行缩放和打印。将存储在剪贴板中的 Windows 图元文件转换为 AutoCAD 格式时，可能会丢失一定比例的缩放精度。要保持正确的缩放比例，请将原始图形中的对象使用"写块"（WBLOCK）命令，保存为块，然后使用"插入块"（INSERT）命令，将它们插入到

AutoCAD 中。针对块的用法，详见后面章节的相关内容。

5.5.2 复制链接对象

用户可以选择菜单中的"编辑"→"复制链接"（COPYLINK）命令执行该操作，链接对象执行复制操作后，与创建它的应用程序始终保持着联系。

例如，将设计好的 DWG 图形文件，通过"复制链接"命令，将图形复制到剪切板后，再将其通过选择 Word 中的菜单"编辑"→"选择性粘贴"命令，将该图形以"AutoCAD Drawing 对象"的形式，粘贴到打开的 Word 文档中，以后，只要用户双击 Word 文档中该图形，系统就将自动打开 AutoCAD，并装载进该图形。

另外，如果用户对 AutoCAD 中的图形进行了编辑并保存，可以发现在 Word 中的图形也发生了相应的变化。

5.5.3 修改工具栏

AutoCAD 提供了两种修改工具栏，本章重点介绍其中的"修改"工具栏，该工具栏中提供了"复制"、"偏移"、"镜像"、"阵列"、"延伸"和"修剪"等十几种修改命令和"修改"菜单中的命令基本一致，如图 5-23 所示，这为绘制和修改复杂的图形对象提供了极大的帮助，请读者认真学习这组命令的用法。

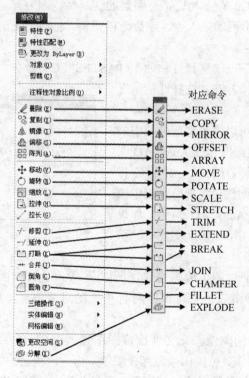

图 5-23 软件结构浅析导读——修改命令

1. 删除命令

删除命令可以在图形中删除用户所选择的一个或多个对象。对于一个已删除对象，虽然用户在屏幕上看不到它，但在图形文件还没有被关闭之前该对象仍保留在图形数据库中，用户可使用"UNDO"或"OOPS"命令进行恢复。当图形文件被关闭后，则该对象将被永久性地删除。

用户可以先选中需要删除的目标对象，再单击该图标进行删除操作，也可以通过选择菜单中的"修改"→"删除"（ERASE）命令执行该操作，然后根据命令行提示，选择要删除的对象后，按下键盘上的〈Enter〉键，删除选定对象。

执行该命令时，在命令提示"选择对象："的时候，如果输入"？"并按下〈Enter〉键，则可在选项列表中选取相应的选择类型，借助选择功能，可以删除指定范围的目标对象，如图 5-24 所示，执行过程如下。

命令: ERASE✓　　　　　　　　　　// "删除" 命令

选择对象: ? ✓

无效选择

需要点或窗口(W)/上一个(L)/窗交(C)/框(BOX)/全部(ALL)/栏选(F)/圈围(WP)/圈交(CP)/编组(G)/添加(A)/删除(R)/多个(M)/前一个(P)/放弃(U)/自动(AU)/单个(SI)/子对象(SU)/对象(O)

选择对象: CP✓　　　　　　　　　　//使用圈交选择要删除的图形对象

第一圈围点:　　　　　　　　　　//指定圈交范围点

指定直线的端点或 [放弃(U)]:　　　//同上

…….

指定直线的端点或 [放弃(U)]: ✓　　//按下〈Enter〉键，完成圈交范围定义

找到 863 个

选择对象: ✓　　　　　　　　　　//按下〈Enter〉键，删除选择目标并结束命令

2．复制命令

"复制"（COPY）命令，可以将用户所选择的一个或多个对象，生成一个副本，并将该副本放置到其他位置，该命令执行效果类似于"带基点的复制"命令。

使用该命令，同时开启点捕捉功能，就可以将复制好的图形放置在指定的点位上，如图 5-25 所示，执行过程如下。

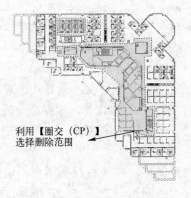

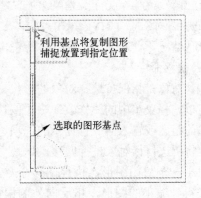

图 5-24　选择范围删除　　　　　　　　　　图 5-25　带基点的复制

命令: COPY✓　　　　　　　　　　　　// "复制" 命令

选择对象: 指定对角点: 找到 1 个　　　//选择要复制的对象

选择对象: ✓	//按下〈Enter〉键，结束选择
当前设置: 复制模式 = 多个	
指定基点或 [位移(D)/模式(O)] <位移>:	//指定基点位置
指定第二个点或 <使用第一个点作为位移>:	//指定插入点位置
指定第二个点或 [退出(E)/放弃(U)] <退出>:✓	//按下〈Enter〉键，结束命令

3．镜像命令

镜像对象是指把选择的对象围绕一条镜像线作对称复制。镜像操作完成后，可以保留也可以删除原对象，镜像对创建对称的对象非常有用，因为可以快速地绘制半个对象，然后将其镜像，而不必绘制整个对象。对于基本对称，但又有一定差别的图形，也可以使用"镜像"的方法完成另一半图形的绘制，然后再对镜像得到的部分经过适当地修改和编辑，完成全图的设计。

图 5-26　镜像操作

可以选择菜单中的"修改"→"镜像"（MIRROR）命令执行该操作，然后在命令提示下，选择要镜像的对象并按下〈Enter〉键，然后分别指定镜像线上的两个端点，以确定镜像线的位置，其中镜像线，可以是任意角度，被选择的对象将以其作为对称轴进行镜像，如图 5-26 所示，执行过程如下。

命令: MIRROR✓	//"镜像"命令
选择对象: CP✓	//使用圈交选择要删除的图形对象
第一圈围点:	//指定圈交范围点
指定直线的端点或 [放弃(U)]:	//同上
…….	
指定直线的端点或 [放弃(U)]: ✓	//按下〈Enter〉键，选中圈交范围内的对象
找到 99 个	
选择对象: ✓	//按下〈Enter〉键，结束选择
指定镜像线的第一点: 指定镜像线的第二点:	//确定镜像线的位置
要删除源对象吗？[是(Y)/否(N)] <N>:✓	//按下〈Enter〉键，采用默认选项保留原对象

默认情况下，对文字、属性进行镜像时，它们在镜像后不会反转或倒置。

4．偏移命令

偏移对象是指保持选择对象的形状、在不同的位置以不同的尺寸大小新建一个对象。

可以选择菜单中的"修改"→"偏移"（OFFSET）命令执行该操作，根据命令提示，指定偏移的距离或输入命令行提示的选项，然后选择要执行偏移操作的对象，最后指定偏移的方向，将所选目标对象进行偏移操作。

对于一个封闭图形，执行偏移命令，如果是向内侧偏移，系统将根据用户设定的偏移距离，得到缩小的图形，相反向外侧偏移，则得到放大的图形，如图 5-27 所示，执行过程如下。

| 命令: OFFSET✓ | //"偏移"命令 |
| 当前设置: 删除源=否　图层=源　OFFSETGAPTYPE=0 | |

指定偏移距离或 [通过(T)/删除(E)图层(L)] <通过>: 4↙ //输入偏移距离或提示的选项

选择要偏移的对象，或 [退出(E)/放弃(U)] <退出>: //选择要偏移的对象

指定要偏移的那一侧上的点，或 [退出(E)/多个(M)/放弃(U)] <退出>: //指定偏移方向

选择要偏移的对象，或 [退出(E)/放弃(U)] <退出>: //选择要偏移的对象

指定要偏移的那一侧上的点，或 [退出(E)/多个(M)/放弃(U)] <退出>: //指定偏移方向

选择要偏移的对象，或 [退出(E)/放弃(U)] <退出>:↙ //按下〈Enter〉键，结束命令

该命令中其他主要选项的作用如下：

1）"指定偏移距离"：该选项的作用是，在距现有对象指定的距离处创建对象。

2）"通过（T）"：该选项用于创建通过指定点的对象，如图 5-28 所示。

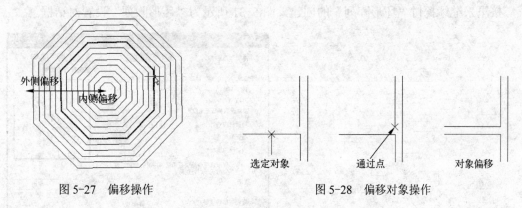

图 5-27　偏移操作   图 5-28　偏移对象操作

3）"图层（L）"：该选项用于决定是将偏移对象创建在当前图层上，还是源对象所在的图层上。

5. 阵列命令

建立阵列是指对已选择的对象进行多重复制，并把这些副本按矩形或环形排列。把副本按矩形排列称为建立矩形阵列，把副本按环形排列，称为建立环形阵列。建立环形阵列时，应该控制复制对象的次数和对象是否被旋转；建立矩形阵列时，应该控制行和列的数量以及对象副本之间的距离。

可以选择菜单中的"修改"→"阵列"（ARRAY）命令执行该操作，命令执行后，系统将弹出"阵列"对话框，可以按设计要求，分别创建"矩形阵列"或"环形阵列"，图 5-29 所示为"矩形阵列"。

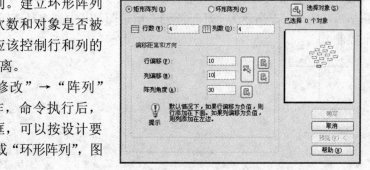

图 5-29　"阵列"对话框

该对话框中主要控件的作用如下：

1）"矩形阵列"单选按钮：用于创建矩形阵列，创建方法是沿当前捕捉旋转角度定义的基线创建矩形阵列，如图 5-30 所示。

2）"行数"文本框：指定矩形阵列的行数。

3）"列数"文本框：指定矩形阵列的列数。

4）"偏移距离和方向"选项组：用于指定阵列偏移的距离和方向。

①"行偏移"文本框：指定矩形阵列中相邻两行之间的距离。

②"列偏移"文本框：指定矩形阵列中相邻两列之间的距离。

③"阵列角度"文本框：指定矩形阵列与当前基准角之间的角度。

5）"拾取两个偏移"按钮：临时关闭"阵列"对话框，以便用户使用鼠标指定矩形的两个对角，从而设置行间距和列间距。

6）"拾取行偏移"按钮：临时关闭"阵列"对话框，以便用户使用鼠标指定行间距。

7）"拾取列偏移"按钮：临时关闭"阵列"对话框，以便用户使用鼠标指定列间距。

8）"拾取阵列的角度"按钮：临时关闭"阵列"对话框，以便用户使用鼠标指定两个点，从而确定出阵列的旋转角度。

接下来继续探讨"环形阵列"的创建，图5-31所示为"环形阵列"设置对话框。

图 5-30　矩形阵列示意图

图 5-31　环形阵列

创建环形阵列时，阵列按逆时针或顺时针方向绘制，这取决于设置填充角度时输入的是正值还是负值。阵列的半径由指定圆心与参照点或与最后一个选定对象上的基点之间的距离决定。可以使用默认参照点（通常是与捕捉点重合的任意点），或指定一个要用作参照点的新基点，图 5-32 所示为"环形阵列"示意图（其中副本是旋转由"复制时旋转项目"复选框控制）。

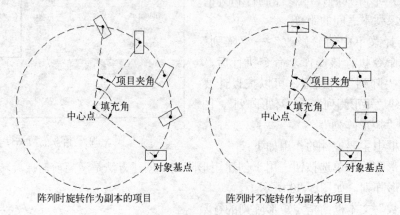

图 5-32　环形阵列示意图

下面将举例说明，选择对象后，设置如下环形阵列，并点"预览"按钮，如果没有问题则接受，否则点修改，再次回到环形阵列设置对话框，修改图形的环形阵列，如图 5-33 所示。

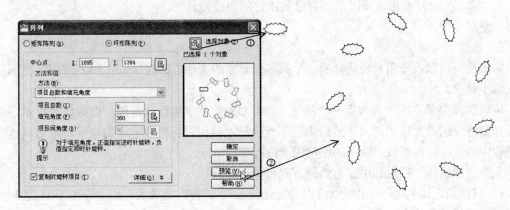

图 5-33　镜像预览

6．移动命令

移动命令可以将用户所选择的一个或多个对象平移到其他位置，但不改变对象的方向和大小。

可以通过选择菜单中的"修改"→"移动"（MOVE）命令执行该操作，根据命令提示，首先选择要移动的目标，然后指定基点坐标，或用鼠标拾取基点的位置，最后通过指定第二个点的坐标位置，将该图形移动到该处。

在指定第二个点的坐标位置时，用户可以有以下两种选择。

1）指定第二点：系统将根据基点到第二点之间的距离和方向来确定选中对象的移动距离和移动方向。在这种情况下，移动的效果只与两个点之间的相对位置有关，而与点的绝对坐标无关。

2）直接按下〈Enter〉键：系统将基点的坐标值作为相对的 X、Y、Z 位移值。在这种情况下，基点的坐标确定了位移矢量（即原点到基点之间的距离和方向），因此，基点不能随意确定。

小技巧：使用鼠标左键选中目标后，使用鼠标右键单击目标对象的夹点，然后拖动鼠标，将目标对象移动到指定的地方，也可实现目标对象的移动操作。

7．旋转命令

旋转命令可以改变用户所选择的一个或多个对象的方向（位置），用户可通过指定一个基点和一个相对或绝对的旋转角对选择对象进行旋转。

可以选择菜单中的"修改"→"旋转"（ROTATE）命令执行该操作，根据命令提示，首先选择要旋转的对象，然后指定基点坐标，或用鼠标拾取基点的位置，将选定图形以指定的基点为中心旋转输入的角度。

在指定旋转角度的过程中，有两种方式可供选择：

1）"旋转角度"：即以当前的正角方向为基准，将选定的对象，按用户指定的角度进行旋转。

2）"复制（C）"：该选项用于创建要旋转的选定对象的
副本，如图 5-34 所示。

3）"参照（R）"：该选项用于将对象从指定的角度旋转
到新的绝对角度。

图 5-34　旋转且复制对象

8. 缩放

缩放命令可以改变用户所选择的一个或多个对象的大小，即在 X、Y 和 Z 方向等比例放
大或缩小对象。

可以选择菜单中的"修改"→"缩放"（SCALE）命令执行该操作，根据命令提示，首
先选择要进行缩放操作的对象，然后指定基点坐标，或用鼠标拾取基点的位置，最后以基点
为缩放中心点，将图形按照输入的比例因子进行缩放。

在指定比例因子的过程中，有两种方式可供选择：

1）直接指定比例因子：指定大于 1 的比例因子，将使对象放大，而介于 0 和 1 之间的
比例因子将使对象缩小。

2）"参照（R）"：选择该选项后，系统首先提示用户指定参照长度（默认为 1），然后再
指定一个新的长度，并以新的长度与参照长度之比作为比例因子。

9. 拉伸命令

所谓"拉伸"命令，是指拖拉选择的对象，且使对象的形状发生改变。使用拉伸命令
时，必须用交叉多边形或交叉窗口的方式来选择对象，如果将对象全部选中，则该命令相当
于"移动"命令；如果选择了部分对象，则"拉伸"（STRETCH）命令只移动选择范围内的
对象的端点，而其他端点保持不变，如图 5-35 所示。可用于"拉伸"（STRETCH）命令的
对象包括圆弧、椭圆弧、直线、多段线线段、射线和样条曲线等。

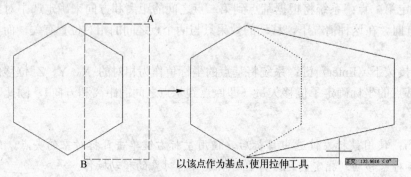

图 5-35　"拉伸"命令示意图

可以选择菜单中的"修改"→"拉伸"（STRETCH）命令执行该操作，根据命令提示，
选择要拉伸的对象，并指定拉伸的基点，接下来系统将提示指定拉伸的第二个点，即移至
点。此时，若指定第二个点，系统将根据这两点决定的矢量来拉伸对象。若直接按〈Enter〉
键，系统会把第一个点的坐标值作为 X 和 Y 轴的分量值。

小技巧：使用鼠标框选要执行拉伸操作的目标时，可以从下至上，选择该对象需要拉伸
的部分，如上图中可以从点 B 框选到点 A。

10. 修剪命令

通过选择菜单中的"修改"→"修剪"（TRIM）命令，可执行修剪操作，根据命令提示，选择要执行修剪操作的对象（在选择对象时，如果按住〈Shift〉键，系统则自动将"修剪"命令转换成"延伸"命令），或输入命令行提示的选项，进行目标对象的修剪，如图 5-36 所示，修剪掉多余的辅助线，执行过程如下：

命令: TRIM✓   //"修剪"命令

当前设置:投影=UCS，边=无

选择剪切边...

选择对象或 <全部选择>:✓

选择要修剪的对象，或按住 Shift 键选择要延伸的对象，或

[栏选(F)/窗交(C)/投影(P)/边(E)/删除(R)/放弃(U)]: F✓   //采用"栏选(F)"选项

指定第一个栏选点: //鼠标拾取或直接输入栏选点

指定下一个栏选点或 [放弃(U)]:   //同上

······

指定下一个栏选点或 [放弃(U)]: ✓   //按下〈Enter〉键，完成栏选操作，并完成删除

选择要修剪的对象，或按住〈Shift〉键选择要延伸的对象，或

[栏选(F)/窗交(C)/投影(P)/边(E)/删除(R)/放弃(U)]: ✓   //按下〈Enter〉键，结束命令

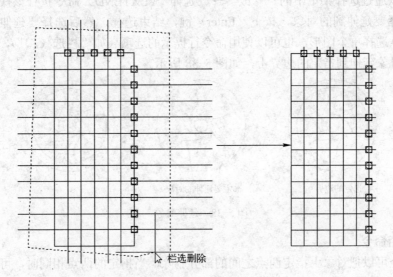

图 5-36　图形修剪

该命令中主要选项的作用如下：

1）"栏选（F）"：系统以栏选的方式，选择需要执行"修剪"操作的对象，即选择与"选择栏"相交的所有对象。"选择栏"是一系列临时线段，它们是用两个或多个栏选点指定的，选择栏不构成闭合环，如图 5-36 所示。

2）"窗交（C）"：该选项用于选择矩形区域（由两点确定）内部或与之相交的，需要执行"修剪"操作的对象。

3）"投影（P）"：该选项用于指定修剪对象时使用的投影方式。

4）"边（E）"：该选项用于确定对象是在另一对象的延长边处进行修剪，还是仅在三维空间中与该对象相交的对象处进行修剪。可以选择对象的修剪方式，包括"延伸（E）"和"不延伸（N）"两种，其中"延伸（E）"是指沿自身自然路径延伸剪切边，使它与三维空间中的对象相交。"不延伸（N）"则用于指定对象只在三维空间中与其相交的剪切边处修剪，如图 5-37 所示。

图 5-37　修剪对象

5）"删除（R）"：该选项用于删除选定的对象。此选项提供了一种用来删除不需要的对象的简便方式，而无需退出"修剪"命令。

11. 延伸命令

延伸对象是指延伸对象到另一个对象的边界线，通过延伸对象，使它们精确地延伸至由其他对象定义的边界上。延伸与修剪命令的操作方法及选项类似，二者可通过按住〈Shift〉键进行切换。

用户可以通过选择菜单中的"修改"→"延伸"（EXTEND）命令执行该操作，根据命令提示，选择要延伸到的对象，按下〈Enter〉键，结束选择，然后选择要延伸的对象，此时，用户可以选择单个图形，也可以使用命令行提示的选项（如"栏选（F）"），一次将选择的多个图形对象延伸到指定的边界上，如图 5-38 所示。

图 5-38　延伸对象

12. 打断命令

打断命令可以把对象上指定两点之间的部分删除，当指定的两点相同时，可将对象分解为两个部分，即所谓的"打断于点"（BREAK）命令，如图 5-39 所示。这类对象包括直线、矩形、圆弧、圆、多段线、椭圆、样条曲线和圆环等。

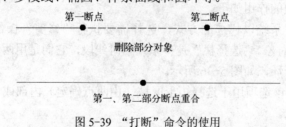

图 5-39　"打断"命令的使用

用户可以选择菜单中的"修改"→"打断"（BREAK）命令执行该操作，根据命令提示，选择需要执行打断操作的对象，然后指定第二个断开点，如果用户希望第二断点和第一断点重合，则可在指定第二个断点的坐标时输入"@0,0"即可。也可直接选择菜单中的"修改"→"打断于点"（BREAK）命令，进行操作。

执行"打断"命令，选择目标点，也被系统默认为打断操作的第一个点，如果不想使用默认的点作为第一个打断点，可以根据命令提示，输入选项"第一点（F）"，重新指定第一个打断点的位置，并继续指定第二个打断点，完成打断操作，执行过程如下。

命令: BREAK✓   //"打断"命令

选择对象: //选择要执行打断操作的对象

指定第二个打断点 或 [第一点(F)]: F✓   //重新设定第一个打断点的位置

指定第一个打断点: //指定第一个打断点的位置

指定第二个打断点: //指定第二个打断点的位置

13．合并命令

该命令用于合并位于相同的平面上且相似的对象，以形成一个完整的对象，如图 5-40 所示。该命令适用于圆弧、椭圆弧、直线、多段线和样条曲线或螺旋的合并。

图 5-40 合并对象

可以选择菜单中的"修改"→"合并"（JOIN）命令执行该操作，根据命令提示，分别选择源对象和要合并到源的对象，按下〈Enter〉键，将它们合并，根据选定的源对象不同，每种类型对象的限制也不相同，具体如下。

1）"直线"：直线对象必须共线（位于同一无限长的直线上），但是它们之间可以有间隙。

2）"多段线"：合并的对象可以是直线、多段线或圆弧，但对象之间不能有间隙，且必须位于与 UCS 的 XY 平面平行的同一平面上。

3）"圆弧"：圆弧对象必须位于同一假想的圆上，但是它们之间可以有间隙，使用"闭合（L）"选项可将源圆弧转换成圆。

4）"椭圆弧"：椭圆弧必须位于同一椭圆上，但是它们之间可以有间隙，使用"闭合（L）"选项可将源椭圆弧闭合成完整的椭圆。

5）"样条曲线"：样条曲线和螺旋对象必须端点对端点相接，合并结果是单个样条曲线。

6）"螺旋"：螺旋对象必须端点对端点相接，合并结果是单个样条曲线。

14．倒角命令

倒角是指用斜线连接两个不平行的线型对象。用户创建倒角的方法有两种，一种是指定倒角两端的距离；另一种是指定一端的距离和倒角的角度，如图 5-41 所示，使用倒角命令时，必须先启动命令，然后再选择要编辑的对象。

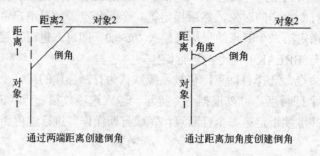

图 5-41　倒角的两种创建方法

可以选择菜单中的"修改"→"倒角"（CHAMFER）命令执行该操作，根据命令提示，分别选择图形中某个角度的两条边，系统将根据默认的或新设定的倒角距离等选项，进行倒角操作。

该命令中主要选项的作用如下：

1）"第一条直线"：指定二维倒角所需的两条边中的第一条边或要倒角的三维实体的边。

2）"多段线（P）"：该选项用于对整个二维多段线进行倒角，如图 5-42 所示。

图 5-42　多段线倒角

3）"距离（D）"：该选项用于设置倒角至选定边端点的距离，如图 5-43 所示。

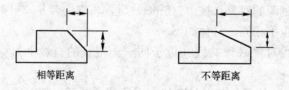

图 5-43　倒角距离设置

4）"角度（A）"：用第一条线的倒角距离和第二条线的角度设置倒角距离，如图 5-44 所示。

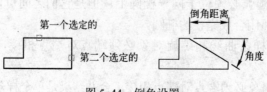

图 5-44　倒角设置

5）"修剪（T）"：如果选择"修剪（T）"，系统则将相交的直线修剪至倒角直线的端点。如果选择"不修剪（N）"，则系统将创建倒角但不修剪选定的直线，如图 5-45 所示。

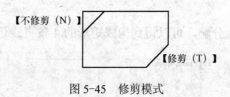

图 5-45　修剪模式

6）"方式（E）"：该选项用于控制"倒角"命令是使用两个距离，还是一个距离和一个角度来创建倒角。

15. 圆角命令

圆角是用指定的半径决定的一段平滑的圆弧来连接两个对象。可以使用圆弧连接一对直线段、多线段、样条曲线、构造线、射线、圆、圆弧和椭圆等。

可以选择菜单中的"修改"→"圆角"（FILLET）命令执行该操作，操作过程类似于上面的倒角操作。

该命令中主要选项的作用如下：

1）"多段线（P）"：输入该选项后，系统将提示用户指定二维多段线，并在二维多段线中两条线段相交的每个顶点处插入圆角弧，如图 5-46 所示。

图 5-46　多段线圆角

2）"半径（R）"：用于指定圆角的半径，该设置很重要，如果半径设置太小，圆角效果不明显。另外，设置的半径值，将成为后续"圆角"命令的当前半径，修改此值并不影响现有的圆角弧。

3）"修剪（T）"：用于指定进行圆角操作时是否使用修剪模式，其中"修剪（T）"选项用于修剪选定的边到圆角弧的端点。而使用"不修剪(N)"选项则不修剪选定边，两种模式的比较如图 5-47 所示。

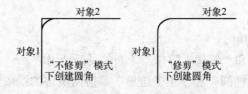

图 5-47　圆角命令的修剪模式

16. 分解命令

在希望单独修改合成对象的部件时，可分解该合成对象，可以分解的对象包括块、多段线及面域等。任何分解对象的颜色、线型和线宽都可能会改变。其他结果将根据分解的合成对象类型的不同而有所不同。

可以选择菜单中的"修改"→"分解"（EXPLODE）命令执行该操作，根据命令提示，首先选择要分解的对象，按下〈Enter〉键后，可将该对象分解，该命令可以一次选中并分解多个对象。

例如，将一个矩形进行分解，可以得到构成矩形的 4 条直线边，如图 5-48 所示。

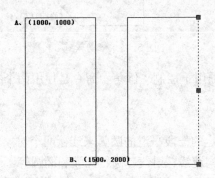

图 5-48　矩形分解成直线段

需要注意的是，用户选择的对象不同，执行该分解命令后，得到的结果也将不同，具体如下。

1）"块"：对块的分解操作一次分解会删除一个编组级。如果块中包含多段线或嵌套块，那么对该块的分解就首先显露出该多段线或嵌套块，然后再分别分解它们中的各个对象。具有相同 X、Y、Z 比例的块，将分解成它们的部件对象。具有不同 X、Y、Z 比例的块，即非一致比例块，可能分解成意外的对象（块的讲解，参见第 9 章）。

2）"二维和优化多段线"：放弃所有关联的宽度或切线信息。

3）"宽多段线"：沿多段线中心放置结果直线和圆弧。

4）"多行文字"：分解成文字对象。

5）"面域"：分解成直线、圆弧或样条曲线。

5.6　综合范例——屋门的造型设计

学习目的：使用前面学习的绘图命令，完成屋门的造型设计，并结合本章所讲的修改命令，完成屋门造型的设计。

重点难点：

➢ 绘图工具的灵活使用

➢ "修剪"、"偏移"和"镜像"等修改命令的灵活使用

现在使用"圆弧"、"椭圆"和"正多边形"等前面所讲的绘图工具，并结合本章所讲的"修剪"、"偏移"和"镜像"等修改命令，完成屋门造型的绘制，效果图如图 5-49 所示。

1. 绘图辅助线设计

1）首先选择菜单中的"格式"→"点样式"（DDPTYPE）命令，设置点样式，如图 5-50 所示。

2）使用"矩形"（RECTANG）命令，以点 A（1000，2000）和点 B（1250，1000）为对角点，绘制矩形。

命令:RECTANG↙　　　　　　　　　　　　　　　//绘制"矩形"命令

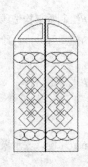

图 5-49　屋门效果图　　　　　　　　　图 5-50　设置点样式

指定第一个角点或 [倒角(C)/标高(E)/圆角(F)/厚度(T)/宽度(W)]: 1000,2000✓

　　　　　　　　　　　　　　　　　　　　　//输入矩形一个角点坐标位置

指定另一个角点或 [面积(A)/尺寸(D)/旋转(R)]: 1250,1000✓　//输入矩形另一个角点坐标位置

3）使用窗口缩放（ZOOM）命令，将所绘图形置于屏幕视野范围内。

命令: ZOOM✓　　　　　　　　　　　　　　　　//缩放窗口命令

指定窗口的角点，输入比例因子 (nX 或 nXP)，或者

[全部(A)/中心(C)/动态(D)/范围(E)/上一个(P)/比例(S)/窗口(W)/对象(O)] <实时>: A✓

　　　　　　　　　　　　　　　　　　　　　//缩放全部图形

正在重生成模型。

4）执行"分解"（EXPLODE）命令，选中上步所绘矩形，将该其分解。

命令: EXPLODE ✓　　　　　　　　　　　　　　//分解命令

选择对象: 找到 1 个　　　　　　　　　　　　　//鼠标单击分解对象

选择对象: ✓　　　　　　　　　　　　　　　　//按下〈Enter〉键执行分解

5）对分解矩形的顶边，使用定数等分点法，即选择菜单中的"绘图"→"点"→"定数等分"（DIVIDE）命令，将顶边进行 3 等分，将矩形右侧边，进行 12 等分，完成结果如图 5-51 所示，执行过程如下：

命令:DIVIDE✓　　　　　　　　　　　　　　　//点的"定数等分"命令

选择要定数等分的对象:　　　　　　　　　　　//鼠标选择需要等分的右侧边对象

输入线段数目或 [块(B)]: 12✓　　　　　　　　//将该边等分为 12 份

命令:DIVIDE✓　　　　　　　　　　　　　　　//点的"定数等分"命令

选择要定数等分的对象:　　　　　　　　　　　//鼠标选择需要等分的顶边对象

输入线段数目或 [块(B)]: 3✓　　　　　　　　　//将该边等分为 3 份

6）使用"构造线"（XLINE）命令，依次通过各等分点作水平或垂直的构造线，作为辅助线，并使用"修剪"（TRIM）命令，修剪成如图 5-52 所示的结果，执行过程如下。

命令: XLINE✓　　　　　　　　　　　　　　　//绘制"构造线"命令

指定点或 [水平(H)/垂直(V)/角度(A)/二等分(B)/偏移(O)]:H✓　//绘制水平构造线

指定通过点:　　　　　　　　　　　　　　　　//捕捉等分点，绘制构造线

......

命令:XLINE↙

指定点或 [水平(H)/垂直(V)/角度(A)/二等分(B)/偏移(O)]: V↙　　　　　//绘制垂直构造线

指定通过点:　　　　　　　　　　　　　　　　　　　　　　//捕捉等分点，绘制构造线

......

命令: TRIM↙　　　　　　　　　　　　　　　　　　　　　//"修剪"命令

当前设置:投影=UCS，边=无

选择剪切边...

选择对象或 <全部选择>:↙　　　　　　　　　　　　　　//按下〈Enter〉键，表示采用默认的全部选择

选择要修剪的对象，或按住 Shift 键选择要延伸的对象，或

[栏选(F)/窗交(C)/投影(P)/边(E)/删除(R)/放弃(U)]: F↙　　//使用栏选删除

指定第一个栏选点:　　　　　　　　　　　　　　　　　//鼠标拾取栏选点

指定下一个栏选点或 [放弃(U)]:　　　　　　　　　　　//同上

......

选择要修剪的对象，或按住 Shift 键选择要延伸的对象，或

[栏选(F)/窗交(C)/投影(P)/边(E)/删除(R)/放弃(U)]: ↙　　//按下〈Enter〉键，删除栏选目标并结

　　　　　　　　　　　　　　　　　　　　　　　　　束命令

图 5-51　定数等分点

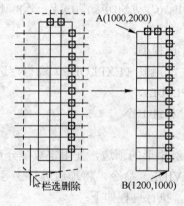

图 5-52　构造辅助线

7）选择菜单中的"修改"→"偏移"（OFFSET）命令，执行偏移操作，将下图所示的边 T 向右侧偏移 20，将边 K 向左偏移 20，完成结果如图 5-53 所示，执行过程如下：

命令: OFFSET ↙　　　　　　　　　　　　　　　　　　　//"偏移"操作命令

当前设置: 删除源=否　图层=源　OFFSETGAPTYPE=0

指定偏移距离或 [通过(T)/删除(E)/图层(L)] <通过>: 20↙　　//指定偏移距离为 20

选择要偏移的对象，或 [退出(E)/放弃(U)] <退出>:　　　　//选择要偏移的对象 T

指定要偏移的那一侧上的点，或 [退出(E)/多个(M)/放弃(U)] <退出>:　//鼠标指定 T 边右侧

选择要偏移的对象，或 [退出(E)/放弃(U)] <退出>:　　　　//选择要偏移的对象 K

指定要偏移的那一侧上的点，或 [退出(E)/多个(M)/放弃(U)] <退出>:　//鼠标指定 K 边左侧

选择要偏移的对象，或 [退出(E)/放弃(U)] <退出>: ↙　　　//按下〈Enter〉键结束命令

2. 单扇门设计

1）使用"正多边形"（POLYGON）命令，绘制如图 5-54 所示的正多边形，执行过程如下：

命令: POLYGON ↙	//绘制"正多边形"命令
输入边的数目 <4>:↙	//采用默认值，绘制正四边形
指定正多边形的中心点或 [边(E)]:	//鼠标拾取图 5-52 中所示点 M
输入选项 [内接于圆(I)/外切于圆(C)] <I>:	//按下〈Enter〉键，表示采用默认的内接于圆
指定圆的半径:	//鼠标拾取图 5-52 中所示点 Q

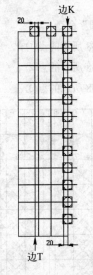

图 5-53　偏移操作

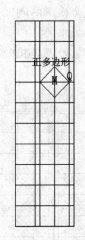

图 5-54　绘制正多边形

2）使用"阵列"（ARRAY）命令，按照如图 5-55 所示，设置"阵列"对话框，单击"确定"按钮，完成正多边形阵列操作，结果如图 5-56 所示：

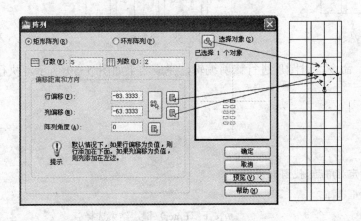

图 5-55　"阵列"设置

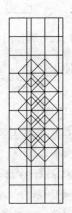

图 5-56　阵列结果图

3）使用"镜像"（MIRROR）命令，以右侧边 K 作为镜像线，将整个图形进行镜像操作，完成结果如图 5-57 所示，执行过程如下。

命令: MIRROR ✓   //"镜像"命令

选择对象: 指定对角点: 找到 27 个   //鼠标框选整个图形

选择对象: ✓   //按下〈Enter〉键，结束选择

指定镜像线的第一点: //指定图 5-58 所示点①

指定镜像线的第二点: //指定图 5-58 所示点②

要删除源对象吗? [是(Y)/否(N)] <N>:✓   //按下〈Enter〉键，采用默认值并结束命令

4）使用"椭圆"（ELLIPSE）命令，同时开启点的捕捉功能，绘制如图 5-58 中所示的椭圆图案，以图中所示的椭圆 1 为例，绘制过程如下，其余绘制方法类似，请读者自己完成。

命令: ELLIPSE ✓   //绘制"椭圆"命令

指定椭圆的轴端点或 [圆弧(A)/中心点(C)]: //捕捉图 5-58 所示的点①

指定轴的另一个端点: //捕捉图 5-58 所示的点②

指定另一条半轴长度或 [旋转(R)]:   //捕捉图 5-58 所示的点③

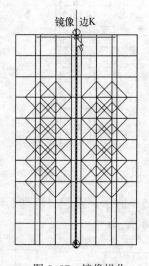

图 5-57　镜像操作

图 5-58　绘制图案

5）使用"修剪"（TRIM）命令，对图形进行修剪编辑，完成结果如图 5-59 所示，执行过程如下：

命令:TRIM✓   // "修剪"命令

当前设置:投影=UCS，边=无

选择剪切边...

选择对象或 <全部选择>:　指定对角点: 找到 56 个

//从下图所示的点 A 到点 B 拉框选择

选择对象: ✓   //按下〈Enter〉键，结束选择

选择要修剪的对象，或按住 Shift 键选择要延伸的对象，或[栏选(F)/窗交(C)/投影(P)/边(E)/删除(R)/放弃(U)]:   //拾取要删除的边

选择要修剪的对象，或按住 Shift 键选择要延伸的对象，或[栏选(F)/窗交(C)/投影(P)/边(E)/删除(R)/放

弃(U)]: ↙   //按下〈Enter〉键，结束命令

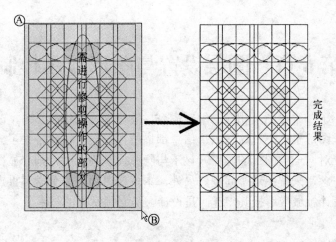

图 5-59　修剪操作

3. 绘制门头图案

1）使用绘制"圆弧"（ARC）命令及点的捕捉功能，捕捉绘制出如图 5-60 所示的圆弧 C 和圆弧 D。

2）使用"偏移"（OFFSET）命令，将辅助线 H 向上偏移 20，并执行"修剪"（TRIM）命令，对门头图案进行修剪编辑，并删除多余的辅助线，完成门头绘制，如图 5-61 所示。

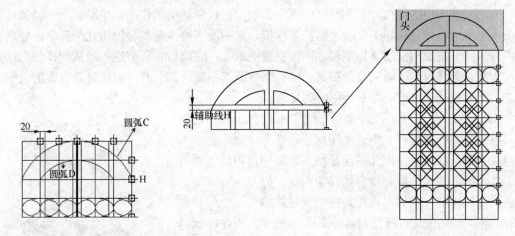

图 5-60　门头图案设计过程　　　　　　　图 5-61　门头效果图

4. 编辑完成双扇门设计

选中并删除多余的辅助线后，得到的结果如图 5-49 所示。

第6章　图层设置与图形显示控制

前面章节介绍了二维绘图及相应的编辑命令，通过这些知识的学习，读者已经可以轻松地设计复杂的二维图形了，不过这些图形信息都描绘在一起，这就带来了提取和修改同类信息的困难。例如，对同一类图形的操作（显示与隐藏控制等）时，则会显得无从下手。因此本章将引入图层概念，来解决这个问题。另外，本章探讨的另一个学习重点是对图形的显示控制，它在图形设计领域应用极其广泛，是设计人员必须掌握的技术。

学习目标：
- ➢ 了解图层的概念
- ➢ 掌握图层的设置与管理
- ➢ 掌握创建浮动视口的方法
- ➢ 了解图形打印的相关知识

6.1　图层的概念

为了理解图层的概念，首先回忆一下手工制图时代用透明纸作图的情况。当一幅图过于复杂或图形中各部分互相干扰较大时，可以按一定的原则将一幅图分解为几个部分，然后分别将每一部分按照相同的坐标系和比例画在透明纸上，完成后将所有透明纸按同样的坐标重叠在一起，最终得到一幅完整的图形。当需要修改其中某一部分时，可以将要修改的透明纸抽取出来单独进行修改，而不会影响到其他部分。

AutoCAD 中的图层，就相当于完全重合在一起的透明纸，用户可以任意选择其中一个图层绘制图形，而不会受到其他层上图形的影响，因此图层是图形绘制中使用的主要组织工具。可以使用图层将信息按功能编组，以及执行线型、颜色及其他标准。例如，在建筑图中，可以将墙、电气和家具等放在不同的图层进行绘制，如图 6-1 所示；而在印制电路板的设计中，多层电路的每一层都在不同的图层中分别进行设计。在 AutoCAD 中每个图层都以一个名称作为标识，并具有颜色、线型、线宽等各种特性和开、关、冻结等不同的状态。

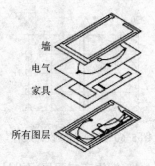

图 6-1　建筑制图图层

注意：建议读者在进行图形设计的过程中，对图形要素进行分层管理，把同类要素放在同一层，而不是将所有图形均创建在一个图层上。

6.2　图层设置

在用图层功能绘图之前，首先要对图层的各项特性进行设置，包括建立和命名图层，设置当前图层，设置图层的颜色和线型，图层是否关闭，是否冻结，是否锁定以及删除等。

图层用名称来标识，图层的名称最长可使用 256 个字符，可包括字母、数字、特殊字符（如：$）和空格，图层的命名应该便于用户识别图层的内容。

1．使用对话框设置图层

用户可以通过选择菜单中的"格式"→"图层"（LAYER）命令，打开"图层特征管理器"对话框，在其中设置图层的相关信息，如图 6-2 所示。

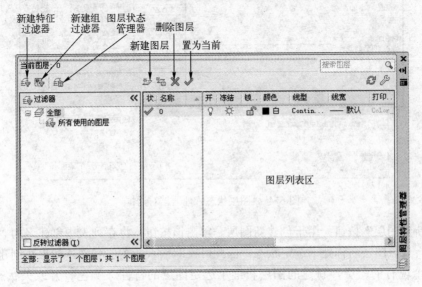

图 6-2　"图层特征管理器"对话框

该对话框中主要控件的作用如下：

1）"新建特征过滤器"按钮：单击该按钮，将显示"图层过滤器特性"对话框，从中可以根据图层的一个或多个特性创建图层过滤器，如图 6-3 所示。

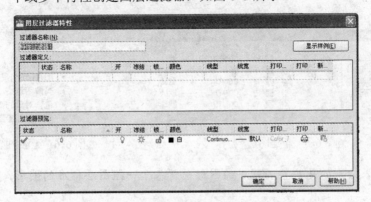

图 6-3　"图层过滤器特性"对话框

2）"新建组过滤器"按钮：作用是创建图层过滤器，其中包含选择并添加到该过滤器的图层。

3）"图层状态管理器"按钮：单击该按钮，将显示"图层状态管理器"对话框。从中可以将图层的当前特性设置保存到一个命名图层状态中，以后可以再恢复这些设置，例如，单击"新建"按钮，在弹出的"要保存的新图层状态"对话框中，新建名称为"LX"的图层状态，单击"确定"按钮，回到"图层状态管理器"对话框中设置其特征，如图6-4所示。

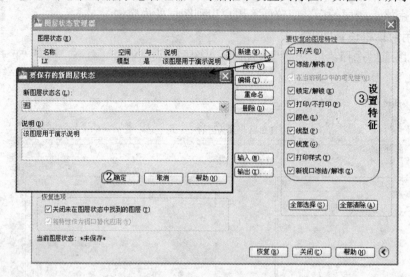

图6-4　"图层状态管理器"对话框

4）"新建图层"按钮：用于创建新图层。单击该按钮，将在列表中创建名为"图层1"的新图层，且该图层名称处于选定状态，因此可立即输入新图层名称。如果在创建新图层时选中了一个现有的图层，新建的图层将继承选定图层的特性（颜色、开或关状态等），如图6-5所示。如果在创建新图层时没有选中任何已有的图层，则新建的图层使用默认设置。

5）"删除图层"按钮：该按钮用于删除选定图层，只能删除未被参照的图层。参照图层中包括图层0和DEFPOINTS、包含对象（包括块定义中的对象）的图层、当前图层以及依赖外部参照的图层，局部打开图形中的图层也被视为已参照并且不能删除，如图6-6所示。

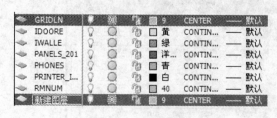

无法删除以下图层：
- 图层0和图层Defpoints
- 当前图层
- 包含对象的图层
- 依赖外部参照的图层

图6-5　新建图层　　　　　　　　　　　　图6-6　无法删除的图层

注意：如果绘制的是共享工程中的图形或是基于一组图层标准的图形，删除图层时要小心。

6）"置为当前"按钮：用于将选定图层设置为当前图层，绘图操作总是在当前图层上进行的。不能将被冻结的图层或依赖外部参照的图层设置为当前图层。

7）"搜索图层"文本框：当输入字符时，可按名称快速过滤图层列表。如图6-7所示。

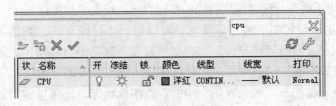

图6-7　搜索图层

8）"列表视图"：用于显示图层和图层过滤器及其特性和说明，选中树状图中的"全部"过滤器，将显示图形中的所有图层和图层过滤器。如果在树状图中选定了一个图层过滤器，则列表视图将仅显示该图层过滤器中的图层，如图6-8所示。

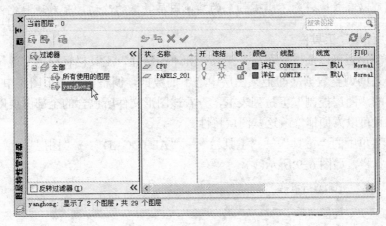

图6-8　显示图层过滤器中的图层

如果要修改选定过滤器中某一个选定图层或所有图层的特性，请单击该特性的图标，具体含义如下：

①"状态"：用于指示项目的类型，包括图层过滤器、正在使用的图层、空图层或当前图层。

②"名称"：用于显示图层或过滤器的名称。

③"开"：用于设置图层的开/关状态，当图层打开时，它可见并且可以打印。但当某个图层被设置为"关闭"状态，则该图层上的图形对象不能被显示或打印，但可以重生成。暂时关闭与当前工作无关的图层可以减少干扰，使用户更加方便快捷地工作。

④"冻结"：用于设置图层的冻结状态。如果某个图层被设置为"冻结"状态，则该图层上的图形对象不能被显示、打印、消隐、渲染或重生成。因此可将长期不需要显示的图层冻结，提高对象选择的性能，减少复杂图形的重生成时间。

⑤"锁定"：用于设置图层的锁定状态，如果某个图层被设置为"锁定"状态，则该图层上的图形对象将不能被编辑或选择，但可以查看。这个功能对于编辑重叠在一起的图形对象时非常有用。

⑥"颜色"：用于更改与选定图层关联的颜色。单击颜色名可显示"选择颜色"对话框。

⑦"线型"：用于更改与选定图层关联的线型。单击线型名称可以显示"选择线型"对话框。

⑧"线宽"：用于更改与选定图层关联的线宽。单击线宽名称可以显示"线宽"对话框。

⑨"打印"：用于设置图层的打印状态。可以显示"打印"状态被禁止的图层，但对于已关闭或冻结的图层，则不管"打印"状态如何设置，都将不会打印。如果某图层中只包含构造线、参照信息等不需打印的对象，则可以在打印图形时关闭该图层。

用户除了可以直接控制"列表视图"中的特性图标状态，还可以使用鼠标右键单击"列表视图"中的空白区域，在弹出的快捷菜单中选择命令，对图层进行控制操作，例如选择快捷菜单中的"全部选择"命令，则会将所有图层一次选中，这时改变其中任一图层的状态，如"锁定"图层，则会将所有图层同时锁定。

小技巧：在设计复杂图形的过程中，采用分层管理数据，可以将不需要修改的图层进行锁定，这样就可以有效地避免不小心带来的其他图层数据的改动，有效地避免错误的出现。

2. 浅析"图层"工具栏

图层的控制，还可以通过"图层"工具栏和"图层Ⅱ"工具栏轻松地实现，如切换当前图层、在图层之间调整数据（即把某图层中选中的数据，调整到另一个图层中），还可以通过该工具栏中的"图层控制"下拉列表框，查看该图形文件所包含的全部图层以及各图层的状态信息，并且可以方便地修改这些图层特性。

可以选择菜单中的"工具"→"工具栏"→"AUTOCAD"→"图层"（或"图层Ⅱ"）命令打开该工具栏，如图 6-9 所示。

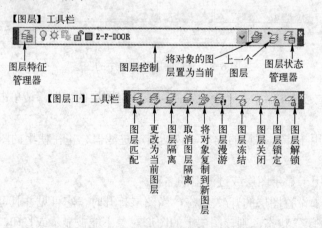

图 6-9 "图层"工具栏和"图层Ⅱ"工具栏

3. 使用"特性"工具栏

AutoCAD 提供了一个"特性"工具栏，用户可以通过选择菜单中的"工具"→"工具栏"→"AUTOCAD"→"特性"命令打开该工具栏，如图 6-10 所示。使用该工具栏，能够快速地查看、控制和改变所选对象的图层、颜色、线型和线宽等特征。

该工具栏中控件的作用如下：

1)"颜色"下拉列表框：单击右侧✔按钮，在弹出的下拉列表中选择某种颜色，使之成为当前颜色，如果选择"选择颜色"，系统将打开"选择颜色"对话框，以选择其他颜色。

图 6-10 "特性"工具栏

2)"线型"下拉列表框：单击右侧 ☑ 按钮，在弹出的下拉列表中选择某种线型，使之成为当前线型。

3)"线宽"下拉列表框：单击右侧 ☑ 按钮，在弹出的下拉列表中选择某种线宽，使之成为当前线宽。

4)"打印样式控制"下拉列表框：单击右侧 ☑ 按钮，在弹出的下拉列表中选择一种打印样式使之成为当前打印样式。

在绘图区选择任何对象，都将在"特性"工具栏中自动显示它所在图层和颜色等特性，同时在"图层"工具栏中，将显示出该图层的名称、颜色和状态等信息，如图 6-11 所示。

图 6-11 查看图形特性

小技巧：选中图形对象后，通过"特征"工具栏，可方便的修改其颜色、线型等特征。

6.3 模型与布局

AutoCAD 窗口提供了两种不同的环境（或空间），即"模型"选项卡和"布局"选项卡。无论是模型空间还是布局（图纸）空间，都以各种视口来表示图形。所谓视口，就是显示用户模型的不同视图的区域。

通常，由几何对象组成的模型是在"模型空间"中创建的。而特定视图的最终布局和此模型的注释是在"图纸空间"中创建的。

6.3.1 模型空间

"模型"选项卡提供了一个无限的绘图区域，称为模型空间，它是一个三维坐标空间，主要用于绘制、查看和编辑几何模型。前面各章节中所有的内容都是在模型空间中进行的。

在模型空间中，屏幕上的作图区域可以被划分为多个相邻的非重叠视口。可以通过选择菜单中的"视图"→"视口"中的子菜单命令建立和编辑视口，另外还可以通过"视口"工具栏轻松完成对"视口"的操作，如图 6-12 所示。每个视口又可以再进行分区。在每个视口中可以进行平移和缩放操作，也可以进行三维视图设置与三维动态观察（该内容见后面章节），可以实现目标对象的多视口、多角度观察，这也是进行三维建模时，常用的设计技巧，如图 6-13 所示。

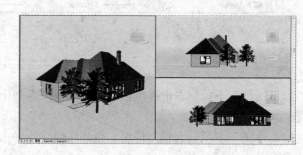

图 6-12 "视口"工具栏　　　　　　图 6-13　多视口、多角度观察

1. 新建视口

用户可以通过选择菜单中的"视图"→"视口"→"新建视口"（VPORTS）命令，打开"视口"对话框中的"新建视口"选项卡，在该选项卡中显示了一个标准视口配置列表，如图 6-14 所示，并可用来创建层叠视口。

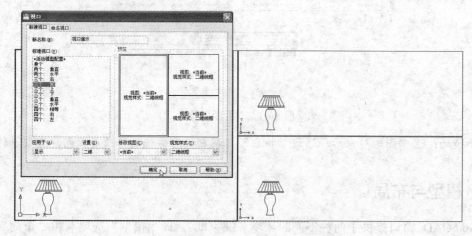

图 6-14　创建视口

要想创建标准视口以外的其他视口样式，应该在创建好一种视口的基础上，选中其中的一个视口，将该视口（要继续拆分的视口）激活为当前视口，然后使用菜单命令"视图"→"视口"下的子菜单命令，并根据命令提示的选项，完成视口的重新布局，生成新的视口。也可以使用菜单中的"视图"→"视口"→"合并"（-VPORTS）命令，完成对视口的再编辑，且可以使用菜单中的"视图"→"视口"→"一个视口"（-VPORTS）命令，恢复成单视口，命令行执行方式如下。

命令: -VPORTS ↙

输入选项 [保存(S)/恢复(R)/删除(D)/合并(J)/单一(SI)/?/2/3/4] <3>: J↙　　//合并视口

命令: -VPORTS↙

输入选项 [保存(S)/恢复(R)/删除(D)/合并(J)/单一(SI)/?/2/3/4] <3>: SI↙　　//合并成单视口

举例说明，创建多视口，首先选择菜单中的"视图"→"视口"→"三个视口"命令，且选择并输入命令行提示选项"左（L）"，完成视口的初步布局，接下来用鼠标单击左侧视口，将其激活为当前视口，继续使用菜单"视图"→"视口"→"三个视口"命令，选择并输入命令行提示选项"上（A）"，将屏幕拆分成为五个视口，如图 6-15 所示。

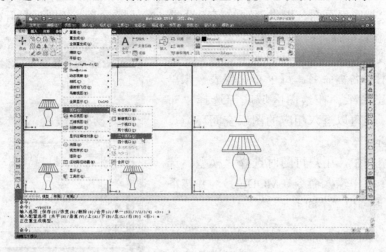

图 6-15　视口的再编辑

2. 命名视口

可以选择菜单中的"视图"→"视口"→"命名视口"命令，打开"视口"对话框中的"命名视口"选项卡，该选项卡用来显示保存在图形文件中的视口配置。其中"当前名称"提示行显示当前视口名；"命名视口"列表框用来显示保存的视口配置；"预览"显示框用来预览被选择的视口效果。

例如，把图 6-15 中所示的五视口样式，命名为"新建五视口"并保存，然后切换到"命名视口"选项卡，预览效果，如图 6-16 所示。

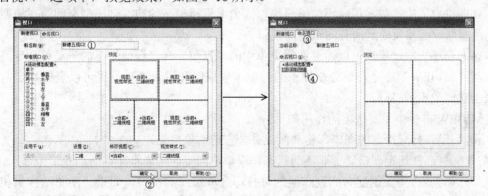

图 6-16　"命名视口"选项卡

在单一视口中，打开"视口"对话框的"命名视口"选项卡，选中刚刚建立的"新建五视口"，单击"确定"按钮，就可以轻松地将单一视口，分割成五视口样式。

6.3.2　布局（图纸）空间

图纸空间是指图纸布局环境，可以在这里指定图纸大小、添加标题栏、显示模型的多个视图以及创建图形标注和注释。图纸空间用于创建最终的打印布局，而不用于绘图或设计工作。

在 AutoCAD 中，图纸空间是以布局的形式来使用的，"布局"选项卡提供了一个图纸空间环境，它模拟图纸页面，提供直观的打印设置。默认情况下，新图形最开始有两个"布局"选项卡，即"布局 1"和"布局 2"。如果使用图形样板或打开现有图形，图形中"布局"选项卡可能以不同名称命名。每个布局代表一张单独的打印输出图纸。在绘图区域底部选择"布局"选项卡，就可以进入相应的图纸空间环境。如图 6-17 所示。

在图纸空间中，用户可随时选择"模型"选项卡或在命令行中输入命令（MODEL），并按下〈Enter〉键，返回模型空间。

小技巧：AutoCAD 在对几何模型进行打印输出时，通常是在图纸空间中创建，视图的最终布局和此模型的注释均在图纸空间中创建完成。

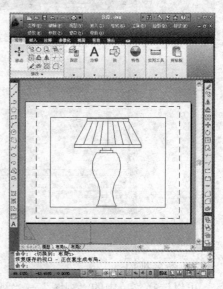

图 6-17 布局窗口

1．布局视口

用户可以在"布局"选项卡（图纸空间）中创建视口，称为布局视口。布局视口相当于模型空间中的视图对象，用户可以在布局视口中处理模型空间对象。与平铺视口不同，布局视口可以相互重叠、分离，或进行编辑。使用布局视口的好处之一是可以在每个视口中选择性地冻结图层。冻结图层后，就可以查看每个布局视口中的不同几何对象。

在图纸空间中排放布局时不能编辑模型。要编辑模型必须切换到模型空间，在模型空间中的所有修改都将反映到所有图纸空间视口中。

在布局环境中，用户可以通过选择菜单中的"视图"→"视口"下的子菜单命令或通过"布局"（MVIEW）命令及该命令提示的选项，来控制和设置视口；也可以直接指定两个角点来创建一个矩形视口。

MVIEW 命令中主要选项的作用如下：

1）"开"：打开指定的视口，将其激活并使它的对象可见。

2）"关"：使选定视口处于非活动状态。模型空间中的对象不在非活动视口中显示。

3）"调整"：用于创建布满到布局的可打印区域边缘的视口。如果关闭图纸背景和可打印区域，视口将布满显示区域。

4）"着色打印"：指定如何打印布局中的视口。

5）"锁定"：锁定当前视口后，在使用"窗口缩放"（ZOOM）命令放大图形时，不会改变视口的比例。

6）"对象"：将图纸空间中指定的封闭的多段线、椭圆、样条曲线、面域或圆对象换成视口，如图 6-18 所示。

7）"多边形"：指定一系列的点创建不规则形状的视口。

8）"恢复"：恢复通过 VPORTS 命令保存的视口配置。

9）"2"：将当前视口区域水平或垂直划分成大小相等的两个视口，与在模型空间中用法类似，如图 6-19 所示。

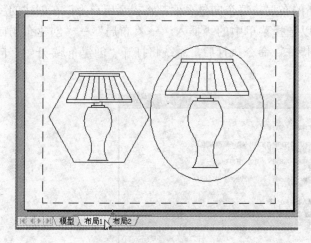

图 6-18　非矩形视口

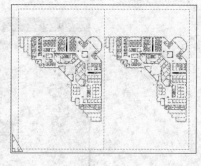

图 6-19　效果图

10）"3"：将当前视口区域等分为三个视口，与在模型空间中用法类似。

11）"4"：将当前视口区域水平和垂直划分为 4 个大小相等的视口。

注意：不能保存和命名在布局中创建的视口配置，但可以恢复在模型空间中保存的视口配置。

2．布局操作

在布局中可以创建并放置视口对象，还可以添加标题栏或其他对象的几何图形。可以在图形中创建多个布局以显示不同视图，每个布局可以使用不同的打印比例和图样尺寸。

用户可通过选择菜单中的"插入"→"布局"下的子菜单来创建布局，如图 6-20 所示，下面就分别讲解这组子菜单命令。

（1）新建布局

选择菜单中的"插入"→"布局"→"新建布局"（LAYOUT）命令后，可根据命令提示输入新布局名称，如输入"练习"并按下〈Enter〉键后，将建立名为"练习"的布局，如图 6-21 所示。

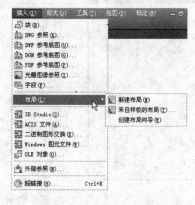

图 6-20　"布局"子菜单

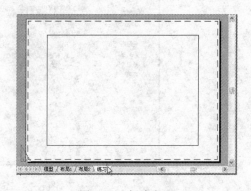

图 6-21　新建布局

（2）通过向导建立布局

布局向导用于引导用户创建一个新的布局，每个向导页面都将提示用户为正在创建的新布局指定不同的版面和打印设置。可以选择菜单中的"插入"→"布局"→"创建布局向导"（LAYOUTWIZARD）命令执行该操作，命令执行后，系统将打开"创建布局-开始"向导对话框，如图6-22所示。

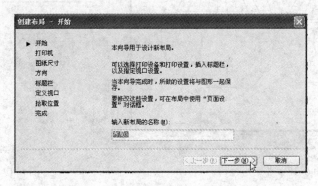

图6-22 "创建布局-开始"向导对话框

在"输入新布局的名称"文本框中，输入新建布局名，单击"下一步"按钮，然后按照对话框提示逐步操作，包括打印机、图样尺寸、方向、标题栏、定义视口和拾取位置等选项的设置，如果一直单击"下一步"按钮，直到完成，将生成一个该向导默认状态的布局。

该对话框中主要控件的作用如下：

① "开始"：指定新建布局的名称。

② "打印机"：选择已匹配的打印机。

③ "图纸尺寸"：选择图纸尺寸和图纸单位。

④ "方向"：选择图纸的打印方向。

⑤ "标题栏"：列表中显示了 AutoCAD 所提供的样板文件中的标准标题栏。如果需要，用户可选择其中一种并以"块"或"外部参照"的形式插入到当前图形文件中。

⑥ "定义视口"：如图6-23所示，用户可指定视口的形式和比例，可供选择的视口形式包括无、单个、标准三维工程视图和阵列4种。

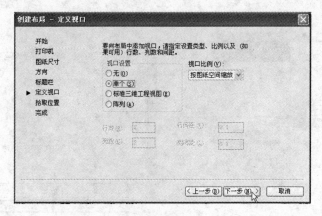

图6-23 定义视口

⑦ "拾取位置"：指定视口在图纸空间中的位置。

⑧ "完成"：结束向导命令，并根据以上设置创建新布局。

用向导完成布局设置之后，可以从新布局内使用"页面设置（PAGESETUP）"对话框来修改其设置。

（3）来自样板的布局

选择菜单中的"插入"→"布局"→"来自样板的布局"（LAYOUT）命令后，系统将显示"从文件选择样板"对话框，如图 6-24 所示，其中列出了保存的布局，可选中该对话框中现有的样板，来创建新的布局。例如，选定"Tutorial-iArch.dwt"文件创建布局。

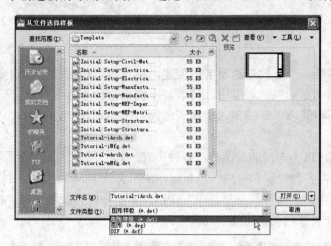

图 6-24 "从文件选择样板"对话框

选定文件后，程序将显示"插入布局"对话框，如图 6-25 所示。

单击"插入布局"对话框中的"确定"按钮，则使用所选布局和指定的样板创建布局，然后使用鼠标右键单击该布局，在弹出的快捷菜单中，选择"重命名"命令，可以将来自样板创建的布局重新命名，如图 6-26 所示。

图 6-25 "插入布局"对话框

图 6-26 "重命名"布局

6.3.3 图形打印简介

在 AutoCAD 的"模型"选项卡中完成图形创建之后，通常要打印到图纸上，或者生成一份电子图纸，打印图纸的过程，如图 6-27 所示。

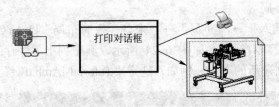

图 6-27 打印流程图

打印的布局需要在"布局"选项卡中创建，用户可以根据需要创建多个布局，每个布局都保存在自己的"布局"选项卡中，可以与不同的页面设置相关联。首次单击"布局"选项卡时，页面中将显示单一视图，虚线表示图纸中当前配置的图纸尺寸和绘图仪的可打印区域。

设置布局后，可以为布局的页面指定各种设置，其中包含打印设备设置和其他影响输出的外观和格式设置，各种设置和布局一起存储在图形文件中，并可以随时修改。

通过选择菜单中的"文件"→"打印"（PLOT）命令，系统将打开"打印"对话框，如图 6-28 所示，打印设置包括以下几点。

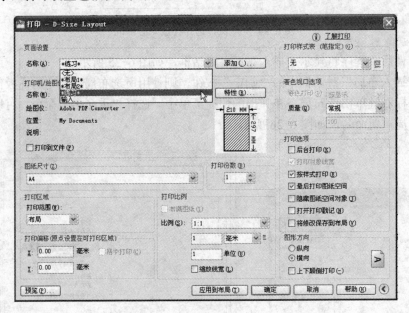

图 6-28 "打印"对话框

1）"页面设置"选项组：列出图形中已命名或已保存的页面设置。可以将图形中保存的命名页面设置作为当前页面设置，也可以单击右侧的"添加"按钮，基于当前设置创建一个新的命名页面设置。

2）"打印机/绘图仪"选项组：用于指定打印布局时使用已配置的打印设备，在"打印"对话框的"打印机/绘图仪"下，可从"名称"列表中选择一种输出设备。

3）"图纸尺寸"选项组：用于显示所选打印设备可用的标准图纸尺寸。如果未选择绘图仪，将显示全部标准图纸尺寸的列表以供选择。如果所选绘图仪不支持布局中选定的图纸尺寸，将显示警告，用户可以选择绘图仪的默认图纸尺寸或自定义图纸尺寸。

4）"打印份数"选项组：指定要打印的份数。打印到文件时，此选项不可用。

5）"打印区域"选项组：用于指定要打印的图形部分。在"打印范围"选项中提供的选项有布局或界限、范围、视图、显示和窗口，可以选择要打印的图形区域。

6）"打印偏移"选项组：通过输入 X、Y 偏移值，可以偏移图纸上的几何图形。图纸中的绘图仪单位为英寸或毫米。

7）"打印比例"选项组：控制图形单位与打印单位之间的相对尺寸。打印布局时，默认缩放比例设置为 1:1。从"模型"选项打印时，默认设置为"布满图纸"，即将图形缩放调整到所选的图纸尺寸。

8）"打印样式表（笔指定）"选项组：作用是设置、编辑打印样式表，或者创建新的打印样式表。

9）"着色视口"选项组：用于指定着色和渲染视口的打印方式，并确定它们的分辨率大小和每英寸点数 DPI（指渲染和着色视图的每英寸点数，最大可为当前打印设备的最大分辨率），只有在"质量"下拉列表框中选择了"自定义"后，此选项才可用。

10）"打印选项"选项组：用于指定线宽、打印样式、着色打印和对象的打印次序等选项。

11）"图形方向"选项组：用于为支持纵向或横向的绘图仪指定图形在图纸上的打印方向，图纸图标代表所选图纸的介质方向，字母图标代表图形在图纸上的方向，如图 6-29 所示。

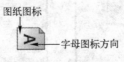

图 6-29　图形方向图标

12）"预览"按钮：在屏幕上以在图纸上打印的方式显示图形。要退出打印预览并返回"打印"对话框，请按〈Esc〉键。

13）"应用到布局"按钮：用于将当前"打印"对话框设置保存到当前布局。

举例说明，首先打开默认安装路径"C:\Program Files\AutoCAD 2010\Sample\Database Connectivity"中的"db_samp.dwg"文件，然后新建如图 6-26 所示的来自模版的布局，接下来选择菜单中的"视图"→"视口"→"多边形视口"命令，将图形显示在该模板布局中，如图 6-30 所示。在该布局选项中使用鼠标右键单击，在弹出的快捷菜单中选择"打印"命令。

在弹出的"打印"对话框中的"页面设置"选项组中，单击"名称"下拉列表框，选择"输入……"，此时系统弹出"从文件选择页面设置"对话框，设置文件类型为"样板 *.dwt"，选择默认安装路径中的"Tutorial-iArch.dwt"文件，然后单击"打开"按钮，如图 6-24 所示，在弹出的"输入页面设置"对话框中，选择"Architectural-imperial DWF"，如图 6-31 所示。

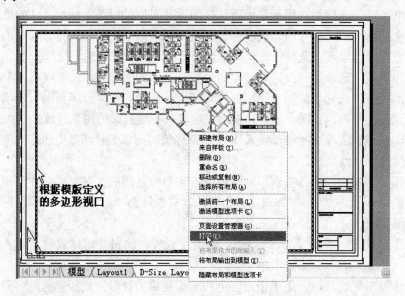

图 6-30　效果图

图 6-31　打印及页面输出设置

　　单击"确定"按钮，返回打开"打印"对话框，单击该对话框中的"预览"按钮，得到如图 6-32 所示的效果。

　　按〈Esc〉键，返回到"打印"对话框中，如果在本机器安装了 ACROBAT 软件，且在"打印"对话框的"打印机或绘图仪"选项组中，在"名称"下拉列表框中选择"Adobe PDF"，则依次单击"应用到布局"和"确定"按钮后，系统将弹出"浏览打印文件"对话框，以默认文件名"db_samp D-Size Layout.pdf"打印输出"PDF"格式文件，如图 6-33 所示。

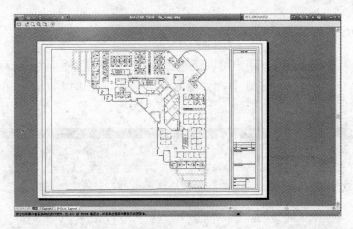

图 6-32　打印预览效果图

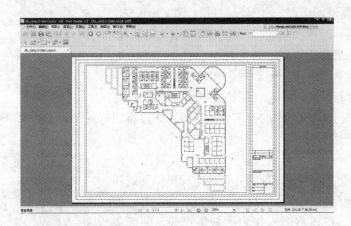

图 6-33　打印输出"db_samp D-Size Layout.pdf"文件

注意：如果机器连接了物理打印机，且用户选择了该打印机名，则会直接输出图纸。

6.3.4　打印样式

打印样式，是一种对象特性，用于修改打印图形的外观，包括对象的颜色、线型和线宽等，也可指定端点、连接和填充样式，以及抖动、灰度、虚拟笔和淡显等输出效果。

打印样式表用于定义打印样式。根据打印样式的不同模式，打印样式表也分为颜色相关打印样式表和命名打印样式表。

颜色相关打印样式表以对象的颜色为基础，即用对象的颜色来确定打印特征。可以在颜色相关打印样式表中编辑打印样式，但不能添加或删除打印样式。颜色相关打印样式表中有256 种打印样式，每种样式对应一种颜色，这些打印样式表文件的扩展名为.ctb。

命名打印样式表是直接指定给对象和图层的打印样式。可以给对象指定任意一种打印样式，不管对象的颜色是什么。这些打印样式表文件的扩展名为".stb"。使用这些打印样式表可以使图形中的每个对象以不同颜色打印，而与对象本身的颜色无关。

以上两种打印样式表文件均保存在 AutoCAD 系统主目录中的"plot styles"子文件夹中，路径为 C:\Program Files\AutoCAD 2010\UserDataCache\Plotters\Plot Styles。

6.3.5　输出和发布文件

通过"输出"功能区面板，用户可以快速访问用于输出模型空间中的区域或将布局输出为 DWF、DWFx 或 PDF 文件的工具，如图 6-34 所示。输出时，可以使用页面设置替代和输出选项控制输出文件的外观和类型。

图 6-34　"输出"功能区面板

发布提供了一种简单的方法创建图纸图形集或电子图形集。AutoCAD 2010 中文版已简化了发布布局和图纸的流程，并对发布进行了以下更改。

1）可以使用标准精度预设和自定义精度预设控制发布的文件的精确度。

2）可以从布局和图纸创建多页 PDF 文件。

3）可以直接从图纸集管理器发布 PDF 文件。

4）关闭或保存图形时，可以创建并自动发布 PDF 文件。

电子图形集是打印图形集的数字形式，可以通过将图形发布为 DWF、DWFx 或 PDF 文件来创建电子图形集。

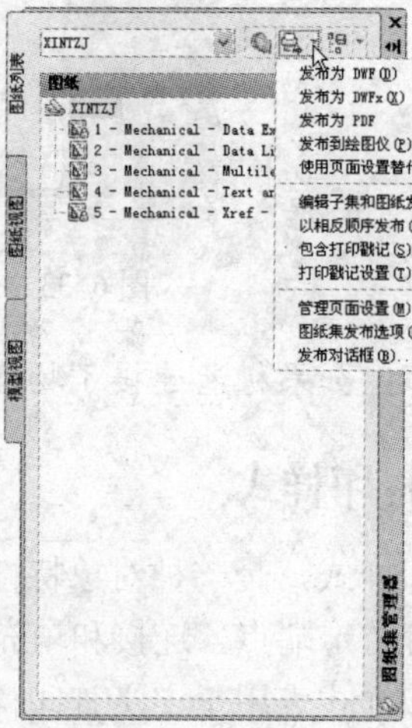

对于大多数设计组，图形集是主要的提交对象。图形集用于传达工程的总体设计意图并为该工程提供文档和说明。然而，手动管理图形集的过程较为复杂和费时。使用图纸集管理器，可以将图形作为图纸集管理。图纸集（图纸的命名集合）是几个图形文件中图纸的有序集合，图纸是从图形文件中选定的布局，可以从任意图形将布局作为编号图纸输入到图纸集中。

图纸集管理器用于组织、显示和管理图纸集。图纸集中的每张图纸都与图形（DWG）文件中的一个布局相对应。选择菜单中的"工具"→"选项板"→"图纸集管理器"（SHEETSET）命令，系统将弹出"图纸集管理器"窗口，如图 6-35 所示。

图 6-35　"图纸集管理器"窗口

使用图纸集管理器中的控件，可以在图纸集中创建、整理和管理图纸，可以将图形布局组织为命名图纸集，还可以轻松地发布整个图纸集、图纸集子集或单张图纸。在图纸集管理器中发布图纸集比使用"发布"对话框更快。

选择菜单中的"文件"→"发布"（PUBLISH）命令，将弹出"发布"对话框，如图 6-36 所示。使用该对话框，可以合并图形集，并将其发布为 DWF、DWFx 或 PDF 文件，也可以将其发送到页面设置中命名的绘图仪，以供硬复制输出或用作打印文件。可将此图纸列表另存为 DSD（图形集说明）文件。保存的图形集可以替换或添加到现有列表中进行发布。

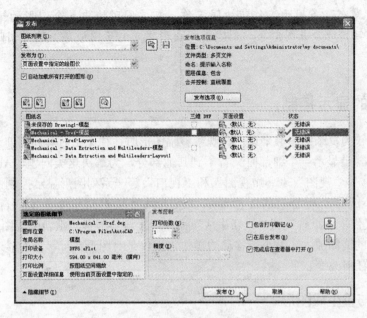

图 6-36 "发布"对话框

以 DWF 文件形式发布电子图形集可以节省时间并提高效率,因为它以文件的形式为图形提供了精确的压缩表示,而该文件易于分发和查看,并且这种方式保留了原图形的完整性。

为了宣传设计成果,在 AutoCAD 2010 中还提供了网络发布向导,这样即使是不熟悉 HTML 语言的用户,也可以方便快捷地创建格式化的 Web 页,可以在网上发布图,方法是首先打开要发布的图形文件,然后选择菜单中的"文件"→"网上发布"命令,使用弹出的"网上发布-开始"对话框,如图 6-37 所示,根据向导提示进行相应设置,直到最后保存,完成 Web 页的创建,然后在保存的路径下打开发布的页面,即可预览到发布的网页效果,如图 6-38 所示。

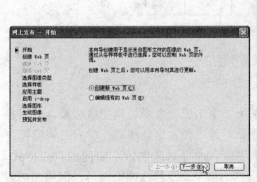

图 6-37 "网上发布"向导

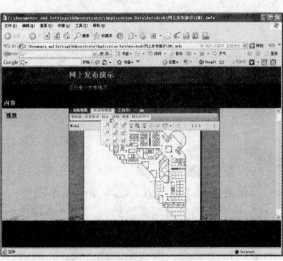

图 6-38 网上发布

注意："发布"多用于工作组协同工作，需要同时输出多个图形的情况；使用"发布"命令可以轻松地合并图形集，创建图纸图形集或电子图形集，这对团队工作效率的提高很有帮助。

6.4 图形的显示控制

对于一个较为复杂的图形来说，在观察整幅图形时往往无法对其局部细节进行查看和操作，而当在屏幕上显示一个细部时又看不到其他部分，为解决这类问题，AutoCAD 提供了"缩放"、"平移"、"视图"、"鸟瞰视图"和"视口"等一系列图形显示控制命令，可用来任意放大、缩小或移动屏幕上的图形显示，或者同时从不同角度、不同部位显示图形。AutoCAD 还提供了"重画"和"重新生成"命令用于刷新屏幕、重新生成图形。

这里提到的诸如放大、缩小或移动的操作，仅仅是对图形在屏幕上的显示进行控制，图形本身并没有任何改变。

6.4.1 重画与重生成图形

在绘图和编辑的过程中，屏幕上常常留下对象的拾取标记，这些临时标记并不是图形中的对象，有时会使当前图形画面显得混乱，这时就可以使用 AutoCAD 的"重画"与"重生成"图形功能清除这些临时标记。

1. 重画图形

在 AutoCAD 绘图过程中，屏幕上有时会出现一些杂乱的标记符号，这是在删除操作拾取对象时留下的临时标记。这些标记符号实际上是不存在的，只是残留的重叠图像，即 AutoCAD 使用背景色重画被删除的对象所在的区域时遗漏的一些区域。这时就可以使用"重画"命令更新屏幕，清除掉这些临时标记。

可通过选择菜单中的"视图"→"重画"（REDRAWALL）命令，更新用户当前的视图区及刷新显示的所有视口，如图 6-39 所示，该命令可透明使用。

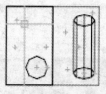
使用"重画"之前

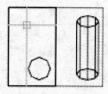
使用"重画"之后

图 6-39 "重画"命令使用

2. 重生成图形

"重画"与"重生成"在本质上是不同的，使用"重生成"命令可重生成屏幕，此时系统从磁盘中调用当前图形的数据，比"重画"命令执行速度慢，更新屏幕花费的时间较长。

在 AutoCAD 中，某些操作只有在使用"重生成"命令后才生效，如使用"点样式"（DDPTYPE）命令，改变点的样式操作，或者一直使用某个命令修改编辑图形，但该图形似乎看不出发生什么变化的时候，此时可使用"重生成"命令更新屏幕显示。

"重生成"命令有两种形式，一种可通过选择菜单中的"视图"→"重生成"（REGEN）命令，更新当前视口，如图 6-40 所示。

另一种则可通过选择菜单中的"视图"→"全部重生成"（REGENALL）命令，同时更新多重视口，如图 6-41 所示。

使用"重生成"之前

使用"重生成"之后

使用"全部重生成"之前

使用"全部重生成"之后

图 6-40　"重生成"命令使用 　　　　　　　图 6-41　"全部重生成"命令使用

小技巧：对于在第 4 章 4.7.2 节中讲到的图案填充操作，当系统检测到无效的填充边界时，显示出的红色圆（如图 4-53 所示），也可通过"重画"（REDRAW）或"重生成"（REGEN）命令消除。

6.4.2 缩放视图

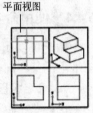
图 6-42　平面视图

视点是指在三维模型空间中，观察模型的位置。视图则指模型从空间中特定位置（视点），观察的图形表示，即将按一定比例、观察位置和角度显示的图形称为视图。而平面视图是视图中的一种，其方向从 Z 轴正向上的一点指向原点（0,0,0），如图 6-42 所示，本节主要探讨的就是平面视图。

在 AutoCAD 中，可以通过缩放视图来观察图形对象，缩放视图可以增加或减少图形对象的屏幕显示尺寸，但对象的真实尺寸保持不变，通过改变显示区域和图形对象的大小，可以更准确、更详细地绘制图形。

可使用"窗口缩放"（ZOOM）命令或选择菜单"视图"→"缩放"的下一级菜单子命令，如图 6-43 所示，以及通过"缩放"工具栏，如图 6-44 所示，完成对视图区域的控制。

图 6-43　"缩放"菜单

图 6-44　"缩放"工具栏

6.4.3 平移视图

使用平移视图命令，可以重新定位图形，以便看清图形的其他部分。该操作不会改变图形中对象的位置或比例，只是改变视图。

可选择菜单"视图"→"平移"（PAN）的下一级菜单子命令实现该操作，如图 6-45 所示。

当执行"实时"平移视图命令时，光标指针将变成小手形状，按住鼠标左键拖动，窗口内的图形就可以按照光标移动的方向移动，释放鼠标左键，系统将返回到平移等待状态，此时，可以通过按下键盘上的"Esc"或〈Enter〉键退出实时平移模式。

所谓"定点（P）"平移视图，就是通过指定的基点和位移来平移视图。

6.4.4 使用命名视图

用户可以在一张图纸上创建多个视图。当要观看、修改图纸上的某一部分视图时，将该视图恢复出来即可。

图 6-45 "平移"菜单

1. 命名视图

选择菜单中的"视图"→"命名视图"（VIEW）命令，系统将打开"视图管理器"对话框，如图 6-46 所示。使用该对话框，用户可以完成创建、设置、重命名以及删除命名视图等视图管理操作。

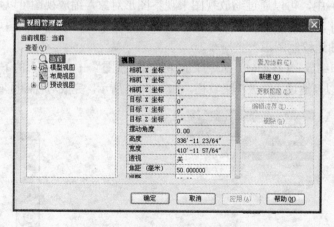

图 6-46 "视图管理器"对话框

该对话框中主要控件的作用如下：

1）"查看"列表框：显示可用视图的列表，可以展开每个节点（"当前"节点除外）以显示该节点的视图。

2）"置为当前"按钮：用于恢复选定的视图。

3）"新建"按钮：用于创建新的命名视图，单击该按钮后，系统将显示"新建视图/快照特性"对话框，如图 6-47 所示。

用户可以在"视图名称"文本框中设置视图名称；在"视图类型"下拉列表框中为命名视图选择或输入一个类别；在"边界"选项组中创建视图的边界区域时，边界的选定可采用如下两种方式：

①"当前显示"单选按钮：单击该按钮，可以使用选中的命名视图中保存的图层信息更新当前模型空间或布局视口中的图层信息。

②"定义窗口"单选按钮：单击该按钮，系统将切换到绘图窗口，可以重新定义视图的边界，如图 6-48 所示。

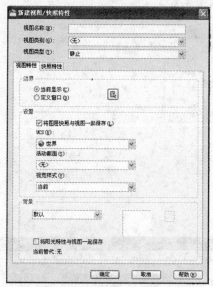

图 6-47 "新建视图/快照特性"对话框

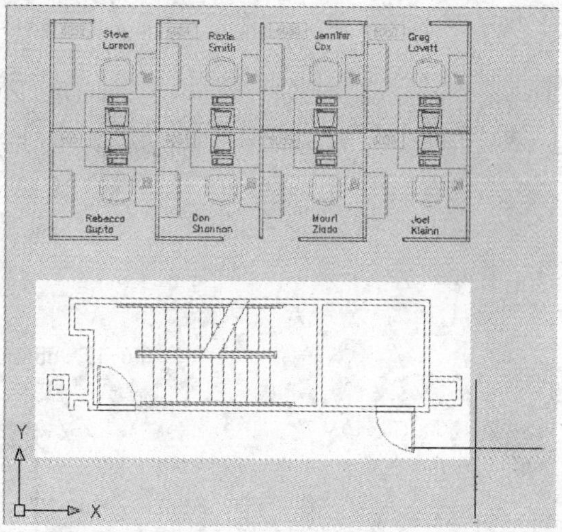

图 6-48 编辑视图边界

4）"更新图层"按钮：作用是更新与选定的视图一起保存的图层信息，使其与当前模型空间和布局视口中的图层可见性匹配。

5）"编辑边界"按钮：用于显示选定的视图，绘图区域的其他部分以较浅的颜色显示，从而显示命名视图的边界。

6）"删除"按钮：该按钮用于删除选定的视图。

2. 恢复命名视图

在 AutoCAD 中，可以一次命名多个视图，当需要重新使用一个已命名视图时，只需将视图恢复到当前视口即可。

恢复视图时，可以恢复视口的查看方向、缩放比例因子等设置，如果在命名视图时将当前的 UCS 随视图一起保存起来，当恢复视图时也可以恢复 UCS。

下面将举例说明，首先创建一个名为"NEWSHITU"的命名视图，然后在当前视口中恢复该命名视图，具体过程如下。

1）选择菜单中的"文件"→"打开"（OPEN）命令，打开"选择文件"对话框，选择默认安装路径"C:\ProGram Files\AutoCAD2010\SamPle\Database Connectivity"下的"db_samp.dwg"文件，并打开该文件，如图 6-49 所示。

2）选择菜单中的"视图"→"命名视图"（VIEW）命令，打开"视图管理器"对话框，在"查看"列表框中选择"当前"，然后单击"新建"按钮，打开"新建视图/快照特性"对话框（如图 6-46 所示），在"视图名称"文本框中输入"NEWSHITU"，在"边界"选项组中选中"定义窗口"单选按钮，此时系统暂时关闭该对话框回到绘图区，鼠标框选图 6-50 中右图编号为 C、D 范围区域中的图形，按下〈Enter〉键回到"新建视图/快照特性"对话框，其余选项保持默认值，然后单击"确定"按钮，创建一个名称为"NEWSHITU"的视图，该视图显示在"模型视图"选项节点中，如图 6-50 所示。

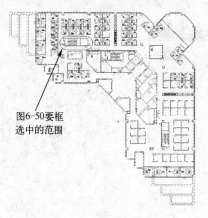

图6-50要框
选中的范围

图 6-49　db_samp.dwg 文件

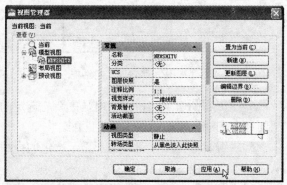

图 6-50　新建"NEWSHITU"视图

3）用鼠标单击"应用"按钮，然后单击"确定"按钮，退出"视图管理器"对话框。

4）选择菜单中的"视图"→"视口"→"两个视口"（VPORTS）命令，根据命令提示选择"垂直(V)"选项，将视图分割成左右两个视口，此时右侧视口被设置为当前视口，如图 6-51 所示。

5）选择菜单中的"视图"→"命名视图"（VIEW）命令，打开"视图管理器"对话框，展开"模型视图"节点，选择"NEWSHITU"视图，单击"置为当前"按钮，然后单击"应用"，再单击"确定"按钮，将"NEWSHITU"恢复到右侧视口，效果如图 6-52 所示。

提示：使用鼠标单击其他视口，可以将该视口变成当前视口，可以同时对该视口进行恢复命名视图的操作，具体操作方法与上面所讲述的步骤和过程一致，这里不再重复。

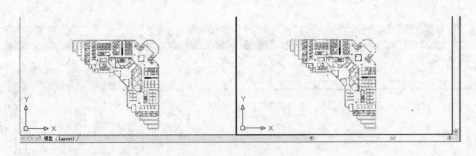

图 6-51 创建两个视口

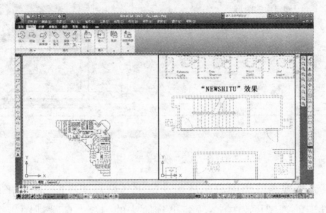

图 6-52 "NEWSHITU"视图

6.4.5 鸟瞰视图

"鸟瞰视图"属于定位工具，它提供了一种可视化平移和缩放视图的方法，可以在另外一个独立的窗口中显示整个图形视图，可以借助该功能，在显示全部图形的窗口中快速平移和缩放，以便快速移动到目的区域。

在绘图时，如果"鸟瞰视图"窗口保持打开状态，则无需中断当前命令便可以利用其进行缩放和平移操作，还可以指定新视图。

可选择菜单中的"视图"→"鸟瞰视图"（DSVIEWER）命令，打开"鸟瞰视图"窗口，

1. 使用"视图框"进行平移和缩放操作

"视图框"在"鸟瞰视图"窗口内，是一个用于显示当前视口中视图边界的粗线矩形。可以通过在"鸟瞰视图"窗口中改变视图框来改变图形中的视图。

单击鼠标左键可以执行所有平移和缩放操作，单击鼠标右键可以结束平移或缩放操作。要放大图形，请将视图框缩小；要缩小图形，请将视图框放大，如图 6-53 所示，虽然使用"鸟瞰视图"观察图形是在一个独立的窗口中进行的，但其结果反映在绘图窗口的当前视图中。

2. 改变鸟瞰视图中图像大小

在"鸟瞰视图"窗口中，可以使用"视图"菜单中的命令或选择工具栏中的图标按钮，显示整个图形或递增调整图像大小来改变"鸟瞰视图"中图像的大小，但这些改变不会影响绘图区域中的视图，该"视图"菜单中的命令如下。

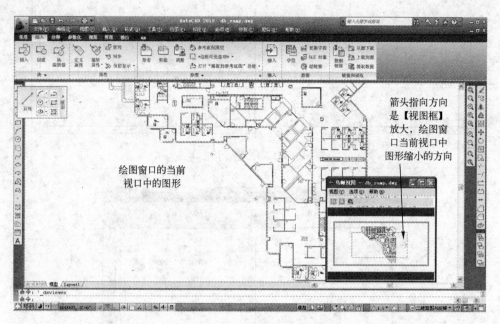

图 6-53　"视图框"用法

1）"放大"：以当前视图框为中心，放大两倍"鸟瞰视图"窗口中的图形显示比例。

2）"缩小"：以当前视图框为中心，缩小到原来的 1/2 "鸟瞰视图"窗口中的图形显示比例。

3）"全局"：在"鸟瞰视图"窗口显示整个图形和当前视图。

在"鸟瞰视图"窗口中显示整幅图形时，"缩小"菜单选项和按钮不可用。当前视图几乎充满"鸟瞰视图"窗口时，"放大"菜单选项和按钮不可用，所有的菜单命令选项也可通过在"鸟瞰视图"窗口中单击鼠标右键从快捷菜单中访问。

3. 改变鸟瞰视图的更新状态

默认情况下，AutoCAD 自动更新"鸟瞰视图"窗口及反映在图形中所作的修改。当绘制复杂图形时，关闭动态更新功能可以提高程序性能。

在"鸟瞰视图"窗口中，使用"选项"菜单中的命令，可以改变"鸟瞰视图"的更新状态，包括以下命令选项。

1）"自动视口"：当显示多重视口时，自动显示模型空间的当前有效视口，该选项不被选中时，"鸟瞰视图"则不会随有效视口的变化而变化。

2）"动态更新"：用于控制"鸟瞰视图"的内容是否随绘图区中图形的改变而改变，选中该项，则绘图区中的图形可以随"鸟瞰视图"动态更新，关闭"动态更新"时，则除在"鸟瞰视图"窗口中单击外，不更新该窗口。

3）"实时缩放"：控制在"鸟瞰视图"窗口中缩放时，绘图区中的图形显示是否实时变化，选中该项，则绘图区中的图形可以随着"鸟瞰视图"动态更新变化。

另外，切换图形的"自动视口"显示和"动态更新"等命令，也可通过在"鸟瞰视图"窗口中单击鼠标右键从快捷菜单中访问。

6.5 综合范例——房屋设计

学习目的：根据前面学习的图层知识，使用"图层特征管理器"对话框中的"新建图层"选项卡，对图形元素分类分层管理，并使用绘图和图案填充命令完成房屋设计。

重点难点：
- 图层的建立与管理
- 图层在绘图设计中的运用
- 辅助线的运用
- 掌握图案填充命令的使用

首先使用"图层特征管理器"对话框新建图层，然后构造辅助线，并使用"矩形"和"多段线"等绘图命令完成房屋图形的绘制，最后删除辅助线并填充房屋的图案，结果如图 6-54 所示。

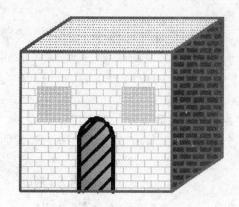

图 6-54　房屋效果图

1．图层设置

1）首先通过选择菜单中的"格式"→"图层"（LAYER）命令，打开"图层特征管理器"对话框，在其中按照如图 6-55 所示，新建以下图层，并完成图层设置。

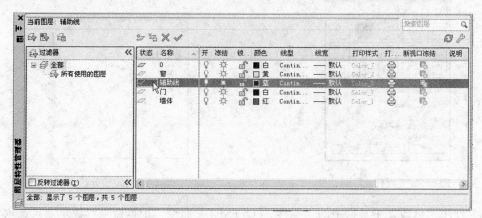

图 6-55　"图层特征管理器"设置

2）选中"辅助线"图层，单击"置为当前"按钮，将该图层置为当前。

2. 辅助线设计

1）使用"矩形"（RECTANG）命令，以 A（1000，3000）和 B（3000，1000）为对角顶点，绘制矩形，执行过程如下：

命令: RECTANG↙　　　　　　　　　　　　　　　　　　// "矩形"绘制命令

指定第一个角点或 [倒角(C)/标高(E)/圆角(F)/厚度(T)/宽度(W)]: 1000,3000↙

指定另一个角点或 [面积(A)/尺寸(D)/旋转(R)]: 3000,1000↙

2）使用窗口缩放命令（ZOOM），将所绘图形置于绘图窗口的可视范围内。

命令: ZOOM↙

指定窗口的角点，输入比例因子 (nX 或 nXP)，或者

[全部(A)/中心(C)/动态(D)/范围(E)/上一个(P)/比例(S)/窗口(W)/对象(O)] <实时>:A↙

正在重生成模型。

3）使用"分解"（EXPLODE）命令，将第1步所绘制的矩形进行分解，执行过程如下：

命令: EXPLODE↙

选择对象: 找到 1 个　　　　　　　//用鼠标拾取该矩形

选择对象: ↙　　　　　　　　　　//按下〈Enter〉键，执行分解，并结束命令

4）选择"格式"→"点样式"（DDPTYPE）命令，打开"点样式"对话框，选择如图 6-56 所示的点样式。

5）选择"绘图"→"点"→"定数等分"（DIVIDE），命令，根据提示，分别得到编号为Ⅰ和Ⅱ的两条边上的 20 个等分点，如图 6-57 所示，执行过程如下：

命令: DIVIDE↙　　　　　　　　　　//定数等分点命令

选择要定数等分的对象:　　　　　　//选择编号为Ⅰ的边

输入线段数目或 [块(B)]: 20↙　　　//输入等分数 20

命令: DIVIDE↙

选择要定数等分的对象:　　　　　　//选择编号为Ⅱ的边

输入线段数目或 [块(B)]: 20↙

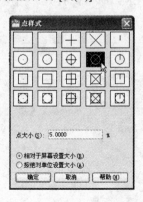

图 6-56　"点样式"对话框

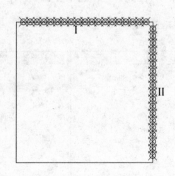

图 6-57　定数分法点

6）使用"修改"工具栏中的"偏移"（OFFSET）命令，根据命令行提示输入选项"通过（T）"，选中如图 6-57 所示的边Ⅰ，和边Ⅱ，并使用鼠标依次捕捉各等分点进行偏移，重

复此过程，完成辅助线的绘制，如图 6-58 所示，以垂直辅助线的绘制为例（水平辅助线绘制方法类似），执行过程如下：

命令: OFFSET✓   //"偏移"命令

当前设置: 删除源=否   图层=源   OFFSETGAPTYPE=0

指定偏移距离或 [通过(T)/删除(E)/图层(L)] <通过>: T✓   //采用鼠标指定通过点的方式偏移对象

选择要偏移的对象，或 [退出(E)/放弃(U)] <退出>:   //鼠标选中分解矩形左侧边

指定通过点或 [退出(E)/多个(M)/放弃(U)] <退出>:   //鼠标捕捉定数等分点

……

选择要偏移的对象，或 [退出(E)/放弃(U)] <退出>:✓   //按下〈Enter〉键，结束命令

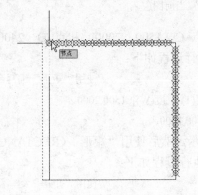
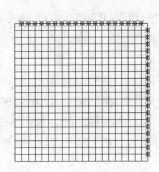

图 6-58　辅助线绘制

7）执行"偏移"（OFFSET）命令，依次将辅助线 J 向左侧偏移 50，将辅助线 K 向右侧偏移 50，构造出两条辅助线，最后完成辅助线设计结果，如图 6-59 所示。

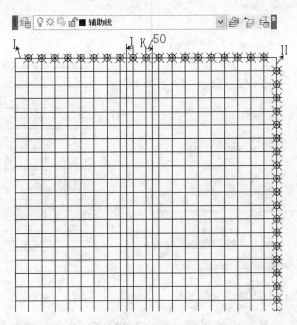

图 6-59　辅助线设计

3. 房屋设计

1）使用"图层"工具栏或"图层特征管理器"对话框，将当前图层切换为"墙体"层，如图 6-60 所示。

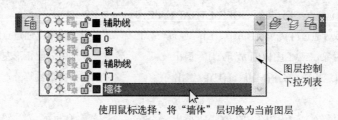

图层控制
下拉列表

使用鼠标选择，将"墙体"层切换为当前图层

图 6-60　设置当前图层

2）使用"矩形"（RECTANG）命令，以点 C（1500，2000）和点 D（2400，1200）为对角顶点，绘制出矩形 1，如图 6-62 所示，执行过程如下：

命令: REC✓ 　　　　　　　　　　　　　　　　　　//使用"矩形"缩写命令
指定第一个角点或 [倒角(C)/标高(E)/圆角(F)/厚度(T)/宽度(W)]: 1500,2000✓
指定另一个角点或 [面积(A)/尺寸(D)/旋转(R)]: 2400,1200✓

3）设置开启点的捕捉功能，如图 6-61 所示，然后使用"矩形"（RECTANG）命令，捕捉图 6-62 中所示的点 C 和点 P 绘制矩形 2，执行过程如下：

命令: REC✓ 　　　　　　　　　　　　　　　　　　//使用"矩形"缩写命令
指定第一个角点或 [倒角(C)/标高(E)/圆角(F)/厚度(T)/宽度(W)]: 　　//捕捉点 C
指定另一个角点或 [面积(A)/尺寸(D)/旋转(R)]: 　　　　　　　　　//捕捉点 P

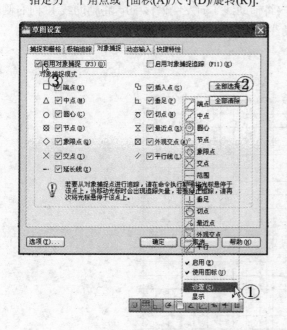

图 6-61　设置开启点的捕捉功能

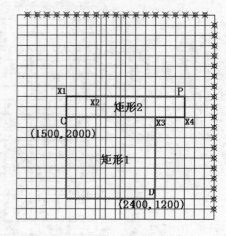

图 6-62　绘制矩形

4）使用"修改"工具栏中的"倒角"（CHAMFER）命令，根据命令提示输入选项"距离（D）"，设置倒角距离，对矩形 2 进行倒角操作，完成结果如图 6-63 所示，执行过

146

程如下。

命令: CHAMFER↙   //"倒角"命令

("修剪"模式) 当前倒角距离 1 = 200.0000，距离 2 = 300.0000

选择第一条直线或 [放弃(U)/多段线(P)/距离(D)/角度(A)/修剪(T)/方式(E)/多个(M)]: d↙ //设置倒角距离

指定第一个倒角距离 <200.0000>:   //鼠标捕捉点 C

指定第二点: //鼠标捕捉点 X1

指定第二个倒角距离 <300.0000>:   //鼠标捕捉点 X1

指定第二点: //鼠标捕捉点 X2

选择第一条直线或 [放弃(U)/多段线(P)/距离(D)/角度(A)/修剪(T)/方式(E)/多个(M)]:

                   //鼠标捕捉 C 到 X1 线段

选择第二条直线，或按住〈Shift〉键选择要应用角点的直线: //鼠标捕捉 X1 到 X2 线段

命令: CHAMFER↙   //倒角命令

("修剪"模式) 当前倒角距离 1 = 200.0000，距离 2 = 300.0000

选择第一条直线或 [放弃(U)/多段线(P)/距离(D)/角度(A)/修剪(T)/方式(E)/多个(M)]: d↙ //设置倒角距离

指定第一个倒角距离 <200.0000>:   //鼠标捕捉点 X3

指定第二点: //鼠标捕捉点 X4

指定第二个倒角距离 <300.0000>:   //鼠标捕捉点 X4

指定第二点: //鼠标捕捉点 P

选择第一条直线或 [放弃(U)/多段线(P)/距离(D)/角度(A)/修剪(T)/方式(E)/多个(M)]:

                   //鼠标捕捉 X3 到 X4 线段

选择第二条直线，或按住〈Shift〉键选择要应用角点的直线: //鼠标捕捉 X4 到 P 线段

5）使用"矩形"（RECTANG）命令，捕捉图 6-62 中所示的点 D 和点 P，绘制矩形 3，方法同上面步骤 3），完成结果如图 6-64 所示。

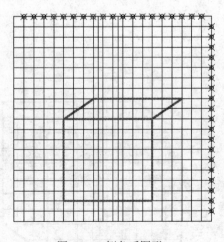

图 6-63　倒角后图形

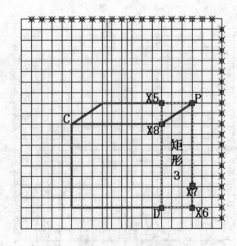

图 6-64　绘制矩形

6）使用"修改"工具栏中的"倒角"（CHAMFER）命令，根据命令提示输入选项"距离（D）"，设置倒角距离，对矩形 3 进行倒角操作，执行过程如下，完成结果如图 6-65

所示。

命令: CHAMFER↙   //"倒角"命令

("修剪"模式) 当前倒角距离 1 = 200.0000，距离 2 = 300.0000

选择第一条直线或 [放弃(U)/多段线(P)/距离(D)/角度(A)/修剪(T)/方式(E)/多个(M)]: d↙//设置倒角距离

指定第一个倒角距离 <200.0000>:   //鼠标捕捉点 D

指定第二点: //鼠标捕捉点 X6

指定第二个倒角距离 <300.0000>:   //鼠标捕捉点 X6

指定第二点: //鼠标捕捉点 X7

选择第一条直线或 [放弃(U)/多段线(P)/距离(D)/角度(A)/修剪(T)/方式(E)/多个(M)]:

                                                  //鼠标捕捉 D 到 X6 线段

选择第二条直线，或按住〈Shift〉键选择要应用角点的直线: //鼠标捕捉 X6 到 X7 线段

命令: CHAMFER↙   //倒角命令

("修剪"模式) 当前倒角距离 1 = 200.0000，距离 2 = 300.0000

选择第一条直线或 [放弃(U)/多段线(P)/距离(D)/角度(A)/修剪(T)/方式(E)/多个(M)]: d↙//设置倒角距离

指定第一个倒角距离 <200.0000>:   //鼠标捕捉点 X8

指定第二点: //鼠标捕捉点 X5

指定第二个倒角距离 <300.0000>:   //鼠标捕捉点 X5

指定第二点: //鼠标捕捉点 P

选择第一条直线或 [放弃(U)/多段线(P)/距离(D)/角度(A)/修剪(T)/方式(E)/多个(M)]:

                                                  //鼠标捕捉 X8 到 X5 线段

选择第二条直线，或按住〈Shift〉键选择要应用角点的直线: //鼠标捕捉 X5 到 P 线段

7）打开"图层特征管理器"对话框，将"窗"层，置为当前图层，继续使用"矩形"
（RECTANG）命令，捕捉图 6-66 中所示的点 A 和点 B，绘制出窗 1，用同样的方法，捕捉
点 C 和 D 点，绘制窗 2。

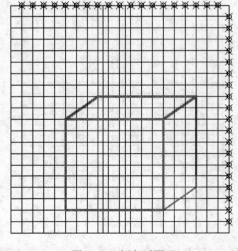

图 6-65　倒角后图形

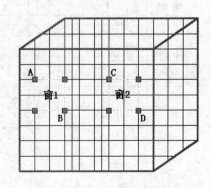

图 6-66　窗户设计

148

8）打开"图层特征管理器"对话框，将"门"层设置为当前图层，使用"多段线"（PLINE）命令，同时开启特征点捕捉功能，绘制屋门的轮廓。首先捕捉 1 号点作为起点，然后根据命令提示输入选项"宽度（W）"，设置多段线的线宽，将起点宽度和端点宽度均设置为"4"，接下来捕捉 3 号点，在根据命令提示，输入命令选项"圆弧（A）"，即将多段线切换成圆弧状态，依次捕捉 4 号点、5 号点和 6 号点，接下来输入命令选项"直线（L）"，即将多段线切换成直线状态，捕捉 7 号点，最后输入命令提示选项"闭合（C）"，闭合图形并完成屋门图形的绘制，结果如图 6-67 所示，执行过程如下：

命令: PLINE↙   //绘制"多段线"命令

指定起点: //使用鼠标捕捉选择 1 号点

当前线宽为 0.0000   //系统显示当前的多段线宽

指定下一个点或 [圆弧(A)/半宽(H)/长度(L)/放弃(U)/宽度(W)]: W↙   //输入选项"宽度(W)"用于设置
多段线的宽度

指定起点宽度 <0.0000>: 4↙   //输入多段线的起点宽度

指定端点宽度 <4.0000>: 4↙   //输入多段线的端点宽度

指定下一个点或 [圆弧(A)/半宽(H)/长度(L)/放弃(U)/宽度(W)]:   //使用鼠标捕捉选择 3 号点

指定下一点或 [圆弧(A)/闭合(C)/半宽(H)/长度(L)/放弃(U)/宽度(W)]: A↙

                   //选择选项"圆弧(A)"表示后面绘制的图形将为圆弧

指定圆弧的端点或[角度(A)/圆心(CE)/闭合(CL)/方向(D)/半宽(H)/直线(L)/半径(R)/第二个点(S)/放弃(U)/
宽度(W)]:   //使用鼠标捕捉选择 4 号点

指定圆弧的端点或[角度(A)/圆心(CE)/闭合(CL)/方向(D)/半宽(H)/直线(L)/半径(R)/第二个点(S)/放弃(U)/
宽度(W)]:   //使用鼠标捕捉选择 5 号点

指定圆弧的端点或[角度(A)/圆心(CE)/闭合(CL)/方向(D)/半宽(H)/直线(L)/半径(R)/第二个点(S)/放弃(U)/
宽度(W)]:   //使用鼠标捕捉选择 6 号点

指定圆弧的端点或[角度(A)/圆心(CE)/闭合(CL)/方向(D)/半宽(H)/直线(L)/半径(R)/第二个点(S)/放弃(U)/
宽度(W)]: L↙   //选择选项"直线(L)"表示后面绘制的图形将为直线

指定下一点或 [圆弧(A)/闭合(C)/半宽(H)/长度(L)/放弃(U)/宽度(W)]: //使用鼠标捕捉 7 号点

指定下一点或 [圆弧(A)/闭合(C)/半宽(H)/长度(L)/放弃(U)/宽度(W)]: C↙

              //选择并输入参数"闭合(C)"，作用是闭合并完成多段线的绘制

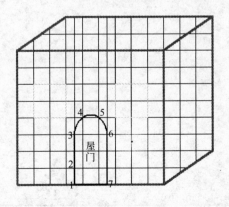

图 6-67　屋门设计

至此，整个房屋的轮廓分层则绘制完成。

小技巧：如果不小心将其他图层中的图形要素绘制到了本层，则只需要选中该部分图形要素，然后使用鼠标在"图层"工具栏的"图层控制"下拉列表中，选择并切换到该类要素对应的图层，即可轻松地将放错图层的数据调整过来，如图 6-68 所示。

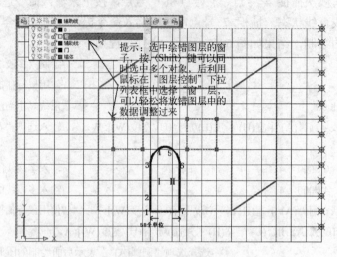

图 6-68　调整数据

4．图案填充

1）使用"图层"工具栏或"图层特征管理器"对话框，关闭"辅助线"层，并设置"墙体"层为当前层。

2）以墙壁部分为例，选择菜单中的"绘图"→"图案填充"（BHATCH）命令，打开"图案填充和渐变色"对话框中的"图案填充"选项卡，在该选项卡中，设置填充图案的样式，如图 6-69 所示。

图 6-69　设置墙壁填充图案

3）单击选择"添加：拾取点"按钮，返回到绘图区，在要填充图案的墙壁区域内任意确定一点，按下键盘的〈Enter〉键后，重新回到"图案填充和渐变色"对话框中，单击"确定"按钮后，完成填充图案。

4）选择菜单中的"绘图"→"渐变色"（GRADIENT）命令，打开"图案填充和渐变色"对话框中的"渐变色"选项卡，在该选项卡中，设置好填充的颜色，并将"绘图次序"下拉列表框设置为"后置"（作用是将颜色置于上一步的填充图案下面），如图6-70所示。

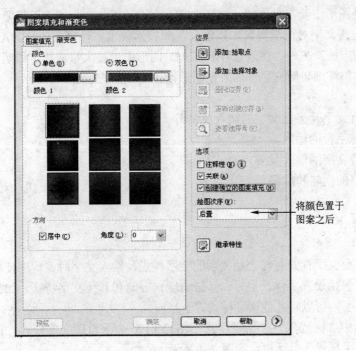

将颜色置于图案之后

图 6-70　填充颜色设置

5）单击"添加：拾取点"按钮，返回到绘图区，在要填充颜色的墙壁区域内任意确定一点，按下键盘的〈Enter〉键后，重新回到"图案填充和渐变色"对话框中，单击"确定"按钮后，完成填充颜色。

6）按照上述方式，依次设定"门"层和"窗"层为当前层，设定好填充图案样式，并填充房顶、门和窗户的图案，最后完成效果如图5-54所示。

第7章 文字与表格

文字注释是图形中非常重要的一部分内容，在设计工作中，通常不仅要绘出图形，还要在图形中标注一些文字对图形对象加以解释，如技术要求、注释说明等。AutoCAD 提供了多种写入文字的方法。另外，图表在 AutoCAD 图形中也被大量应用，如明细表、选项表和标题栏等，本章将详细讲解文字和图表在图形设计工作中的运用。

学习目标：
- 掌握单行文字及多行文字的输入及编辑
- 掌握特殊字符的输入
- 掌握堆叠文字的输入及公式的录入
- 掌握表格的创建和编辑

7.1 文字样式

图形中的所有文字都具有与之相关联的文字样式。输入文字时，程序使用的是当前文字样式，样式设置包括设置字体、字号、倾斜角度、方向和其他文字特征。如果要使用其他文字样式来创建文字，可以将其他文字样式置于当前。

可选择菜单中"格式"→"文字样式"（STYLE）命令设置文字样式，该命令执行后，系统将打开"文字样式"对话框，如图 7-1 所示。

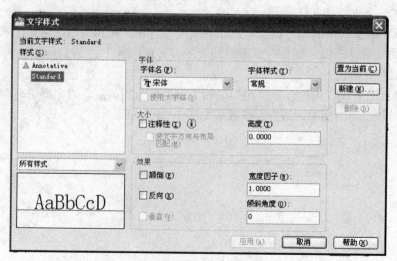

图 7-1 "文字样式"对话框

该对话框中主要控件的作用如下：

1）"样式"列表：用于显示图形中的样式列表。列表包括已定义的样式名并默认显示选择的当前样式。样式名最长可达 255 个字符。名称中可包含字母、数字和特殊字符，如美元符号（$）、下画线（_）和连字符（–）。

注意："标准（Standard）"样式不能被重命名或删除。当前的文字样式和已经被引用的文字样式不能被删除，但可以重命名。

2）"预览"：用于预览字体和效果设置，显示随着字体的改变和效果的修改而动态更改的样例文字。

3）"字体"选项组：用于更改样式的字体，如果改变现有文字样式的方向或字体文件，则当图形重生成时，所有具有该样式的文字对象都将使用新值。

①"字体名"下拉列表框：用于列出 Fonts 文件夹中所有注册的 TrueType 字体和所有编译的形（SHX）字体的字体族名。从列表中选择名称后，该程序将读取指定字体的文件，除非文件已经被另一个文字样式使用，否则将自动加载该文件的字符定义。

②"字体样式"下拉列表框：用于指定字体格式，如斜体、粗体或者常规字体，在应用新样式时，应用于单个字符或单词的字符格式（粗体、斜体及堆叠等）并不会被覆盖。

③"使用大字体"复选框：用于选择大字体文件。只有在"字体名"中指定的是"SHX"类型的文件时，才能使用"大字体"，另外在该复选框处于选中的状态时，"字体名"下拉列表框中只显示支持大字体的文字样式，而很多常用字体样式则不显示，如宋体、黑体等。要想显示这些常用字体，可去掉对该复选框的选择。

注意：如果改变现有文字样式的方向或字体文件，当图形重生成时所有具有该样式的文字对象都将使用新值。

4）"大小"选项组：用于更改文字的大小。

①"注释性"复选框：用于指定文字为注释性。

②"使文字方向与布局匹配"复选框：用于指定图纸空间视口中的文字方向与布局方向匹配。如果取消"注释性"复选框，则该选项不可用。

③"高度"文本框：用于根据输入的值设置文字高度。如果输入"0"，则文字高度将默认为上次使用的文字高度，或使用存储在图形样板文件中的值。

5）"效果"选项组：用于修改字体的特性，例如，文字的高度、宽度因子、倾斜角以及是否颠倒显示、反向或垂直对齐等。

①"颠倒"复选框：用于设置是否倒置显示字符，如图 7-2b 所示。

②"反向"复选框：用于设置是否反向显示字符，如图 7-2c 所示。

③"垂直"复选框：用于设置是否垂直对齐显示字符，如图 7-2d 所示。当此复选框选中时为垂直标注，否则为水平标注，只有在选定字体支持双向对齐时，该选项才被激活。

④"宽度因子"：用于设置字符的宽度比例。当输入值小于"1.0"时将压缩文字宽度，当输入值大于"1.0"时，则文字宽度将扩大，如图 7-2e 所示。

⑤"倾斜角度"：用于设置文字的倾斜角度，取值范围在"–85～85"之间，如图 7-2f 所示。

6）"置为当前"按钮：将选定的或设定好的样式置为当前。

7）"新建"按钮：单击该按钮，系统将弹出"新建文字样式"对话框，如图 7-3 所示。系统自动为当前设置提供默认名称"样式 n"。可以采用默认值或在该文本框中输入新样式名称。

图 7-2 文字效果

a) 正常字体 b) 颠倒字体 c) 方向字体 d) 垂直字体

e) 设置了宽度因子（值）为 3 后的效果 f) 设置了倾斜角度为 30°后的效果

图 7-3 "新建文字样式"对话框

8)"删除"按钮：用于删除选定的未使用的文字样式。

7.2 单行文字

单行文字是指 AutoCAD 将输入的每行文字作为一个对象进行处理。当需要标注的文本不太长时，可以使用"单行文字"命令创建单行文字。当需要标注很长、很复杂的文字信息时，用户可以用"多行文字"（MTEXT）命令来创建多行文本。

选择菜单中的"绘图"→"文字"→"单行文字"（DTEXT 或 TEXT）命令设置并输入单行文字，该命令执行后，系统将提示当前文字的样式和文字高度，接下来，用户可以指定输入点坐标或在绘图区单击鼠标左键以确定文字的起点，输入文字高度及文字倾斜角度，最后按照所设置的文字样式输入文字，如图 7-4 所示，命令行执行过程如下：

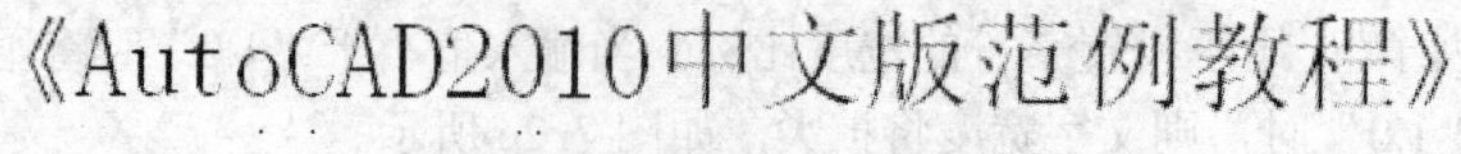

《AutoCAD2010中文版范例教程》

图 7-4 输入单行文字

命令: DTEXT↙   //"单行文字"命令

当前文字样式: "Standard"   文字高度: 50.0000 注释性: 否

指定文字的起点或 [对正(J)/样式(S)]: 300,300↙   //输入文字起点坐标

指定高度 <50.0000>: 100↙   //设置文字高度为100

指定文字的倾斜角度 <0>:↙

该命令中主要选项作用如下：

1）指定文字的起点：用于指定输入文字对象的起点。

2）"对正（J）"：用于在创建文字时，控制文字的对正方式，如图 7-5 所示，其中左对齐为默认选项。

3）"样式（S）"：文字样式决定文字字符的外观，它是一组可随图形保存的文字设置的集合，这些设置包括字体、文字高度以及特殊效果等。在 AutoCAD 中所有文字，包括图块和标注中的文字，都是同一定的文字样式相关联的。通常在 AutoCAD 中新建一个图形文件后，系统将自动建立一个默认的文字样式"标准"，并且该样式将被文字命令、标注命令等默认引用。

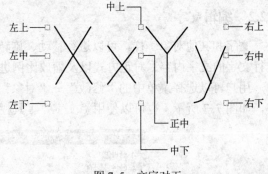

图 7-5 文字对正

更多情况下，一个图形中需要使用不同的字体，即使同样的字体也可能需要不同的显示效果，因此仅有一个标准"STANDARD"样式是不够的，用户可自己创建或修改文字样式。

注意：输入单行文字后，如果想修改文字的内容，可以使用鼠标双击该文字，进入文字编辑状态修改。

7.2.1 输入特殊字符

用户在输入文字时可使用特殊文字字符，如直径符号"ϕ"、角度符号"°"和加/减符号"±"等。这些特殊字符可用控制代码或 Unicode 字符串输入，见表 7-1。

表 7-1 控制代码及 Unicode 字符串

符　号	功　能	符　号	功　能
%%O	上划线	\u+E101	流线
%%U	下画线	\u+2261	标识
%%D	"度"符号	\u+ E102	界碑线
%%P	加/减符号	\u+2260	不相等
%%C	直径符号	\u+2126	欧姆
%%%	百分号	\u+03A9	欧米加
\u+2248	约等于	\u+214A	低界线
\u+2220	角度	\u+2082	下标 2
\u+E100	边界线	\u+00B2	上标 2
\u+2104	中心线	\u+0278	电相角
\u+0394	差值		

使用控制码打开或关闭特殊字符。如第一次输入"%%U"表示使用下画线，第二次输入"%%U"则关闭下画线。使用控制码可以方便地输入公式等，如图 7-6 所示。

$$\phi200\pm X+ \angle 100-20^2\approx$$

图 7-6　使用特殊字符输入公式

7.2.2　编辑文字

文字和其他对象一样，可以进行移动、旋转、删除和复制编辑等。除此之外，还可以对单行文字的文字内容、对正方式以及缩放比例进行编辑修改。

用户可以选择菜单中的"修改"→"对象"→"文字"中的子菜单命令去编辑相应的文字，如图 7-7 所示。也可以使用"文字"工具栏中的相应按钮实现对文字的编辑操作。

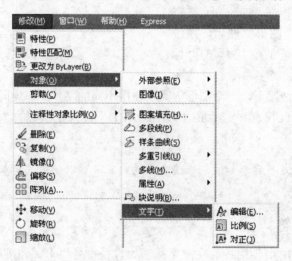

图 7-7　修改文字

1．编辑单行文字

既可选择菜单中的"修改"→"对象"→"文字"→"编辑"（DDEDIT）命令进行单行文字的编辑，也可以使用鼠标选中要修改的文字后，单击鼠标右键，在弹出的快捷菜单中选择"编辑"命令，此时文字内容将被全部选中，如图 7-8 所示，可以直接对文字内容进行修改。更简便的方法是，直接双击文字，即可进入编辑状态修改文字内容。

《AutoCAD2010中文版实例教程》

图 7-8　单行文字的编辑

2．缩放文字

选择菜单中的"修改"→"对象"→"文字"→"比例"（SCALETEXT）命令缩放文字时，系统首先提示用户选择要修改的文字对象，然后提示，输入相应的命令选项，用于确定缩放的基点位置，最后提示"指定新模型高度或 [图纸高度(P)/匹配对象(M)/比例因子

(S)]”，选择相应的选项，即可完成对文字的缩放，命令行执行过程如下。

命令: SCALETEXT↙ //缩放文字大小

选择对象: 找到 1 个 //选中文字对象

选择对象: ↙

输入缩放的基点选项[现有(E)/左对齐(L)/居中(C)/中间(M)/右对齐(R)/左上(TL)/中上(TC)/右上(TR)/左中(ML)/正中(MC)/右中(MR)/左下(BL)/中下(BC)/右下(BR)] <居中>:C↙

指定新模型高度或 [图纸高度(P)/匹配对象(M)/比例因子(S)] <10>: S↙

//选中命令提示选项，此处选择“比例因子(S) ”

指定缩放比例或 [参照(R)] <2>: 20↙

1 个对象已更改

该命令主要选项的作用如下：

1）“图纸高度（P）”：根据注释性特性缩放文字高度。

2）“匹配对象（M）”：缩放最初选定的文字对象使其与选定文字对象的大小相匹配，如图 7-9 所示。

选择具有所需高度的文字
对象【匹配对象（M）】
hao好
缩放前
hao好
缩放后
hao好
好好

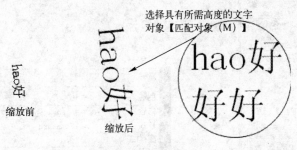

图 7-9 匹配对象

3）“比例因子（S）”：用于按参照长度和指定的新长度缩放所选文字对象。分两种情况，第一种情况是通过输入比例因子的数值缩放所选文字对象；第二种情况是相对于参照的长度和指定的新长度来缩放选定的文字对象，如果新长度小于参照长度，选定的文字对象将缩小，反之则放大。

3. 修改文字的对正方式

可以选择菜单中的“修改”→“对象”→“文字”→“对正”（JUSTIFYTEXT）命令修改文字的对正方式，执行该命令后，系统首先提示用户选择要修改的文字对象，然后提示输入对正方式选项，完成文字对正方式的修改，此命令只改变文字对象的对正（齐）点而不改变其位置，如图 7-10 所示。

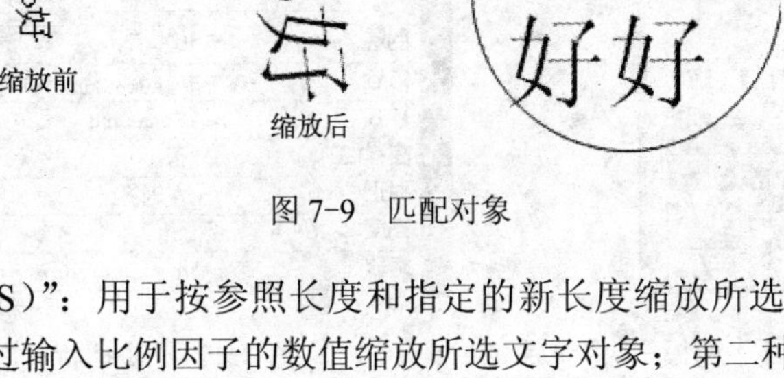

对正点
《AutoCAD2010中文版范例教程》
《AutoCAD2010中文版范例教程》
居中对正

图 7-10 修改文字的对正方式

4．使用"特征"面板编辑文字

选择文字后，单击鼠标右键，在弹出的快捷菜单中，选择"特征"（PROPERTIES）命令，在打开的"特征"面板中，显示出文字相关的信息，如图 7-11 所示，用户可以直接在该面板中修改文字的内容、文字的倾斜角度及文字样式等特征。另外，还可使用状态栏中的"快速特征"，选中目标对象后，系统将弹出"快捷特征"面板，如图 7-12 所示，通过该对话框，也可以完成对文字的编辑修改。

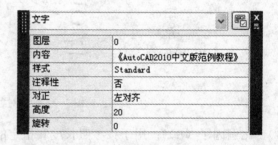

图 7-11 "特征"面板　　　　　　　　图 7-12 "快捷特征"面板

小技巧：对于设定的某些当前文字样式，在输入内容（如输入汉字、输入公式及符号等）时，如不能识别显示，系统则将输入的文字显示成"？"，此时可以使用"特征"面板，选中该文字，在该面板的"文字"选项组中修改"样式"下拉列表框中的文字样式，则可以正常显示选中的文字。

7.3　多行文字

对于较长、较复杂的文字内容，用户可以使用"多行文字"命令进行输入。例如，在建筑图中，常使用"多行文字"命令，表达较为复杂的文字说明，如材料说明、施工要求和总说明等。"多行文字"命令允许指定文本边界框，并在该框内标注多行段落文本、表格文本或下画线文本，还可以设置多行文字对象中单个字或字符的格式。

与单行文字不同的是，一个多行文字任务所创建的所有文字都被当作同一个对象。可以对多行文字对象进行移动、旋转、删除、复制、镜像、拉伸或缩放等操作。

7.3.1 输入多行文字

通过输入或导入文字可以创建多行文字对象，在 AutoCAD 中输入文字的方法，可以选择菜单中的"绘图"→"文字"→"多行文字"（MTEXT）命令实现，命令执行后，系统首先显示当前默认文字的样式和高度等信息，然后提示用户指定两个对角点，即指定文本框的对角点位置，此时如果功能区处于激活状态，系统将显示"文字编辑器"功能区上下文选项卡，如图7-13所示，通过该选项卡中的面板工具，可以轻松地创建或修改多行文字对象。

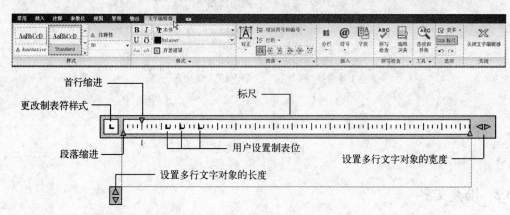

图 7-13 "在位文字编辑器"对话框

MTEXT 命令中主要选项的作用如下：

1）指定第一角点和对角点：AutoCAD 以两个点为对角点形成一个矩形区域，其宽度作为将来要标注的多行文本的宽度，而且第一个点作为第一行文本顶线的起点。

2）"对正（J）"：该选项用于选择不同的对正方式，对正方式基于指定文字对象的边界。

注意：在一行文字的末尾输入的空格也是文字的一部分，可影响该行文字的对正。

3）"行距（L）"：该选项用于确定多行文本的行间距，这里所说的行间距是指相邻两文本行的基线之间的垂直距离，该选项执行后，有两种方式可确定行间距。

① "至少"：该选项使 AutoCAD 根据一行中最大文字的高度自动添加间距。

② "精确"：该选项则强制多行文字对象中的各行文字具有相同的行间距。

4）"旋转（R）"：该选项用于指定文字的旋转角度。

5）"样式（S）"：该选项用于改变文字的样式。在应用新样式时，应用于单个字符或单词的字符格式（粗体、斜体、堆叠等）并不会被覆盖。

6）"宽度（W）"：指定多行文字的宽度。可在屏幕上选取一点与前面确定的第一个角点组成的矩形框的宽作为多行文本的宽度，也可以输入一个数值，精确设置多行文本的宽度。

7）"栏（C）"：可将多行文字对象的格式设置为多栏，如图7-14所示。可以指定栏和栏间距的宽度、高度及栏数，还可以使用夹点编辑栏宽和栏高。要创建多栏，需由单个栏开始。

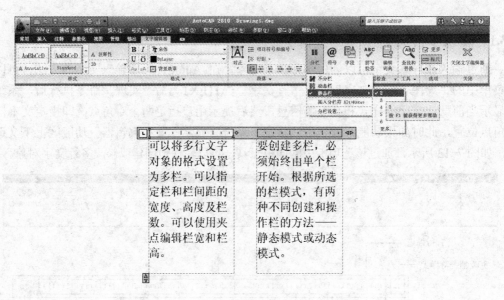

图 7-14　设置多栏

7.3.2　堆叠文字

堆叠文字是指应用于多行文字对象和多重引线中的字符分数和公差格式。堆叠包括"^"、"/"及"#"三种符号，具体格式见表 7-2。

表 7-2　堆叠的类型

符　　号	说　　明
^	表示左对正的公差值，形式为：左侧文字 右侧文字
/	表示中央对正的分数值，形式为：左侧文字 右侧文字
#	表示被斜线分开的分数，形式为：左侧文字／右侧文字

下面举例进行说明，例如使用菜单中的"绘图"→"文字"→"多行文字"（MTEXT）命令，输入"we are/all students"，然后使用鼠标拉框选中刚才输入的内容，单击鼠标右键，在弹出的右键菜单中，选择"堆叠"命令，实现堆叠效果，如图 7-15a 所示。将连接符号"/"换成另两种堆叠连接符号"^"和"#"，实现堆叠效果，如图 7-15b 和 c 所示。

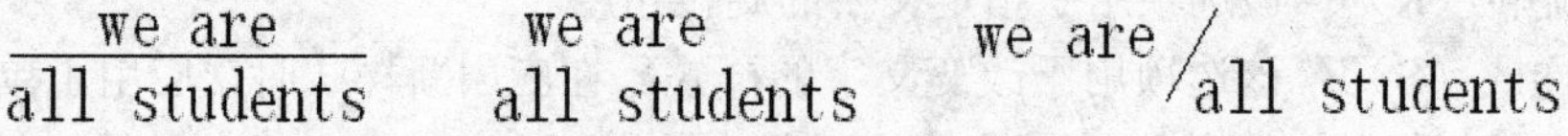

$$\frac{\text{we are}}{\text{all students}} \qquad \frac{\text{we are}}{\text{all students}} \qquad \text{we are}\diagup\text{all students}$$

a)　　　　　　　　b)　　　　　　　　c)

图 7-15　堆叠文字

a)"/"堆叠符号　b)"^"堆叠符号　c)"#"堆叠符号

7.3.3　输入特殊字符

输入多行文字时，也可以输入特殊字符，如图 7-16 所示。AutoCAD 自带的一些字体还包含了一些特殊符号，这些符号包括数学符号（度数、正/负、直径和不间断空格等特殊符号）、天文符号、音乐符号及映射符号。如果用户选择快捷菜单中的"其他…"项，则系统将弹出"字符映射表"对话框，显示和使用当前字体的全部字符，如图7-17所示。

图7-16 特殊字符输入

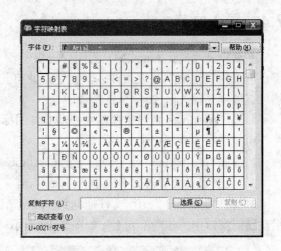

图7-17 "字符映射表"对话框

注意： "字符映射表"是 Windows 系统的附件组件，如果在操作系统中没有安装则在 AutoCAD 中无法使用。

7.3.4 编辑多行文字

对多行文字的修改，包括对文字的内容、字体、大小和样式等进行修改，还可以编辑段落文字的格式，多行文字输入窗口上部的标尺，可以控制文本的边界、首行缩进等特征，如图7-13所示。

用户也可以选择菜单中的"修改"→"对象"→"文字"命令中的子菜单命令编辑多行文字，如图7-7所示，具体如下。

1）选择菜单中的"修改"→"对象"→"文字"→"编辑"（DDEDIT）命令，根据提示，选择多行文字对象或标注中的文字后，系统将弹出"多行文字编辑器"对话框，使用该对话框可完成多行文字的编辑。

2）选择菜单中的"修改"→"对象"→"文字"→"比例"（SCALETEXT）命令，可缩放文字的大小，方法类似单行文字的比例缩放操作，这里不再重复。

3）选择菜单中的"修改"→"对象"→"文字"→"对正"（JUSTIFYTEXT）命令，可修改文字的对正方式，如图7-18所示。

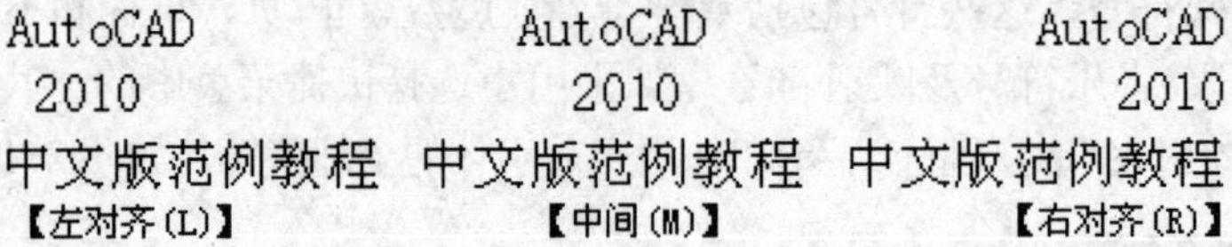

AutoCAD	AutoCAD	AutoCAD
2010	2010	2010
中文版范例教程	中文版范例教程	中文版范例教程
【左对齐(L)】	【中间(M)】	【右对齐(R)】

图 7-18　多行文字对正

7.4　导入文字

在编辑文字时，AutoCAD 为用户提供了较大的灵活性，它允许用户从外部导入文字，用户可以用其他文字处理软件编辑文字，并将其保存为".txt"或".rtf"格式的文本文件，然后直接将其导入到 AutoCAD 图形中。

1. 从 Windows 资源管理器中拖动文件图标

可使用如下方法完成文字的导入。

1）同时打开 Windows 资源管理器和 AutoCAD 软件。

2）找到包含要导入文字的".txt"或".rtf"文件。

3）将".txt"或".rtf"文件拖动到 AutoCAD 绘图窗口中，文字自动以当前文字样式显示在绘图窗口中的相应位置上，如图 7-19 所示。

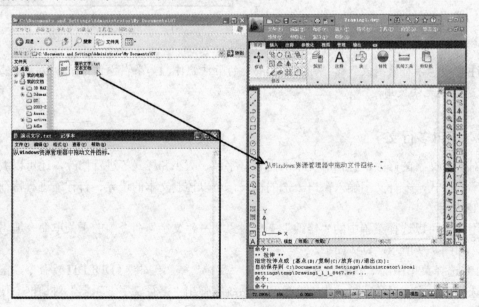

图 7-19　导入文字

如果当前文字样式设置为英文，汉字将显示为乱码，重新设置文字样式，即可正常显示。另外，如果将文本".txt"文件拖到图形中，文字宽度由原始文档中的分行符和〈Enter〉符决定；如果将".rtf"文件拖到图形中，文字将作为 OLE 对象插入。

2. 在多行文字编辑器中导入文字

在多行文字编辑器中，单击鼠标右键，在弹出的快捷菜单中选择"输入文字"命令，弹出"选择文件"对话框，选择需要的文件，单击"打开"按钮，将文件中的文字导入，如图 7-20 所示。

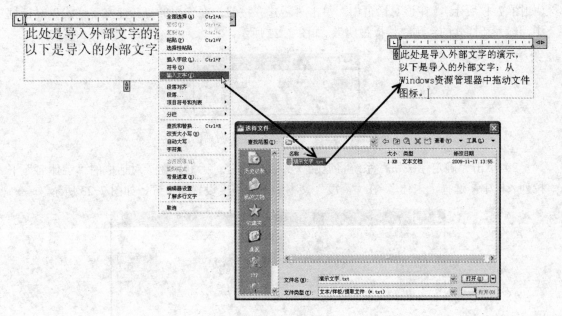

图 7-20　导入文字

更为简便的办法是，选择 AutoCAD 或是其他文字处理软件如"WORD"中已有的文字，按下〈Ctrl+C〉组合键进行复制，然后回到 AutoCAD 中，按下〈Ctrl+V〉组合键，将其粘贴即可。

7.5　综合范例——制作楼板说明

学习目的：使用本章所讲的文字样式和输入多行文字的知识，编写楼板说明。

重点难点：

➤ 文字样式设计

➤ 输入多行文字

现在使用前面学习的文字样式设置和输入多行文字及特殊字符的方法，完成楼板说明的制作，结果如图 7-21 所示。

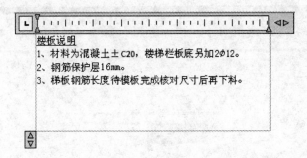

图 7-21　楼板说明

1．设置文字样式

1）选择菜单中的"格式"→"文字样式"（STYLE）命令，打开"文字样式"对话框（如图 7-1 所示），在该对话框中，单击"新建"按钮，在弹出的"新建文字样式"对话框中，输入新样式的名称"楼板说明"，如图 7-22 所示。

图 7-22 "新建文字样式"对话框

2）单击"确定"按钮，系统将返回"文字样式"对话框，在该对话框的"字体名"下拉列表框中，选择"宋体"，在"高度"文本框中将高度设置为"5"，如图 7-23 所示。

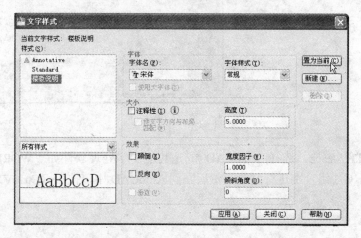

图 7-23 文字样式设置

3）在"文字样式"对话框中，选中新建的"楼板说明"文字样式，单击"置为当前"按钮，关闭该对话框。

2．多行文字输入

1）选择菜单中的"绘图"→"文字"→"多行文字"（MTEXT）命令，根据命令行提示，在绘图区域中，确定文字边框两个对角点的位置，接下来在该文字框中输入文字"楼板说明"，并选中该文字，单击"下画线"按钮，为文字添加下画线，如图 7-24 所示。

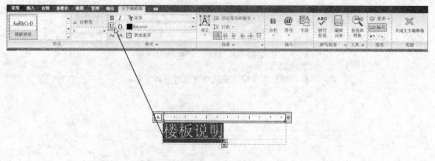

图 7-24 设置下画线

2）将光标移动到"楼板说明"文字末尾，按下键盘上的〈Enter〉键，另起一段，单击"下画线"按钮，取消下画线，然后输入"1、材料为混凝土"。

3）单击鼠标右键，在弹出的快捷菜单中选择"符号"下一级子菜单中的"正/负（P）"，输入"±"符号，如图 7-25 所示。

图 7-25　"±"符号输入

4）接着在正负"±"符号后面，输入文字"C20，楼梯栏板底另加2"。

5）使用与第（4）步同样的方法，在快捷菜单中选择"直径（I）"，输入直径"ϕ"符号。

6）按照上面讲述的方法，继续在直径"ϕ"符号后面，参照图 7-21 所示，输入其他的文字内容，完成楼板说明文字的录入。

7.6　表格

表格是在行和列中包含数据的对象，可以通过设置好的表格样式创建表格对象，表格创建完成后，用户可以单击该表格上的任意网格线以选中该表格，然后通过使用"特性"选项板或夹点来修改和调整该表格，夹点的作用，如图 7-26 所示。

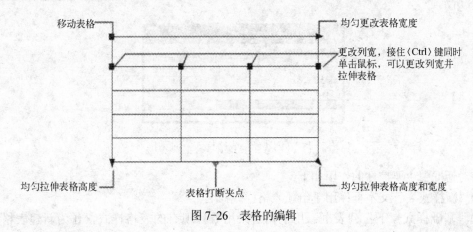

图 7-26　表格的编辑

7.6.1　定义表格样式

表格样式是用来控制表格基本形状和间距的一组设置。用户可以选择菜单中的"格式"
→"表格样式"（TABLESTYLE）命令定义表格的样式，该命令执行后，系统打开"表格样式"对话框，如图 7-27 所示。

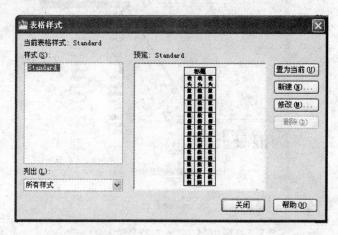

图 7-27　"表格样式"对话框

该对话框中主要控件的作用如下：

1）"置为当前"按钮：用于将"样式"列表格中选定的表格样式，设置为当前样式。所有新绘制出的表格都将使用此表格样式创建。

2）"新建"按钮：单击此按钮，系统将弹出"创建新的表格样式"对话框，如图 7-28 所示。

3）"修改"按钮：单击此按钮，系统将弹出"修改表格样式"对话框，使用该对话框可以对文字及边框等表格样式进行修改。

1. 新建表格

单击"表格样式"对话框中的"新建"按钮，系统将弹出"创建新的表格样式"对话框，通过该对话框可以指定新表格样式的名称和指定新表格样式所基于的现有表格样式，如图 7-28 所示。

图 7-28　"创建新的表格样式"对话框

该对话框中主要控件的作用如下：

1）"新样式名"文本框：用于给新表格样式命名。

2）"基础样式"下拉列表框：用于指定采用哪种现有的表格样式，作为新建表格的基础，即新建的表格继承该基础样式的特征，是以该样式作为基础，通过进一步设置得到的。

3）"继续"按钮：作用是使用户返回到"新建表格样式"对话框，从中可以定义新单元样式。在该对话框中提供了"常规"、"文字"和"边框"三个选项卡，如图 7-29 所示，下面就来讲解这个对话框中各个控件的功能和作用。

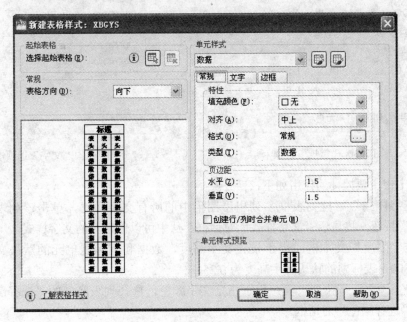

图 7-29 "新建表格样式"对话框

该对话框中主要控件的作用如下：

1）"起始表格"选项组：用户可以在图形中指定一个表格用作样例，对新建的表格样式的格式进行设置。选择表格后，可以指定要从该表格复制到表格样式的结构和内容，使用"删除表格"图标按钮，可以将表格从当前指定的表格样式中删除。

2）"常规"选项组：更改表格方向。其中"向下"用于创建由上而下读取的表格，"向上"用于创建由下而上读取的表格。

3）"预览"：用于显示当前表格样式设置效果的样例。

4）"单元样式"选项组：用来定义新的单元样式或修改现有单元样式，包括"常规"选项卡、"文字"选项卡和"边框"选项卡，可以设置数据单元、单元文字和单元边框的外观，主要取决于处于活动状态的选项卡的设置。

①"常规"选项卡：如图 7-30 所示。

该选项卡中主要控件的作用如下：

● "特性"选项组：包括填充颜色、对齐、格式及类型的设置。

● "页边距"选项组：用于控制单元边界和单元内容之间的间距，单元边距设置将应用于表格中的所有单元。

● "创建行/列时合并单元"复选框：将当前单元样式创建的所有新行或新列合并为一个单元，通常在表格的顶部创建标题行时使用此选项。

②"文字"选项卡：如图 7-31 所示。

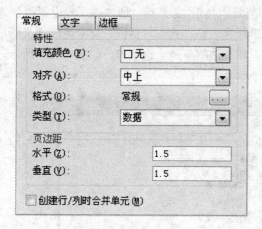

图 7-30 "常规"选项卡   图 7-31 "文字"选项卡

该选项卡中主要控件的作用如下：

- "文字样式"下拉列表框：列出了图形中的所有文字样式，单击该列表框右边的 "..."按钮，将显示"文字样式"对话框，从中可以创建新的文字样式。
- "文字高度"文本框：用于设置文字高度，数据和列标题单元的默认文字高度为 0.1800，表标题的默认文字高度为 0.25。
- "文字颜色"下拉列表框：用于指定文字颜色，选择列表底部的"选择颜色"可弹 出"选择颜色"对话框。
- "文字角度"文本框：用于设置文字角度，默认的文字角度为 0°，在该文本框中可 以输入-359°～+359°之间的任意角度。

③ "边框"选项卡：如图 7-32 所示。

图 7-32 "边框"选项卡

该选项卡中主要控件的作用如下：

- "线宽"下拉列表框：用于设置将要应用于指定边界的线宽。
- "线型"下拉列表框：用于设置将要应用于指定边界的线型。
- "颜色"下拉列表框：用于设置将要应用于指定边界的颜色，选择"选择颜色"可 显示"选择颜色"对话框。
- "双线"复选框：用于将表格边界显示为双线。

- "间距"文本框：用于确定双线边界的间距，默认间距为0.1800。

5）"单元样式预览"：用于显示当前表格样式的设置效果。

2. 修改表格

选择菜单中的"格式"→"表格样式"（TABLESTYLE）命令，在弹出的"表格样式"对话框中单击"修改"按钮，系统将弹出"修改表格样式"对话框，如图7-33所示。

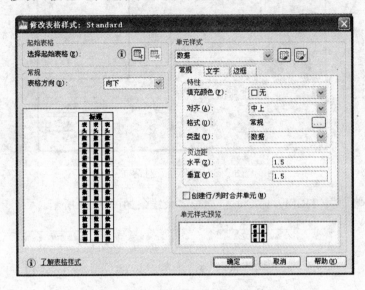

图7-33 "修改表格样式"对话框

不难发现，修改现有表格样式和新建表格样式两个对话框中的选项和内容都非常相似，请读者参照上面创建表格部分的内容自学。

7.6.2 表格绘制

下面介绍三种制作表格的方法：传统方法、插入表格、OLE链接方法。

1. 传统方法

传统的表格绘制方法是指，使用"直线"、"矩形"等基本绘图命令配合"分解"、"偏移"、"阵列"、"修剪"、"延伸"等修改命令绘制表格，然后再在绘制好的表格中填写文字完成表格的绘制。

该方法在绘制表格时，显得比较繁琐，但是能够根据需要随意绘制表格，下面举例进行说明。

1）使用"矩形"（RECTANG）命令，以m（100,100）n（400,200）为对角点绘制矩形A，完成结果如图7-34所示，执行过程如下。

图7-34 绘制矩形

命令：RECTANG↙

指定第一个角点或 [倒角(C)/标高(E)/圆角(F)/厚度(T)/宽度(W)]: 100,100↙

指定另一个角点或 [面积(A)/尺寸(D)/旋转(R)]: 400,200↙

2）使用"阵列"（ARRAY）命令，阵列出3行8列的表格，表格的行间距使用鼠标指定为矩形A的左边H，列间距指定为矩形的上边L，设置如图7-35所示。

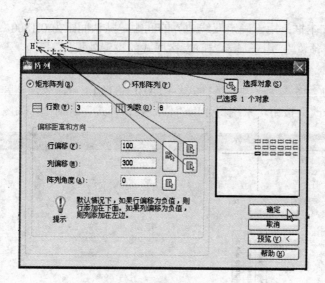

图 7-35 "阵列"对话框

3）使用"修剪"（TRIM）命令，修剪掉多余线条如图 7-36 所示。

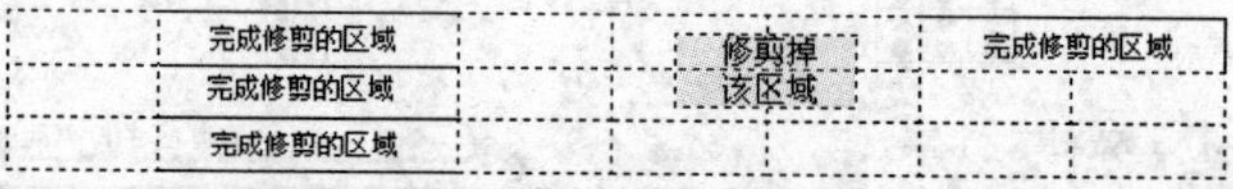

完成修剪的区域		修剪掉	完成修剪的区域
完成修剪的区域		该区域	
完成修剪的区域			

图 7-36　修剪表格

4）使用"单行文字"（DTEXT）命令，首先设定样式，然后在表格中填写文字，完成结果如图 7-37 所示，执行过程如下：

命令: DTEXT↙ 　　　　　　　　　　　　　　　//"单行文字"输入命令

当前文字样式: "Standard" 文字高度: 100.0000 注释性: 否

指定文字的起点或 [对正(J)/样式(S)]: J↙ 　　　　　//设定文字的"对正(J)"方式

输入选项

[对齐(A)/布满(F)/居中(C)/中间(M)/右对齐(R)/左上(TL)/中上(TC)/右上(TR)/左中(ML)/正中(MC)/右中(MR)/左下(BL)

/中下(BC)/右下(BR)]: BL↙ 　　　　　　　　　　//采用"左下(BL)"方式

指定文字的左下点: 　　　　//使用鼠标在相应表格中确定要输入文字的左下角点位置

指定高度 <100.0000>: 60↙ 　　　//输入文字的高度，即指定文字的大小

指定文字的旋转角度 <0>:↙ 　　　//文字角度采用默认的 0 度，即文字为竖直方向

接下来，在对应的单元格中，输入相应文字，输入完毕，连续按下键盘上的〈Enter〉键，退出文字输入状态，连续使用上述方法，输入如图 7-37 所示的单元格中的文字，并使用文字的夹点或使用"移动"（MOVE）命令，适当调整文字位置即可。

设计			轴承基座		
制图				比例	
审核			材料	数量	

图 7-37　表格绘制

170

2．插入表格

创建好表格样式后，选择菜单中的"绘图"→"表格"（TABLE）命令创建表格，执行该命令后，系统将弹出"插入表格"对话框，如图7-38所示。

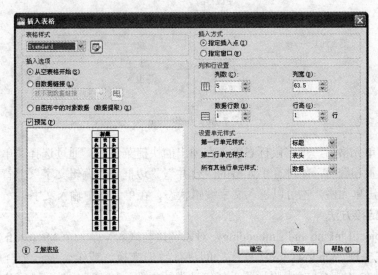

图7-38 "插入表格"对话框

该对话框中主要控件的作用如下：

1）"表格样式"选项组：用于选择表格样式，另外通过单击该下拉列表旁边的按钮，用户可以创建新的表格样式。

2）"插入选项"选项组：用于指定插入表格的方式。

①"从空表格开始"单选按钮：用于创建可以手动填充数据的空表格。

②"自数据链接"单选按钮：用外部电子表格中的数据创建表格。

③"自图形中的对象数据"单选按钮：选中该按钮并单击"插入表格"对话框中的"确定"后，系统将启动"数据提取"向导。

3）"预览"：用于控制是否显示预览效果。如从空表格开始，则预览将显示表格样式的样例。如果创建表格链接，则预览将显示结果表格。对于处理大型表格时，清除此选项可提高性能。

4）"插入方式"选项组：用于确定表格的位置。

①"指定插入点"单选按钮：用于指定表格左上角的位置。可以使用鼠标指定，也可以在命令行提示下输入坐标值。如果表格样式将表格的方向设置为由下而上读取，则插入点位于表格的左下角。

②"指定窗口"单选按钮：用于指定表格的大小和位置。可以使用鼠标指定，也可以在命令提示下输入坐标值。选中此选项时，行数、列数、列宽和行高取决于窗口的大小以及列和行设置。

5）"列和行设置"选项组：用于设置列和行的数目和大小。

6）"设置单元样式"：对于那些不包含起始表格的表格样式，可指定新表格中行的单元格式。

建立好表格后，在单元内单击将其选中，此时单元边框的中央将显示出夹点，拖动单元上的夹点可以改变单元格的大小，如图 7-39 所示。

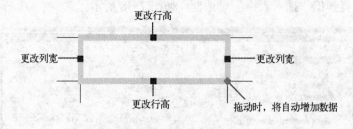

图 7-39 编辑单元格

单击选中单元格后，单击鼠标右键，在弹出的快捷菜单中，通过选择菜单命令，可以对单元格进行设置和编辑，如进行单元格的"合并"、"边框"、"编辑文字"、"背景填充"等操作。另外，双击单元格，也可以进入文字编辑状态，在单元格中输入文字。

3．OLE 链接方法

OLE（Object Linking and Embedding，对象链接与嵌入）是一个 Microsoft Windows 的特性，它可以在多种 Windows 应用程序之间进行数据交换，或组合成一个合成文档，使用 OLE 技术可以在 AutoCAD 中附加几乎任何种类的文件，如文本文件、电子表格、来自光栅或矢量源的图像、动画文件甚至声音文件等。

所谓 OLE 链接方法是指首先在 Microsoft Word 或 Excel 中设计好表格（Excel 是理想的表格制作工具，同时提供了丰富的函数计算功能），然后通过 OLE 链接方式插入到 AutoCAD 图形文件中，当需要修改表格和数据时，双击表格即可返回到 Microsoft Word 或 Excel 软件中。这种方法便于表格的制作和表格数据的处理。下面介绍用 OLE 链接方式插入表格的方法，具体步骤如下。

1）首先，在 Microsoft Excel 软件中创建好如图 7-40 所示的表格文件。

	A	B	C	D	E
1	序号	项目	单位	数量	备注
2	1	总用地面积	Hm^2	22	
3	2	建筑用地面积	Hm^2	22	
4	3	道路广场面积	Hm^2	22	
5	4	绿地面积	Hm^2	22	
6	5	总建筑面积	Hm^2	22	
7	6	A座建筑面积	m^2	22	
8	7	B座建筑面积	m^2	22	
9	8	C座建筑面积	m^2	22	
10	9	容积率		3.1	
11	10	绿化率	%	26.3	
12	11	建筑密度	%	22	
13	12	停车位	个	22	
14					

图 7-40 Excel 中制作表格

2）启动 AutoCAD 2010，新建或打开一个已有的"DWG"格式文件。

3）选择菜单中的"插入"→"OLE 对象"（INSERTOBJ）命令，系统将弹出"插入对象"对话框，选中"由文件创建"单选按钮，然后单击"浏览"按钮，在弹出的"浏览"对话框中，找到第（1）步在 Microsoft Excel 软件中制作好的表格文件，如图 7-41 所示。

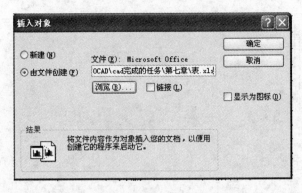

图 7-41 "插入对象"对话框

4）在"插入对象"对话框中，单击"确定"按钮，退出该对话框。此时在 Microsoft Excel 软件中创建的表格已被插入到 AutoCAD 中。

5）选择"修改"工具栏中的工具，调整表格的位置及大小等。

6）双击该表格，将进入 Excel 软件并打开该表格文件，可修改该表格中的内容，完成修改后，保存表格文件，此时发现 AutoCAD 中插入的表格内容也发生了同样改变。

7.6.3　表格文字编辑

对于使用传统方法和插入表格方法创建的表格，如果想编辑这类表格中选定单元格内的文字或内容。可以通过选定表格中的一个或多个单元格，单击鼠标右键，在弹出的快捷菜单中选择"编辑文字"命令，或在表格的单元格内双击鼠标，此时系统进入文字编辑状态，即可对该单元格中的文字等内容进行编辑和修改。

7.7　综合范例二——样板文件的制作及使用

学习目的：综合使用前面章节讲解的绘图及修改命令，结合本章所讲的文字和表格知识，完成样板文件的制作及使用。

重点难点：
➢ 表格的设计和编辑
➢ 文字的录入和编辑
➢ 样板文件的保存和使用

使用"矩形"和"多段线"工具绘制样板图的图框，设计表格样式并使用"插入表格"命令制作标题栏和会签栏，使用"修改"工具栏中的"旋转"、"平移"和"镜像"命令，定位标题栏和会签栏，并输入相应的文字，完成样板图的制作，完成结果如图 7-42 所示，最后将制作好的样板图文件，保存成"AutoCAD 图形样板（*.dwt）"类型的文件，并在设计工作中使用该样板图。

1．绘制图框

1）使用"矩形"（RECTANG）命令以 A（0，0）、B（42000，29700）为对角点绘制外

图框，执行过程如下：

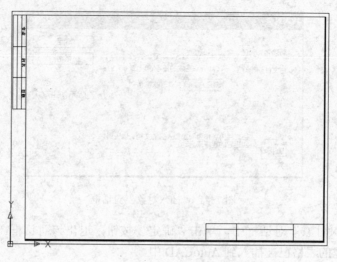

图 7-42　效果图

命令: RECTANG↙　　　　　　　　　　　　　　　　　　// "矩形"绘制命令
　指定第一个角点或 [倒角(C)/标高(E)/圆角(F)/厚度(T)/宽度(W)]: 0,0↙
　指定另一个角点或 [面积(A)/尺寸(D)/旋转(R)]: 42000,29700↙

　2）使用"多段线"（PLINE）命令，过点 C（2000，500）、D（41500，500）、E
（41500，29200）绘制半宽为 80 的多段线，切换多段线的线宽为 0，通过 F（2000，
29200），最后根据"多段线"命令提示，输入选项"闭合（C）"，闭合多段线，完成内图框
的绘制，完成结果如图 7-43 所示，执行过程如下：

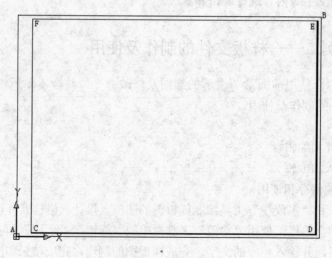

图 7-43　图框绘制

命令: PLINE↙　　　　　　　　　　　　　　　　//绘制"多段线"命令
　指定起点: 2000,500↙　　　　　　　　　　　//输入内图框起点坐标
　当前线宽为 0.0000　　　　　　　　　　　　//系统提示当前多段线的线宽

174

指定下一个点或 [圆弧(A)/半宽(H)/长度(L)/放弃(U)/宽度(W)]: H↙ //输入选项"半宽(H)"用于重新设定多段线的线宽

指定起点半宽 <0.0000>: 80↙　　　　　　　//设定多段线"半宽(H)"为 80

指定端点半宽 <80.0000>:↙　　　　　　　//按下〈Enter〉键，表示采用默认值

指定下一个点或 [圆弧(A)/半宽(H)/长度(L)/放弃(U)/宽度(W)]: 41500,500↙

指定下一点或 [圆弧(A)/闭合(C)/半宽(H)/长度(L)/放弃(U)/宽度(W)]: 41500,29200↙

指定下一点或 [圆弧(A)/闭合(C)/半宽(H)/长度(L)/放弃(U)/宽度(W)]: H↙ //重新设定多段线"半宽(H)"

指定起点半宽 <80.0000>: 0↙　　　　　//设定多段线"半宽(H)"为 0

指定端点半宽 <0.0000>:↙

指定下一点或 [圆弧(A)/闭合(C)/半宽(H)/长度(L)/放弃(U)/宽度(W)]: 2000,29200↙

指定下一点或 [圆弧(A)/闭合(C)/半宽(H)/长度(L)/放弃(U)/宽度(W)]: C↙　　//闭合多段线

2．绘制标题栏

1）使用"表格样式"（TABLESTYLE）命令，打开"表格样式"对话框，如图 7-44 所示，选中"STANDARD（标准）"样式作为基础样式，单击该对话框中的"新建"按钮，新建标题栏样式。

2）在弹出的"创建新的表格样式"对话框中，按照图 7-45 所示，在"新样式名"下拉列表框中输入"标题栏"，"基础样式"下拉列表框中保持默认的"Standard"样式，然后单击"继续"按钮。

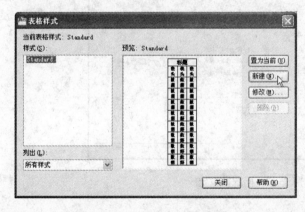

图 7-44 "表格样式"对话框　　　　　图 7-45 "创建新的表格样式"对话框

3）接下来系统将弹出"创建表格样式"对话框，在该对话框内用户可对表格边框及文字样式进行设定，设定好如图 7-46 所示的表格样式后，单击"确定"按钮，关闭此对话框。

4）在"表格样式"对话框中，选中刚建立好的"标题栏"样式名称后，单击"置为当前"按钮，然后单击"关闭"按钮，关闭该对话框，接下来就可以进行标题栏的设计了。

5）使用"插入表格"（TABLE）命令，在弹出的"插入表格"对话框中，按图 7-47 所示设置该对话框，然后单击"确定"按钮将其关闭。

6）根据"插入表格"的命令提示，输入插入点的坐标 D（41500，500），此时系统进入表格文字的编辑状态，按照图 7-48 所示方法，关闭"文字编辑器"，此时表格被插入到绘图

区的指定位置上。

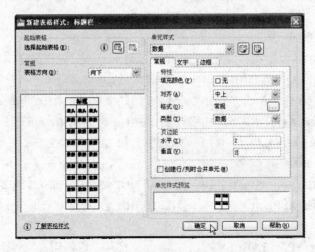

图 7-46 "创建表格样式"对话框

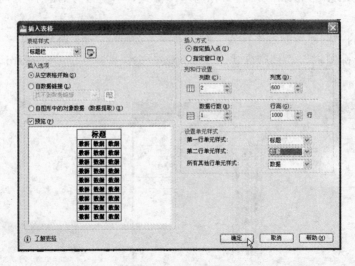

图 7-47 标题栏设定

图 7-48 关闭文字编辑器

7）开启点的捕捉功能，并使用"旋转"（ROTATE）命令，根据命令行提示选中刚插入的表格，按〈Enter〉键结束选择。然后指定旋转的基点为点 D，输入旋转角度为 270°。

8）使用"镜像"（MIRROR）命令，首先选中上一步旋转后得到的表格，按〈Enter〉键结束选择，然后根据命令提示，指定图 7-43 所示图框上（从点 C 到点 D）的边，做为镜像线，并输入命令选项"是(Y)"，用于删除源对象，完成镜像操作。

9）使用鼠标单击选择表格中的单元格，使用鼠标右键菜单的"特征"命令，在"特征"对话框中，按照图 7-49 所示，设定表格中每个单元格的"宽"和"高"的值，完成标题栏的绘制。

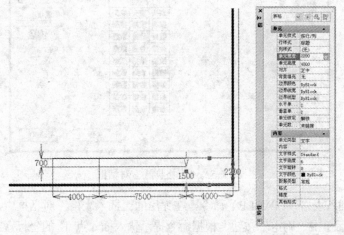

图 7-49　调整表格

10）使用"移动"（MOVE）命令，根据提示，选中标题栏，按下键盘上的〈Enter〉键结束选择，将标题栏的右下角点作为移动操作的基点，移动到内图框的角点 D 上，如图 7-50 所示。

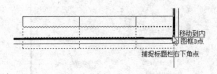

图 7-50　移动"标题栏"

3．绘制会签栏

1）与上面制作标题栏样式的方法以及设置相似，首先使用表格样式命令（TABLESTYLE），打开"表格样式"对话框，以"Standard（标准）"样式作为基础样式，新建会签栏样式，如图 7-51 所示。

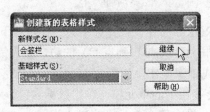

图 7-51　新建会签栏表格样式

2）单击"继续"按钮后，在系统弹出的"新建表格样式：会签栏"对话框中，按照图 7-46 所示进行设置，然后单击"确定"按钮，回到"表格样式"对话框，在样式列表框中选中"会签栏"样式，并单击"置为当前"按钮，如图 7-52 所示，单击"关闭"按钮，关闭该对话框。

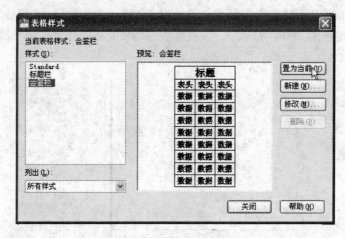

图 7-52 "表格样式"对话框

3）使用"插入表格"（TABLE）命令，在弹出的"插入表格"对话框中，按照图 7-53 所示进行设置，然后单击"确定"按钮，根据命令提示输入插入点 F 的坐标（2000，29200），关闭"文字编辑器"（如图 7-48 所示），此时表格被插入到指定的位置，如图 7-54 所示。

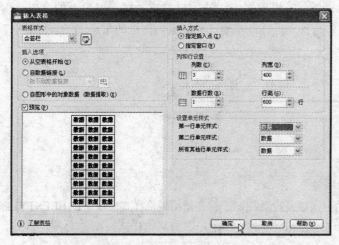

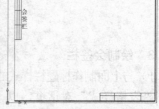

图 7-53 "插入表格"对话框　　　　　　　　图 7-54　插入会签栏

4）使用"镜像"（MIRROR）命令，首先选中会签栏，按下〈Enter〉键结束选择，然后根据命令行提示，指定内图框上（从点 F 到点 C）的边，做为镜像线，并输入命令选项"是(Y)"，用于删除源对象，完成镜像操作，如图 7-55 所示。

5）使用鼠标单击选择会签栏中的单元格，单击鼠标右键，在快捷菜单中选择"特征"，在弹出的"特征"对话框中，设定每个单元格的尺寸值均为"宽度 600"和"高度 4000"，完成会签栏的绘制，方法与图 7-49 类似。

6）使用"移动"（MOVE）命令，根据命令行提示，选中会签栏，按下键盘上的〈Enter〉键结束选择，将会签栏的右上角点作为移动操作的基点，移动到内图框的角点 F 上，如图 7-56 所示。

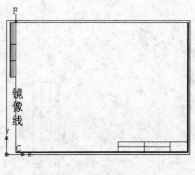

图 7-55　镜像会签栏　　　　　　　　　　　　　　图 7-56　移动会签栏

7）双击表格中相应的单元格，进入表格文字的编辑状态，按照图 7-57 所示的方法，打开"文字格式"工具栏，设定文字的大小为"400"，然后输入相应的文字，如"专业"，如图 7-58 所示。

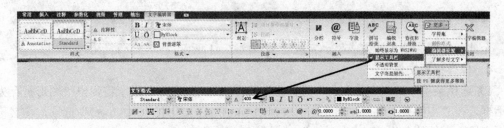

图 7-57　打开"文字格式"工具栏

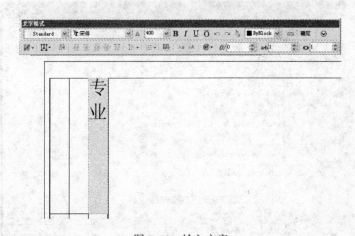

图 7-58　输入文字

8）单击"确定"按钮，关闭"文字格式"工具栏，此时发现输入到单元格中的文字与表格方向不一致，选中该单元格，单击鼠标右键，在弹出的快捷菜单中选择"特征"，在打开的"特征"对话框中的"文字旋转"文本框中输入旋转角度"270"，调整文字的方向，并将"对齐"下拉列表框设置为"正中"，完成结果如图 7-59 所示。

9）按照上述方法，使用鼠标双击其他单元格，依次输入文字"姓名"和"日期"，并调整文字的对齐方式和角度后，完成会签栏的绘制，如图 7-60 所示。

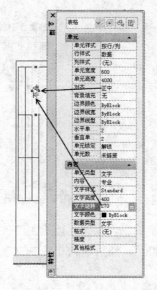

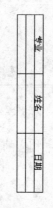

图 7-59　旋转文字　　　　　　　　　　　图 7-60　会签栏

至此，样板图则设计完成了，完成结果如图 7-41 所示。

4．保存样板文件

1）选择菜单中的"文件"→"另存为"（SAVE AS）命令，系统将弹出"图形另存为"对话框，在"文件类型"下拉列表框中选择"AutoCAD 图形样板（*.dwt）"选项，在名称文本框中输入文件的名称"YangBanTu"，如图 7-61 所示。

图 7-61　保存样板图

2）单击"保存"按钮，系统将弹出"样板选项"对话框，在"说明"选项组中输入对样板图形的描述及说明"自定义的样板文件"，如图 7-62 所示。

3）单击"确定"按钮，关闭"样板选项"对话框，至此一个自定义的样板文件被制作完成了。

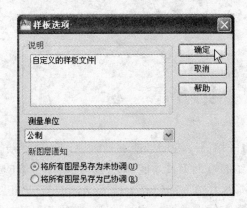

图 7-62 样板图说明

5. 调用样板文件

1）选择菜单中的"文件"→"新建"（NEW）命令，打开"选择样板"对话框，选中刚制作好的名称为"YangBanTu.dwt"的样板文件，如图 7-63 所示，单击"打开"按钮，打开该样板文件。

图 7-63 "选择样板"对话框

2）以该样板文件为基础，进行相应的图纸设计即可。

小技巧：在绘图过程中，请读者使用第 6.4 节所讲述的图形显示控制的相关知识，辅助图形设计，将大大提高设计效率。

第8章 标　　注

通过前面章节的学习，相信读者已经能够精确地设计出复杂的图形了，不过对于精确度，只有使用前面章节介绍的查询工具才能体会到，而对于一般的工程设计图，需要能够直观地看到设计图中描述图形尺寸方面的信息。使用 AutoCAD 中已经提供的标注工具，既可轻松地设计标柱样式，又可方便地根据标注的类型，选用相应的标注命令，完成各种图形信息的标注。熟练掌握本章的内容，能够大大丰富图形信息的精确表达能力，从而设计出符合要求的工程用图。标注命令及标注工具栏如图8-1所示。

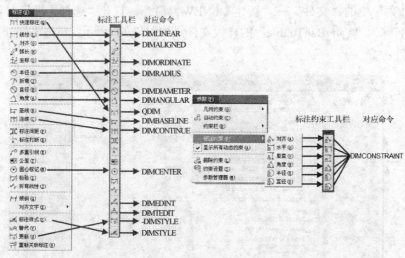

图 8-1　软件结构浅析导读——标注命令

学习目标：
➢ 理解绘图中标注的重要性
➢ 理解基本标注术语
➢ 理解关联标注
➢ 使用 AutoCAD 的标注命令
➢ 掌握标注样式的创建
➢ 掌握标注样式的设置
➢ 掌握水平、对齐、旋转、基线和连续尺寸标注
➢ 掌握圆心标记、角度、半径、直径和坐标尺寸标注
➢ 掌握标注约束的用法和作用

8.1　标注简介

AutoCAD 为用户提供了多种标注方法和多种设置标注样式的方法，可以满足建筑、机

械、电子等大多数应用领域的要求。所谓标注，是指图形的测量注释，可以测量和显示对象的长度、角度等测量值。所有通过标注表达的信息，都是至关重要的，正确的标注是绝对必要的，不正确的标注将导致错误。

通过标注，能够给机械师、工程师或建筑师提供丰富的信息。例如，对于标注"2.000"，其小数点的位数，决定了用于机械加工的机器类型。这个尺寸的加工成本，要比小数点后只有一位小数的尺寸"2.0"要昂贵得多。同样，某一零件不论是铸造还是锻造，其边界的半径和这些尺寸的公差决定了产品的造价、缺陷零件的数量和从单一模具中得到的零件数量，因此对于加工制造业来讲，绘制出的图样如果不正确标注，就没有任何意义。

AutoCAD 的标注可具有关联性，即一个关联标注可以随着与其相关联的几何对象的改变而自动调整其位置、方向和测量值等。大多数的对象类型都可创建和使用关联的标注。对于非关联性标注对象，用户可选择菜单中的"标注"→"重新关联标注"（DIMREASSOCIATE）命令，将其转换为关联标注。

在 AutoCAD 中，既可以标注二维对象的尺寸，也可以标注三维对象的尺寸。由于所有的标注都只能在当前坐标的 XY 平面中进行，因此为了准确标注三维对象中各部分的尺寸，需要不断地变换坐标系。

8.2 基本的标注术语

在学习 AutoCAD 的标注命令之前，需要认识并理解标注术语，这些术语对于直线、角度、半径、直径和坐标等标注都是通用的，图 8-2 为一些标注对象，图 8-3 为标注部件及说明。

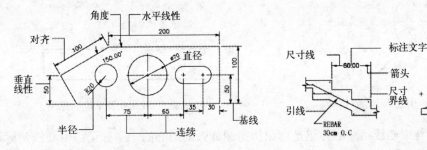

图 8-2 AutoCAD 的标注术语　　　　图 8-3 标注组成元素示意图

1）尺寸线：尺寸线用于指示标注的方向和范围，用于角度标注的尺寸线是一根弧线。

2）标注文字：用于指示测量值的文本字符串（其中文字还可以包含前缀、后缀和公差），可以接受系统返回的值，也可自己输入值。

3）箭头：箭头是显示在尺寸线端点的图形符号（即终止符号），可以为箭头等，如图 8-4 所示。

图 8-4 箭头样式举例

4）尺寸界线：尺寸界线绘制在被度量对象与尺寸线之间，用于线性尺寸和角度标注，通常尺寸界线都垂直于尺寸线。但也可以使尺寸界线倾斜一个角度，系统允许在标注中取消一条或两条尺寸界线，如图 8-5 所示。

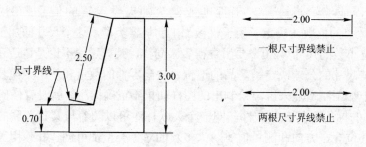

图 8-5　尺寸界线

5）引线:引线指从标注文字指向被标注对象的线条。有时标注文字和其他注释不能调整到对象附近的合适位置，这种情况下就可以使用引线，并将文字放在引线的一端。例如，在图 8-6 所示的圆中有一个键槽，这个键槽小得不能进行标注。在这种情况下就可以从文字处画一条到该槽部位的引线。引线也可以用于标注对象的其他一些注释，如零件数量、说明和指令等。

6）换算单位:使用换算单位，可以同时生成两个度量系统的尺寸（如图 8-7 所示）。例如，如果尺寸单位为英寸，可以用换算单位标注功能，增加米制单位尺寸。

图 8-6　引线用于指示注释　　　　　　图 8-7　使用换算单位的标注

7）圆心标记与中心线：圆心标记是标记指定圆或弧的圆心的十字标记；中心线是标记圆或圆弧中心的点划线，如图 8-3 所示。

8）公差：公差也称为偏离公差，是指实际尺寸可以变化的量，系统可以为尺寸值添加一个+/-公差，正负公差值可以相同，也可以不相同。

9）尺寸范围：一旦定义了公差，系统将自动计算尺寸的上下界限，随后这些值可显示为标注文字，如图 8-8 所示。

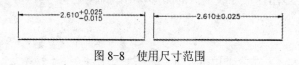

图 8-8　使用尺寸范围

8.3　标注样式

标注样式是标注设置的命名集合，可用来控制标注的外观，如箭头样式、文字位置和尺寸公差等。通常在进行标注之前，用户可以创建标注样式，以快速指定标注的格式，并确保标注符合行业或项目标准，如果用户不建立尺寸样式而直接进行标注，系统将使用默认的"Standard（标准）"样式。

选择菜单中的"格式"→"标注样式"（DIMSTYLE）命令可设置和定义标注样式，该命令执行后，系统将弹出"标注样式管理器"对话框，如图 8-9 所示。使用该对话框可以方便直观地定制和浏览标注样式，也可以修改、重命名或删除一个已有样式。

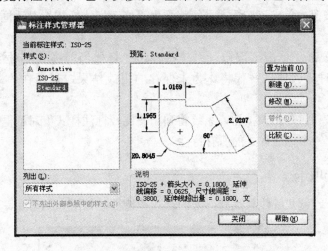

图 8-9　"标注样式管理器"对话框

该对话框中主要控件的作用如下：

1）"置为当前"按钮：将把"样式"列表框中选定的标注样式设置为当前标注样式，当前样式将应用于所创建的标注。

2）"新建"按钮：单击该按钮，系统将弹出"创建新标注样式"对话框，如图 8-10 所示，从中可以定义新的标注样式。

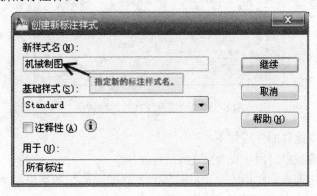

图 8-10　创建标注样式

该对话框可以命名新标注样式、设置新标注样式的基础样式和指示要应用新样式的标注类型。各部分内容的作用如下：

①文本框：用于指定新的标注样式名。

②"基础样式"下拉列表框：用于设置作为新样式的基础样式，新样式将继承基础样式的特征，仅需要修改那些不同的特性即可。

③"注释性"复选框：用于指定标注样式为注释性，单击该复选框后面的"信息"图标，可以了解有关注释性对象的详细信息。

④"用于"下拉列表框：用于创建一种仅适用于特定标注类型的标注子样式。

⑤"继续"按钮：单击该按钮后，系统将弹出"新建标注样式"对话框，见 8.3.1 节图 8-12 所示。

3）"修改"按钮：单击该按钮，系统将弹出"修改标注样式"对话框，从中可以修改标注样式。

4）"替代"按钮：单击该按钮，系统将弹出"替代当前样式"对话框，从中可以设置标注样式的临时替代值，替代将作为未保存的更改结果，显示在"样式"列表中的标注样式下。

5）"比较"按钮：单击该按钮，系统将弹出"比较标注样式"对话框，从中可以比较两个标注样式或列出一个标注样式的所有特性。

8.3.1 "线"选项卡

该选项卡用于设置尺寸线、尺寸界限的形式和特征，如图 8-11 所示。

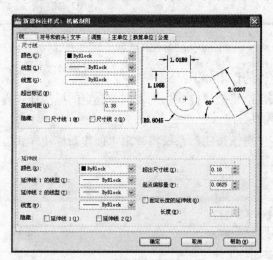

图 8-11 "新建标注样式"对话框

该选项卡中主要控件的作用如下：

1）"尺寸线"选项组：用于设置尺寸线的特性。

①"颜色"下拉列表框：用于显示并设置尺寸线的颜色。如果单击"颜色"列表的底部"选择颜色"，将显示"选择颜色"对话框，可以从 255 种 AutoCAD 颜色索引（ACI）颜色、真彩色和配色系统颜色中选择颜色。

②"线型"下拉列表框：用于设置尺寸线的线型。

③"线宽"下拉列表框：用于设置尺寸线的线宽，该列表框中列出了各种线宽的名字和宽度。

④"超出标记"微调框：用于指定当箭头使用倾斜、建筑标记、积分和无标记时尺寸线超过尺寸界线的距离，如图8-12所示。

⑤"基线间距"微调框：用于设置基线标注的尺寸线之间的距离，如图8-13所示，对应的系统变量是DIMDLI。

图8-12 超出标记　　　　　　图8-13 基线间距

⑥隐藏"尺寸线1、尺寸线2"复选框：用于确定是否隐藏尺寸线及相应的箭头。选中"尺寸线1"复选框，表示隐藏第一段尺寸线，选中"尺寸线2"复选框，表示隐藏第二段尺寸线，如图8-14所示。

图8-14 尺寸线显示控制

2)"预览"：用于显示对标注样式设置所做更改的效果，该部分在各标注样式选项卡中都有，且作用雷同，因此后续不再重复介绍。

3)"延伸线"选项组：用于控制延伸线的外观。

①"颜色"下拉列表框：用于设置延伸线的颜色。

②"线宽"下拉列表框：用于设置延伸线的线宽。

③隐藏"延伸线1、延伸线2"复选框：用于确定是否隐藏尺寸界限。选中复选框"延伸线1"，表示隐藏第一段尺寸界线，选中复选框"延伸线2"，表示隐藏第二段尺寸界线，如图8-15所示。

④"超出尺寸线"微调框：用于指定延伸线超出尺寸线的距离，如图8-16所示。

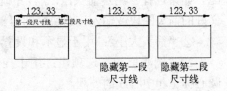

图8-15 隐藏尺寸界限效果图

⑤"起点偏移量"微调框：用于确定尺寸界限的实际起始点相对于指定的尺寸界限的起始点的偏移量，效果如图8-17所示。

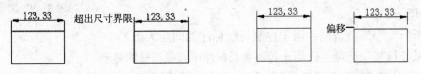

图8-16 超出尺寸线效果图　　　　图8-17 起点偏移效果图

⑥"固定长度的延伸线"复选框：选中该复选框，系统以固定长度的延伸线标注尺寸，用户可以直接在长度微调框中输入长度值。

8.3.2　"符号和箭头"选项卡

在"新建标注样式"对话框中，第二个选项卡是"符号和箭头"，如图 8-18 所示。该选项卡用于设置箭头、圆心标记、弧长符号和折弯半径标注的格式、位置和特征等。

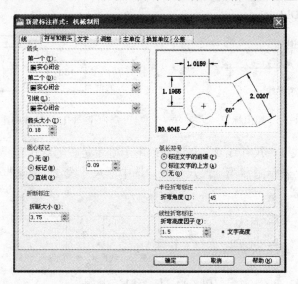

图 8-18　"符号和箭头"选项卡

该选项卡中主要控件的作用如下：

1）"箭头"选项组：用于控制标注箭头的外观。

①"第一个、第二个"下拉列表框：AutoCAD 提供了多种箭头样式，用户可以在该列表框中进行选择。当改变第一个箭头的类型时，第二个箭头将自动改变以同第一个箭头相匹配。如果选择"用户箭头……"，系统将弹出"选择自定义箭头块"对话框，选择事先自定义好的箭头图块或输入该图块名即可。

②"箭头大小"：用于显示和设置箭头的大小，对应的系统变量是DIMASZ。

2）"圆心标记"选项组：用于控制直径标注和半径标注的圆心标记和中心线的外观。

①"无"单选按钮：表示既不产生中心标记也不产生中心线。

②"标记"单选按钮：表示中心标记为一个记号。

③"直线"单选按钮：表示中心标记采用中心线的形式，如图 8-19 所示。

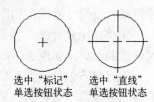

选中"标记"　　　选中"直线"
单选按钮状态　　单选按钮状态

图 8-19　圆心标记

3）"折断大小"微调框：用于控制折断标注的间距大小。

4）"弧长符号"选项组：用于控制弧长标注中圆弧符号的显示。

①"标注文字的前缀"单选按钮：用于控制将弧长符号放置在标注文字之前，如图 8-20 中A 所示。

②"标注文字的上方"单选按钮：用于控制将弧长符号放置在标注文字的上方，如图8-20中B所示。

③"无"单选按钮：用于控制不显示弧长符号，如图8-20中C所示。

图8-20 "弧长符号"显示效果图

5）"折弯角度"文本框：在该文本框中可以输入连接半径标注的尺寸界线和尺寸线横向直线的角度，如图8-21所示，折弯半径标注通常在圆或圆弧的圆心位于页面外部时创建。

6）"折弯高度因子"微调框：通过形成折弯的角度的两个顶点之间的距离确定折弯高度，如图8-22所示。

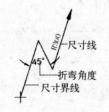

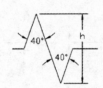

图8-21 半径折弯标注　　　　　　图8-22 线性折弯标注

8.3.3 "文字"选项卡

该选项卡用于设置尺寸文字的外观、位置和对齐方式等，如图8-23所示。

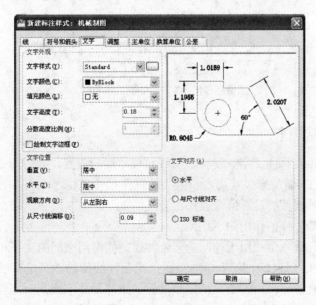

图8-23 "文字"选项卡

该选项卡中主要控件的作用如下：

1）"文字外观"选项组：用于控制标注文字的格式和大小。

①"文字样式"下拉列表框：用于显示和设置当前标注文字的样式。从列表中选择一种样式。要创建和修改标注文字样式，请单击列表框右侧的"…"按钮，打开"文字样式"对话框，使用该对话框可以创建新的文本样式或对文本样式进行修改。

②"绘制文字边框"复选框：选中该复选框，则在尺寸文本周围加上边框。

2）"文字位置"选项组：用于控制标注文字的位置。

①"垂直"下拉列表框：控制标注文字与尺寸线的相对位置，分为"居中、上、外部、JIS（日本工业标准）、下方"5种方式。

②"水平"下拉列表框：用于控制标注文字在尺寸线上相对于延伸线的水平位置。分为"居中、第一条延伸线、第二条延伸线"三种。如图8-24所示。

③"从尺寸线偏移"微调框：用于设置文字与尺寸线间距，文字间距是指当尺寸线断开以容纳标注文字时，标注文字周围的距离，仅当箭头、标注文字以及页边距有足够的空间容纳文字间距时，才将尺寸线上方或下方的文字置于内侧，如图8-25所示。

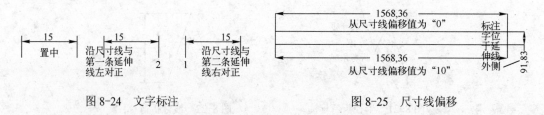

图8-24　文字标注　　　　　　　　　　图8-25　尺寸线偏移

3）"文字对齐"选项组：用于控制标注文字放在延伸线外边或里边时的方向，是保持水平还是与延伸线平行，包括"水平、与尺寸线对齐、ISO标准"三种，如图8-26所示。

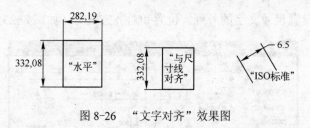

图8-26　"文字对齐"效果图

8.3.4　"调整"选项卡

该选项卡用于控制标注文字、箭头、引线和尺寸线的放置，如图8-27所示。如果"空间"允许，AutoCAD通常把尺寸文本和箭头放置在尺寸界线内，而当"空间"不足时，则根据本选项卡中各项属性的设置值来放置。

该选项卡中主要控件的作用如下：

1）"调整选项"选项组：用于控制基于延伸线之间可用空间的文字和箭头的位置。

①"文字或箭头（最佳效果）"单选按钮：当延伸线间的距离足够放置文字和箭头时，文字和箭头都放在延伸线内，否则，将按照最佳效果移动文字或箭头。当延伸线间的距离仅够容纳文字时，将文字放在延伸线内，而箭头放在延伸线外；当延伸线间的距离仅够容纳箭

头时，将箭头放在延伸线内，而文字放在延伸线外；当延伸线间的距离既不够放文字又不够放箭头时，文字和箭头都放在延伸线外。

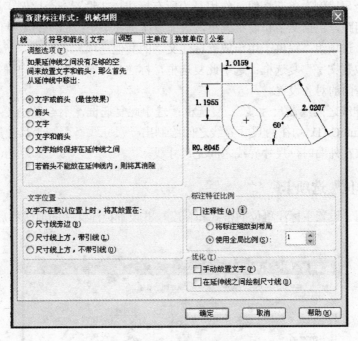

图 8-27　"调整"选项卡

②"若箭头不能放在延伸线内，则将其清除"复选框：选中该复选框，则当延伸线内没有足够的空间时，将不显示箭头。

2）"文字位置"选项组：用于设置标注文字的位置。

①"尺寸线旁边"单选按钮：选定该项，只要移动标注文字，则尺寸线就会随之移动，如图 8-28a 所示。

②"尺寸线上方，带引线"单选按钮：选定该项，则移动文字时尺寸线将不会移动。如果将文字从尺寸线上移开，将创建一条连接文字和尺寸线的引线。当文字非常靠近尺寸线时，将省略引线，如图 8-28b 所示。

③"尺寸线上方，不带引线"单选按钮：如果选定该项，移动文字时尺寸线不会移动，离开尺寸线的文字不与带引线的尺寸线相连，如图 8-28c 所示。

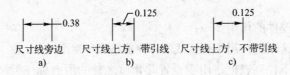

图 8-28　文字位置

3）"标注特征比例"选项组：用于设置全局标注比例值或图纸空间比例。

①"注释性"复选框：指定标注为注释性，单击复选框右侧的"信息"图标，则可以了解有关注释性对象的详细信息。

②"将标注缩放到布局"单选按钮：用于确定图纸空间内的尺寸比例系数，根据当前模型空间视口和图纸空间之间的比例确定比例因子。

③"使用全局比例"单选按钮：作用是为所有标注样式设置一个比例，这些设置指定了大小、距离或间距，包括文字和箭头大小，该缩放比例并不更改标注的测量值。

4）"优化"选项组：提供了用于放置标注文字的其他选项。

①"手动放置文字"复选框：选中此复选框，标注尺寸时，将由用户确定尺寸文本的放置位置，忽略前面的对齐设置。

②"在延伸线之间绘制尺寸线" 复选框：选中此复选框，不论尺寸文本在尺寸界限内部还是外面，AutoCAD 均在两尺寸界线之间绘制出一尺寸线；否则当尺寸界线内放不下尺寸文本而将其放在外面时，尺寸界线之间无尺寸线。

8.3.5 "主单位"选项卡

该选项卡用于设置主标注单位的格式和精度，并设置标注文字的前缀和后缀，如图 8-29 所示。

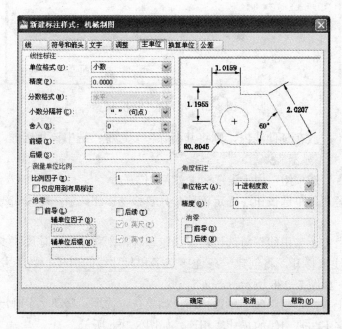

图 8-29 "主单位"选项卡

该选项卡中主要控件的作用如下：

1）"线性标注"选项组：用于设置线性标注的格式和精度。

①"单位格式"下拉列表框：用于设置除角度之外的所有标注类型的当前单位格式。在该下拉列表框中提供了"科学、小数、工程、建筑、分数和 Windows 桌面" 6 种单位制，用户可以根据需要进行选择。

②"精度"下拉列表框：用于显示和设置标注文字中的小数位数。

③"分数格式"下拉列表框：用于设置分数格式，AutoCAD 提供了"水平堆叠"、"对角堆叠"和"非堆叠"三种形式供用户选用。

192

④ "小数分隔符"下拉列表框：用于设置十进制格式的分隔符，包括点、逗号和空格三种符号。

⑤ "舍入"微调框：为除"角度"之外的所有标注类型设置标注测量值的舍入规则。如果输入 0.25，则所有标注距离都以 0.25 为单位进行舍入。如果输入 1.0，则所有标注距离都将舍入为最接近的整数，而小数点后显示的位数取决于"精度"设置。

⑥ "前缀"文本框：在标注文字中包含前缀，读者可以输入文字或使用控制代码显示特殊符号。例如，输入控制代码 "%%c"显示直径符号，如图 8-30 所示。

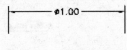

图 8-30　直径符号前缀

⑦ "后缀"文本框：在标注文字中包含后缀。可以输入文字或使用控制代码显示特殊符号。例如，在标注文字中输入 mm 的结果是在输入内容后增加毫米（mm）记号，如图 8-31 所示。

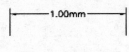

图 8-31　使用后缀

2）"比例因子"微调框：用于定义线性比例选项，主要应用于传统图形。建议不要更改比例因子的默认值 1.00。例如，如果输入 2，则 1 英寸直线的尺寸将显示为 2 英寸。如果选中"仅应用到布局标注"复选框，则设置的比例因子只适用于布局标注。

3）"消零"选项组：用于设置线性标注的格式和精度。

① "前导、后续"复选框：用于控制不输出前导零和后续零部分。"前导"用于设置不输出所有十进制标注中的前导零，例如"0.5000"将变成".5000"；"后续"用于设置不输出所有十进制标注中的后续零，例如"12.5000"将变成"12.5"，"30.0000"将变成"30"。

② "0 英尺、0 英寸"复选框："0 英尺"，表示当距离小于一英尺时，不输出英尺-英寸型标注中的英尺部分，例如："0'-6 1/2""变成"6 1/2""。"0 英寸"表示当距离为英尺整数时，不输出英尺-英寸型标注中的英寸部分，例如："1'-0""变为"1'"。

4）"角度标注"选项组：用于显示和设置角度标注的当前角度格式。

① "单位格式"下拉列表框：用于设置角度的单位格式。

② 角度标注"精度"下拉列表框：用于设置角度标注的小数位数。

8.3.6　"换算单位"选项卡

该选项卡用于指定标注测量值中换算单位的显示并设置其格式和精度，如图 8-32。

该选项卡中主要控件的作用如下：

1）"显示换算单位"复选框：用于向标注文字添加换算测量单位。

2）"换算单位"选项组：用于显示和设置除角度之外的所有标注类型的当前换算单位格式。

① "单位格式"下拉列表框：用于设置换算单位的单位格式。

②"精度"下拉列表框：用于设置换算单位中的小数位数。

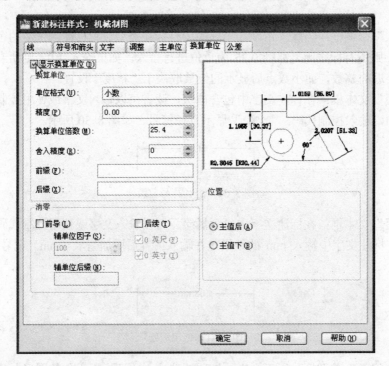

图 8-32　"换算单位"选项卡

③"换算单位倍数"微调框：用于指定主单位和换算单位之间的换算因子。例如，要将英寸转换为毫米，则输入 25.4。

④"舍入精度"微调框：用于设置除角度之外的所有标注类型的换算单位的舍入规则。

⑤"前缀"文本框：用于设定在换算标注文字中包含的前缀，可以输入文字或使用控制代码显示特殊符号。例如，输入控制代码"%%p"则显示加/减符号。

⑥"后缀"文本框：用于设定在换算标注文字中包含的后缀，可以输入文字或使用控制代码显示特殊符号。例如，在标注文字中输入"cm"的结果，将用输入的后缀将替代所有默认后缀，即在标注后增加厘米符号作为后缀表示。

3）"消零"选项组：用于控制是否禁止输出前导零和后续零以及零英尺和零英寸部分，该部分知识前面已介绍过，这里不再重复。

4）"位置"选项组：用于控制标注文字中换算单位的位置。如果用户选择"主值后"，系统将换算单位放在标注文字中的主单位之后；而当用户选择"主值下"，则系统将换算单位放在标注文字中的主单位下面。

8.3.7　"公差"选项卡

该选项卡主要用于控制标注文字中公差的格式及显示，如图 8-33 所示。

该选项卡中主要控件的作用如下：

1）"公差格式"选项组：用于控制公差格式。

①"方式"下拉列表框：用于设置计算公差的方法，AutoCAD 提供了"无、对称、极

限偏差、极限尺寸、和基本尺寸"共 5 种标注公差的形式，除了"无"，表示不添加公差外，其余效果如图 8-34 所示。

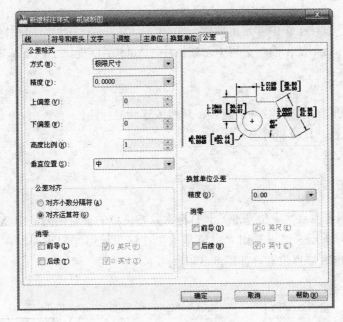

图 8-33 "公差"选项卡

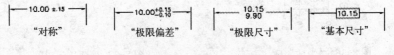

图 8-34 公差的标注形式

② "精度"下拉列表框：用于确定公差标注的精度。

③ "上偏差"微调框：设置最大公差或上偏差，用"+"号表示。

④ "下偏差"微调框：设置最小公差或下偏差，用"-"号表示。

⑤ "高度比例"微调框：设置公差文字的当前高度。

⑥ "垂直位置"下拉列表框：用于控制对称公差和极限公差的文字对正。分为"上对齐、中对齐和下对齐"三种形式，如图 8-35 所示。

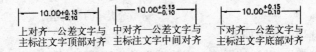

图 8-35 "垂直位置"效果图

2）"公差对齐"选项组：在堆叠时使用，用于控制上偏差值和下偏差值的对齐。

① "对齐小数分隔符"单选按钮：用于通过值的小数分割符堆叠值。

② "对齐运算符"单选按钮：用于通过值的运算符堆叠值。

8.4 创建标注

标注是制图、设计工作中非常重要的一个环节，为了简化图形组织和标注缩放，通常在布局上创建标注，而不是在模型空间中创建标注。AutoCAD 提供了以下基本的标注类型。

1）坐标标注。

2）角度标注。

3）线性（水平、垂直、对齐、旋转、基线或连续）标注。

4）径向（半径、直径和折弯）标注。

5）弧长标注。

8.4.1 坐标标注

坐标标注指测量原点（定位基准）到目标对象特征点的垂直距离，由 X 或 Y 值和引线组成，如图 8-36 所示。可以看出"定位基准"在这里显得尤为重要，在创建坐标标注之前，通常要设置 UCS 原点位置，如图 8-37 所示。

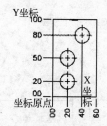

图 8-36 "坐标"标注

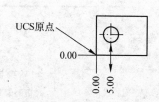

图 8-37 设定定位基准

选择菜单中的"标注"→"坐标"（DIMORDINATE）命令执行坐标标注，根据命令提示使用鼠标指定需要标注的点，然后确定标注点的位置（该位置决定了 X /Y 坐标标注类型），或执行命令行提示的选项完成该操作，执行过程如下。

命令: DIMORDINATE↙   // "坐标"标注命令

指定点坐标: //指定目标对象的特征点

创建了无关联的标注。

指定引线端点或 [X 基准(X)/Y 基准(Y)/多行文字(M)/文字(T)/角度(A)]:

标注文字 = 5.00   //系统提示的测量值

该命令中主要选项的作用如下：

1）"指定引线端点"：默认情况下，引线端点的位置将决定是创建 X 坐标标注还是 Y 坐标标注。例如，若该引线端点更接近垂直线的位置，则可以创建 X 基准坐标标注。

2）"X 基准（X）"：用于测量并标注 X 坐标值。

3）"Y 基准（Y）"：用于测量并标注 Y 坐标值。

4）"多行文字(M)"：用于编辑标注文字。

5）"文字(T)"：用于自定义标注文字的内容，或按下〈Enter〉键，接受系统测量值。

6）"角度(A)"：用于修改标注文字的角度，例如，输入"45"，则标注文字旋转"45"

度角，如图 8-38 所示。

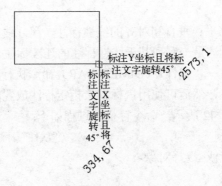

图 8-38 "坐标"标注

8.4.2 角度标注

角度标注用于测量标注两条直线（圆或圆弧的两条半径）或三个点之间的角度。可以选择菜单中的"标注"→"角度"（DIMANGULAR）命令执行角度标注，根据提示依次选定测量角的两条边，然后使用鼠标确定角度标注的位置，或选择提示的相应选项来完成该操作。命令行执行过程如下。

命令: DIMANGULAR↙   // "角度"标注命令
选择圆弧、圆、直线或 <指定顶点>:
选择第二条直线:
指定标注弧线位置或 [多行文字(M)/文字(T)/角度(A)/象限点(Q)]:
标注文字 = 45

角度标注命令中主要选项的作用如下:

1）"选择圆弧、圆、直线"：使用鼠标选择符合提示类型且需要进行角度标注的目标对象。

2）"标注弧线位置"：用于指定尺寸线的位置并确定绘制延伸线的方向，需要注意的是显示的标注角度取决于光标的位置，以直线为例，如图 8-39 所示。

3）"角度(A)"：用于修改标注文字的角度，例如，将标注文字旋转 45 度，如图 8-40 所示。

4）"象限点(Q)"：用于指定标注应锁定到的象限。打开象限行为后，将标注文字放置在角度标注外时，尺寸线会延伸超过尺寸界限，如图 8-41 所示。

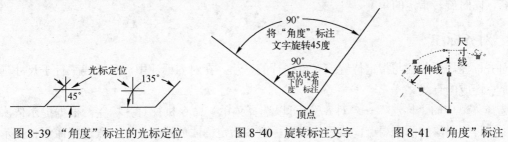

图 8-39 "角度"标注的光标定位   图 8-40 旋转标注文字   图 8-41 "角度"标注

8.4.3 线性标注

用户可以创建尺寸线水平、垂直和对齐的线性标注，尺寸线将平行于两延伸线原点之间的垂线，基线标注和连续标注是一系列基于线性标注的连续标注。

选择菜单中的"标注"→"线性"（DIMLINEAR）命令执行线性标注，根据提示依次选定标注目标对象的两个端点，然后可使用鼠标直接指定标注放置的位置，或输入命令行提示的选项完成该操作，如图 8-42 所示，命令行执行过程如下：

命令: DIMLINEAR↙   //"线性"标注命令
指定第一条延伸线原点或<选择对象>:
指定第二条延伸线原点:
创建了无关联的标注。
指定尺寸线位置或[多行文字(M)/文字(T)/角度(A)/水平(H)/垂直(V)/旋转(R)]:
标注文字 ＝203,6

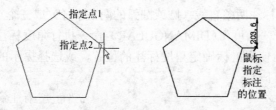

图 8-42　线性标注

该命令中主要选项的作用如下：

1)"多行文字(M)"：该选项用于编辑标注文字，如果要添加前缀或后缀，请在生成的测量值前后输入前缀或后缀。

2)"文字(T)"：输入该选项后，命令行将提示"输入标注文字 <数值>"，可以采用默认值，也可以根据提示自己指定标注内容。

3)"角度(A)"：用于修改标注文字的角度，例如，将文字旋转"90"度，如图 8-43 所示。

4)"水平(H)"：用于创建水平线性标注，执行效果类似于图 8-43 中的默认标注。

5)"垂直(V)"：用于创建垂直线性标注，执行效果见图 8-43。

6)"旋转(R)"：用于创建旋转线性标注，即将标注线和标注文字等内容，同时旋转指定的角度。

图 8-43　线性标注

8.4.4 对齐标注

对齐标注用于创建与指定位置或对象平行的标注。在对齐标注中，尺寸线平行于尺寸延伸线原点连成的直线。

选择菜单中的"标注"→"对齐"（可以选择菜单）命令执行对齐标注，根据提示依次选定标注目标对象的两个端点，然后使用鼠标直接指定标注放置的位置，或选择命令行提示的相应选项完成操作，如图 8-44 所示，命令行执行过程如下：

命令: DIMALIGNED↙   //"对齐"标注命令

指定第一条延伸线原点或 <选择对象>:

指定第二条延伸线原点:

创建了无关联的标注。

指定尺寸线位置或[多行文字(M)/文字(T)/角度(A)]:

标注文字=64

该命令中主要选项的作用如下:

1)"尺寸线位置":用于指定尺寸线的位置并确定绘制延伸线的方向。

2)"多行文字(M)":该选项用于编辑标注文字。

3)"文字(T)":用于指定标注内容,直接按下〈Enter〉键,表示采用默认测量值。

4)"角度(A)":用于修改标注文字的角度。例如,将文字旋转"45"度,如图8-45所示。

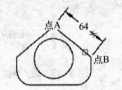 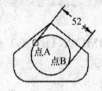 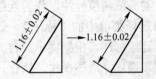

图 8-44 "对齐"标注   图 8-45 旋转标注文字角度

8.4.5 基线标注

基线标注是自同一基线处测量的多个标注,用于产生一系列基于同一条尺寸界线的标注,适用于长度标注、角度标注和坐标标注等,如图 8-46 所示。该命令执行前,应首先创建用作基线标注的基准,并设定合理的基线间距(可通过系统变量 DIMDLI 设置)。

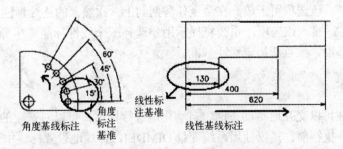

图 8-46 基线标注

选择菜单中的"标注"→"基线"(DIMBASELINE)命令,可执行该操作,根据提示选择基线标注的基准(默认情况下,使用基准标注的第一条标注尺寸界线作为标注的基准线),进行标注,或输入提示选项完成该操作,执行过程如下:

命令: DIMBASELINE↙   //"基线"标注命令

选择基准标注: //首次运行系统提示选择已有标注作为基线标注的基准

指定第二条延伸线原点或 [放弃(U)/选择(S)] <选择>:   //选择标注目标对象的特征点

……指定第二条延伸线原点或 [放弃(U)/选择(S)] <选择>:↙ //按下〈Enter〉键,结束命令,

或重新选择基线标注的基准

选择基准标注: ✓   //按下〈Enter〉键，结束命令

该命令中主要选项的作用如下：

1）"放弃(U)"：该选项用于放弃在命令任务期间上一次输入的基线标注，相当于按下键盘上的〈Ctrl+Z〉组合键。

2）"选择(S)"：输入该选项，系统将提示用户选择一个线性标注、坐标标注或角度标注，作为基线标注的基准，或重新指定标注基准。

8.4.6　连续标注

连续标注是首尾相连的多个标注，用于产生一系列连续的标注，后一个标注均把前一个标注的第二条尺寸界线作为它的第一条尺寸界线，如图 8-47 所示。在创建连续标注之前，必须创建线性、对齐或角度标注，作为连续标注的基准。

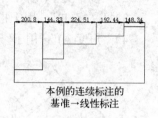

本例的连续标注的
基准→线性标注

图 8-47　连续标注

可选择菜单中的"标注"→"连续"（DIMCONTINUE）命令执行连续标注，根据提示，首先选择标注基准，进行标注，或输入提示选项完成该操作，执行过程如下：

命令：DIMCONTINUE✓   //"连续"标注命令

选择连续标注：   //首次运行系统提示选择标注基准

指定第二条延伸线原点或 [放弃(U)/选择(S)] <选择>： //选择标注目标对象的特征点

标注文字 = 144.33

指定第二条延伸线原点或 [放弃(U)/选择(S)] <选择>：✓

选择连续标注：✓   //按下〈Enter〉键，结束命令

该命令中主要选项的作用如下：

1）"放弃(U)"：该选项用于放弃在命令任务期间上一次输入的连续标注。

2）"选择(S)"：输入该选项，系统将提示用户选择一个线性标注、坐标标注或角度标注作为基线标注的基准，或重新指定标注基准。

8.4.7　快速标注

使用快速标注可以交互地、动态地、自动化地进行标注，可以对选定的对象快速创建一系列标注，该命令执行前，建议使用系统变量 DIMDLI，合理地设置标注中尺寸线的间距。

选择菜单中的"标注"→"快速标注"（QDIM）命令，可执行该操作，根据提示，首先选择需要进行快速标注的对象，可以使用鼠标框选多个目标对象，然后按下〈Enter〉键，接下来指定快速标注的位置或输入命令行提示的选项，来完成该操作，执行过程如下：

命令：QDIM✓   //"快速标注"命令

关联标注优先级=端点

选择要标注的几何图形：指定对角点：找到 2 个 //使用鼠标框选目标对象

选择要标注的几何图形：✓

指定尺寸线位置或 [连续(C)/并列(S)/基线(B)/坐标(O)/半径(R)/直径(D)/基准点(P)/编辑(E)/设置(T)] <连续>：   //指定标注位置或输入命令提示选项

该命令中主要选项的作用如下:

1)"指定尺寸线位置":用于确定尺寸线的位置,系统在该位置按默认的标注类型标注出相应的尺寸。

2)"连续(C)":用于创建一系列连续标注,执行效果类似于前面所讲的"连续标注"方法,如图 8-47 所示。

3)"并列(S)":用于创建一系列交错的标注,如图 8-48 所示。

4)"基线(B)":用于创建一系列基线标注。

5)"基准点(P)":用于为基线和坐标标注设置新的基准点。

6)"编辑(E)":用于编辑一系列标注,可以删除标注点,然后系统重新生成快速标注,例如,完成图 8-48 所示的标注后,再次使用"快速标注"(QDIM)命令,当系统提示"选中要标注的几何图形时",用户框选中图形及执行过的快速标注结果,如图 8-49 所示。然后按下〈Enter〉键,并根据命令提示,输入选项"编辑(E)",此时在图形中将显示出图形的已标注点,如图 8-50 所示。

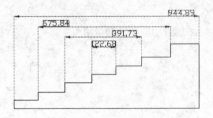

图 8-48　快速标注

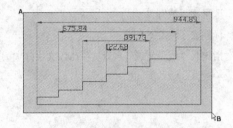

图 8-49　鼠标框选已标注的目标

使用鼠标单击图 8-50 中标识出的需要删除的标注点,可以将其标记去掉,完成编辑后,按下〈Enter〉键,最后重新定位并完成快速标注操作,结果如图 8-51 所示。

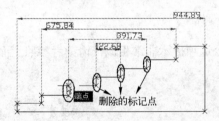

图 8-50　删除标注点

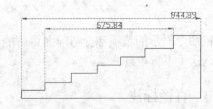

图 8-51　快速标注的编辑结果

7)"设置(T)":用于为指定延伸线原点设置默认对象捕捉。

8.4.8　圆心标记和中心线标注

该功能用于创建圆和圆弧的圆心标记或中心线。

选择菜单中的"标注"→"圆心标注"(DIMCENTER)命令执行该操作,根据命令行提示选择要标注的圆或圆弧,完成圆心或中心线标注,如图 8-52 所示,执行过程如下。

命令: DIMCENTER↙　　　　　　　　　　　　　　//"圆心标注"命令

选择圆弧或圆:

圆及圆弧的圆心标记　　　圆及圆弧的中心线标注

图 8-52　圆心标记

8.4.9　半径标注

半径标注用于显示圆弧或圆半径的测量值，并显示前面带有半径符号"R"的标注文字。

选择菜单中的"标注"→"半径标注"（DIMRADIUS）命令可执行半径标注，根据提示首先选择要标注半径的圆或圆弧，此时系统显示出所选目标对象的半径，接下来使用鼠标确定半径标注的位置，或执行命令行提示的选项来完成该操作，如图 8-53 所示，执行过程如下。

命令：DIMRADIUS↙　　　　　　　　　　　　//"半径标注"命令

选择圆弧或圆：

标注文字 = 298.87　　　　　　　　　　　　//系统提示的半径测量值

指定尺寸线位置或 [多行文字(M)/文字(T)/角度(A)]:

图 8-53　"半径"标注

该命令提示的选项部分与前面讲解的标注命令选项提示非常相似，请读者参照上面命令学习，这里不再重复。

8.4.10　直径标注

直径标注用于测量并显示圆弧或圆的直径值，并显示前面带有直径符号的标注文字。

可以选择菜单中的"标注"→"直径"（DIMDIAMETER）命令执行直径标注，根据提示首先选择需要标注的目标对象，此时系统显示出该对象的直径值，接下来使用鼠标确定直径标注的位置，或执行命令提示的选项来完成该操作，如图 8-54 所示，执行过程如下。

命令：DIMDIAMETER↙　　//"直径标注"命令

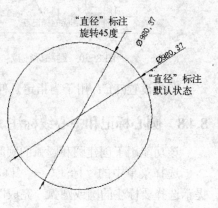

图 8-54　"直径"标注

选择圆弧或圆：

标注文字 ＝ 980.37   //系统提示的直径测量值

指定尺寸线位置或[多行文字(M)/文字(T)/角度(A)]：

8.5　引线标注

引线标注用于注释对象信息。从指定的位置绘制出一条引线来标注对象，在引线的末端可以输入文本、公差及图形元素等，在某些情况下，有一条短水平线（又称为基线）将文字或块（请参见 9.1 节）和特征控制框连接到引线上，如图 8-55 所示。

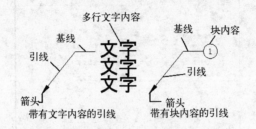

图 8-55　引线标注

8.5.1　创建引线标注

可以在命令行中输入 QLEADER 命令创建引线标注，可以进行默认的引线标注，也可以使用"设置(S)"选项，设置引线的形式、箭头的外观形式、尺寸文字的对齐方式等，执行过程如下：

命令：QLEADER↙   //"引线标注"命令

指定第一个引线点或 [设置(S)] <设置>：

该命令中主要选项的作用如下：

1）"指定第一个引线点"：可以输入坐标值或使用鼠标指定第一个引线点位置。

2）"设置(S)"：输入该选项并按下〈Enter〉键，系统将弹出"引线设置"对话框，如图 8-56 所示。

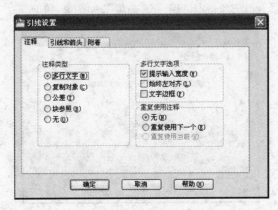

图 8-56　"引线设置"对话框

8.5.2 设置引线标注

"引线设置"对话框（如图 8-57 所示）中，包括了"注释"、"引线和箭头"和"附着"三个选项卡，用户可以使用这三个选项卡对引线标注进行设置，各选项卡的用法如下：

1）"注释"选项卡：用于设置引线标注的注释类型、多行文字选项以及是否重复使用注释等。

2）"引线和箭头"选项卡，主要用于设置引线和箭头的格式，设置引线的点数及引线角度的约束，如图 8-57 所示。

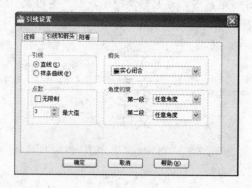

图 8-57 "引线和箭头"选项卡

该选项卡中包含的具体设置及含义如下：

① "引线"选项组：用于设置引线格式，可以是"直线"也可以是"样条曲线"，如图 8-58 所示。

② "点数"微调框：通过设置引线的点数控制引线的形状。例如，如果设置点数为"3"，指定两个引线点之后，QLEADER 命令将自动提示指定注释。通常将此数设置为比要创建的引线段数目大"1"的数。

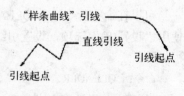

图 8-58 引线格式

③ "箭头"下拉列表框：用于设置引线箭头。用户可以从"箭头"列表中选择箭头样式。

④ "角度约束"选项组：用于设置第一条与第二条引线的角度约束。

3）"附着"选项卡：用于设置引线和多行文字注释的附着位置。只有在"注释"选项卡中选定"多行文字"时，此选项卡才可用，该选项卡如图 8-59 所示。

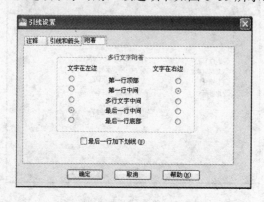

图 8-59 "附着"选项卡

注意：引线标注部分的具体运用，请参见本章的综合实例。

8.6 编辑标注

AutoCAD 允许对已经创建好的标注进行编辑和修改，包括修改尺寸文本的内容、改变其位置、使尺寸文本倾斜一定的角度等，还可以对尺寸界线进行编辑。

8.6.1 使用"DIMEDIT"命令编辑标注

用户可选择菜单中的"标注"→"对齐文字">"默认"（DIMEDIT）命令修改已有标注的文本内容、角度，还可以对尺寸界线进行修改，该命令可以同时对多个标注进行编辑，执行过程如下：

命令：DIMEDIT↙   //标注编辑命令

输入标注编辑类型 [默认(H)/新建(N)/旋转(R)/倾斜(O)] <默认>：

该命令中主要选项的作用如下：

1）"默认(H)"：用于将旋转标注文字移回默认位置，如图 8-60 所示。

图 8-60　编辑标注

2）"新建(N)"：该选项可编辑或更改标注文字的内容。

3）"旋转(R)"：用于旋转标注文字，默认的标注文字方向为"0"，即水平方向。

4）"倾斜(O)"：用于调整线性标注尺寸界线的倾斜角度。

8.6.2 使用"DIMTEDIT"命令编辑标注

使用 DIMTEDIT 命令可以移动和旋转标注文字并重新定位尺寸线。该命令也可以通过选择菜单"标注"→"对齐文字"中除了"默认"命令外的其他子菜单命令实现，根据提示，首先选择一个标注，然后使用鼠标确定标注的新位置，或执行命令提示的选项即可完成操作，执行过程如下：

命令: DIMTEDIT↙   //标注编辑命令

选择标注:

为标注文字指定新位置或 [左对齐(L)/右对齐(R)/居中(C)/默认(H)/角度(A)]:

该命令中主要选项的作用如下：

1）"为标注文字指定新位置"：输入坐标或鼠标确定标注文字的位置。

2）"左/右对齐(R)"：沿尺寸线左（右）对正标注文字，本选项只适用于线性、直径和半径标注。

3）"居中(C)"：该选项用于将标注文字放在尺寸线的中间，如图 8-61 所示。

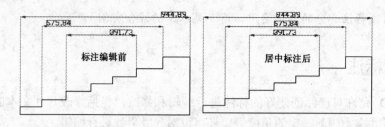

图 8-61 编辑标注

4）"默认(H)"：用于将标注文字移回默认位置，如图 8-61 所示。

5）"角度(A)"：用于修改标注文字的角度。

8.7 标注约束

标注约束可用于确定对象、对象上的点之间的距离或角度，也可以确定对象的大小。标注约束包括名称和值，编辑标注约束中的值时，关联的几何图形会自动调整大小，如图 8-62 所示。

标注约束是自动命名的，如图 8-62 所示的"弧度 1"，用户也可以将其修改为有意义的名称，默认情况下，标注约束是动态的，如图 8-63 所示。这对常规参数化图形和设计任务来说，都是非常理想的，动态约束具有以下特征：

1）缩小或放大时，保持大小相同。

2）可以在图形中轻松实现全局打开或关闭。

3）使用固定的预定义标注样式进行显示。

4）自动放置文字信息，并提供三角形夹点，可以使用这些夹点更改标注约束的值。

5）打印图形时不显示。

图 8-62 编辑标注约束中的值

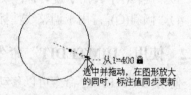

图 8-63 标注约束的动态性

8.7.1 创建标注约束

可以选择菜单中的"参数"→"标注约束"下的子菜单命令或 DimConstraint 命令创建标注约束，执行过程如下：

命令：DimConstraint↙   //"标注约束"命令

当前设置：约束形式 = 动态

选择要转换的关联标注或[线性(LI)/水平(H)/竖直(V)/对齐(A)/角度(AN)/半径(R)/直径(D)/形式(F)] <竖直>：

该命令中主要选项的作用如下：

1）"选择要转换的关联标注"：可以选择一个要转换的关联标注，例如，选择一个要编辑的标注约束，此时进入编辑状态，可直接修改标注约束的名称和值，如图 8-64 所示。

2）"线性(LI)"：用于根据延伸线原点和尺寸线的位置创建水平、垂直或旋转约束，如图 8-65 所示。

图 8-64　转换标注　　　　　　　　　　图 8-65　创建线性标注约束

3）"水平(H)"：用于约束对象上的点或不同对象上两个点之间的 X 距离。

4）"竖直(V)"：用于约束对象上的点或不同对象上两个点之间的 Y 距离。

5）"对齐(A)"：用于约束对象上的两个点或不同对象上两个点之间的距离。

6）"角度(AN)"：用于约束直线段或多段线段之间的角度、由圆弧或多段线圆弧段扫掠得到的角度，或对象上三个点之间的角度。

7）"半径(R)"：用于约束圆或圆弧的半径。

8）"直径(D)"：用于约束圆或圆弧的直径。

9）"形式(F)"：用于指定创建的标注约束是动态约束还是注释性约束，即设置对象的"约束形式"特性。

下面以"线性(LI)"选项为例，说明该命令的用法。执行过程如下，如图 8-65。

命令：DIMCONSTRAINT✓

当前设置：约束形式 = 动态

选择要转换的关联标注或 [线性(LI)/水平(H)/竖直(V)/对齐(A)/角度(AN)/半径(R)/直径(D)/形式(F)]<竖直>LI✓　　　　　　　　　　　　　　　　　　　//执行"线性(LI)"选项

指定第一个约束点或 [对象(O)] <对象>:　　　　　　//选择点 A

指定第二个约束点:　　　　　　　　　　　　　　//选择点 B

指定尺寸线位置:

标注文字 = 17.74✓

命令：DIMCONSTRAINT✓

当前设置：约束形式 = 动态

选择要转换的关联标注或 [线性(LI)/水平(H)/竖直(V)/对齐(A)/角度(AN)/半径(R)/直径(D)/形式(F)] <线性>:✓

指定第一个约束点或 [对象(O)] <对象>:✓

选择对象:　　　　　　　　　　　　　　　　//选择边 D

指定尺寸线位置:

标注文字 = 17.74✓

8.7.2　设置标注约束

选择菜单"参数"→"约束设置"（ConstraintSettings）命令，并打开"约束设置"对话框中的"标注"选项卡，可用其显示标注约束时设置行为中的系统配置，如图 8-66 所示。

图 8-66 设置标注约束

该选项卡中主要设置及含义如下：

1）"显示所有动态约束"复选框：默认情况下显示所有的动态标注约束。

2）"标注约束格式"选项组：用于设置标注名称格式，包括"名称、值或名称和表达式"三种选择，以及锁定图标的显示状态。

3）"为选定对象显示隐藏的动态约束"复选框：用于显示选定时已设置为隐藏的动态约束（可以通过系统变量 DYNCONSTRAINTDISPLAY 实现控制，其中"0"表示隐藏，"1"表示显示）。

8.7.3 编辑标注约束

选中一标注约束，打开"特性"选项板，用户可以将动态约束更改为其他形式（注释性约束），如图 8-67 所示，通过该对话框，还可以修改标注约束的名称等。

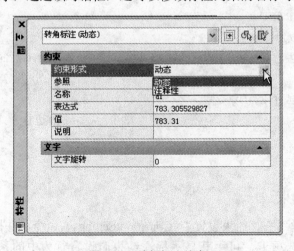

图 8-67 编辑标注约束

更复杂的编辑操作，需要借助参数管理器实现。选择菜单"参数"→"参数管理器"（PARAMETERS）命令，可以打开"参数管理器"对话框，如图 8-68 所示，它可以使用包含标注约束的名称、用户变量和函数的数学表达式控制几何图形。

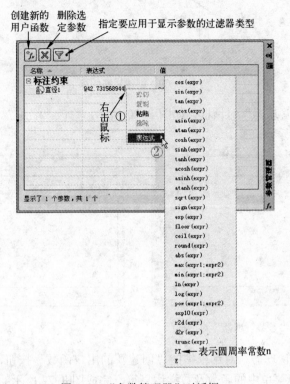

图 8-68 "参数管理器"对话框

另外，还可以从"表达式"单元格的快捷菜单中选择函数或常数，配合运算符实现数学计算，可在表达式中使用运算符，见表 8-1。

表 8-1 运算符及含义

运 算 符 号	说 明
+	加
-	减或取负值
*	乘
/	除
%	浮点模数
^	求幂
( )	圆括号或表达式分隔符
.	小数分隔符

下面举例说明"参数管理器"的用法。

1）绘制任意矩形和圆形，使用"标注约束"（DimConstraint）工具栏的对齐和半径，完成图形标注约束的创建，如图 8-69 所示。

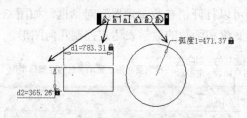

图 8-69　创建标注约束

2）打开"参数管理器"对话框，如图 8-70 所示，修改"名称"列各标注约束的名称，完成结果如图 8-71 所示。

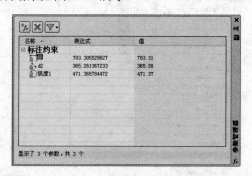

图 8-70　"参数管理器"对话框

图 8-71　编辑标注约束

3）单击"参数管理器"对话框中的"创建新的用户函数"按钮，使用"表达式"列单元格中鼠标右键快捷菜单中的函数及数学运算符，完成图 8-72 所示的计算。

图 8-72　创建用户变量

8.8　综合范例——机械图标注

学习目的：使用绘图命令，首先绘制如图 8-73 所示的机械图形，然后在"标注样式管理器"中设置标注样式，再使用"线性标注"、"对齐标注"及"角度标注"等标注方式，标注该机械图形。

重点难点：

> 绘图命令的灵活运用
> 标注样式的设置
> 使用标注工具标注图形

首先使用构造线绘制出辅助线，然后使用"圆形"、"矩形"及"直线"等前面学过的绘图命令，完成机械零件的设计，最后使用本章所学的标注工具，标注机械零件图，结果如图8-73所示。

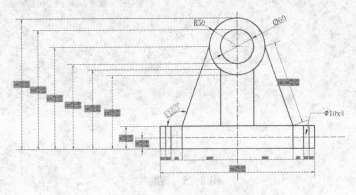

图 8-73　机械标注图

1. 创建图层

使用"图层"（LAYER）命令，打开"图层样式管理器"对话框，按照图 8-74 所示设置图层。

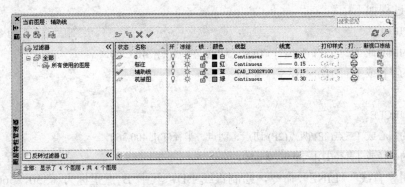

图 8-74　"图层样式管理器"对话框

注意： 本例是出于综合练习的考虑，因此采用图层来管理标注⋯⋯，建议使用布局空间进行标注。

2. 绘制辅助线

1）使用"图层"工具栏或"图层特征管理器"对话框，将当前图层切换为"辅助线"层，绘制图形的辅助线。

2）使用"构造线"（XLINE）命令，绘制辅助线，过点 Z（400，200）绘制水平和垂直的辅助线，完成结果如图 8-75 所示，执行过程如下：

命令：XLINE✓　　　　　　　　　　　　　　//绘制"构造线"命令

指定点或 [水平(H)/垂直(V)/角度(A)/二等分(B)/偏移(O)]: H↙   //绘制水平构造线
指定通过点: 400,200↙   //输入构造线通过点的坐标
指定通过点: ↙   //按下〈Enter〉键，结束命令

命令: XLINE↙
指定点或 [水平(H)/垂直(V)/角度(A)/二等分(B)/偏移(O)]: V↙   //绘制垂直构造线
指定通过点: 400,200↙
指定通过点: ↙

图 8-75　辅助线

3. 绘图机械零件图形

1）使用"图层"工具栏或"图层特征管理器"对话框，将当前图层切换为"机械图"图层，在该层上绘制机械图。

2）使用"圆"（CIRCLE）命令，以点 A（400，360）为圆心绘制半径分别为 30 和 50 的圆。执行过程如下：

命令: CIRCLE↙   //绘制"圆形"命令
指定圆的圆心或 [三点(3P)/两点(2P)/切点、切点、半径(T)]: 400,360↙
指定圆的半径或 [直径(D)]: 30↙

命令: CIRCLE↙
指定圆的圆心或 [三点(3P)/两点(2P)/切点、切点、半径(T)]: 400,360↙
指定圆的半径或 [直径(D)] <50.0000>: 50↙

3）使用"直线"（LINE）命令，绘制直线 BD，其中 B 点坐标为（350，360），D 点坐标为（300，220），执行过程如下：

命令: LINE ↙   //绘制"直线"命令
指定第一点: 350,360↙   //输入 B 点坐标
指定下一点或 [放弃(U)]: 300,220↙   //输入 D 点坐标
指定下一点或 [放弃(U)]: ↙

4）使用修改工具栏中的"镜像"（MIRROR）命令，选中上面绘制出的直线 BD，并开启特征点捕捉功能，以直线 AZ 为镜像线，绘制出对称的直线 CG，完成机械部件图上半部分的绘制，如图 8-76 所示。

5）下面绘制机械部件图下半部分，使用"直线"（LINE）命令，连接点 D 和点 G，再

次使用"镜像"（MIRROR）命令，根据命令提示，首先选中直线 DG，然后捕捉水平轴线上的任意两点作为镜像线，绘制出直线 JK，如图 8-77 所示。

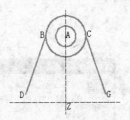

图 8-76　机械部件图上半部分

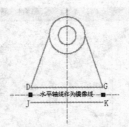

图 8-77　镜像操作

6）使用"直线"（LINE）命令，连接直线 DJ 和直线 GK。

7）使用修改工具栏中的"偏移"（OFFSET）命令，设定偏移距离为 40，然后选定直线 DJ，向左侧偏移得到直线 EI，执行过程如下：

命令：OFFSET✓　　　　　　　　　　　　　　　　　　　　//"偏移"命令

当前设置：删除源=否　图层=源　OFFSETGAPTYPE=0

指定偏移距离或 [通过(T)/删除(E)/图层(L)] <50.0000>: 40✓　　　//输入偏移距离

选择要偏移的对象，或 [退出(E)/放弃(U)] <退出>:　　　　　　//选择要偏移的对象 DJ

指定要偏移的那一侧上的点，或 [退出(E)/多个(M)/放弃(U)] <退出>:　//鼠标单击 DJ 左侧的任意位置

选择要偏移的对象，或 [退出(E)/放弃(U)] <退出>:✓　　//按下〈Enter〉键，结束命令

8）再次使用步骤 6）的方法，执行类似的偏移操作，选定直线 GK，将直线向右偏移 40 个单位，得到直线 HL。

9）使用"直线"（LINE）命令，连接得到直线 ED、GH、IJ 和 KL，完成结果如图 8-78 所示。

10）使用"直线"（LINE）命令，按下键盘上的〈F8〉键，开启正交模式，依次过点 P（370，320）和点 Q（430，320）作垂直于直线 EH 的直线 PM 和 QN，如图 8-79 所示。

11）采用同上面步骤 6）和步骤 7）相类似的方法，将直线 DJ 选中向左侧偏移 20 和 30 个单位，绘制出两条偏移线，将直线 GK 向右侧偏移 20 和 30 个单位，绘制出另外两条偏移线，最后完成结果如图 8-79 所示。

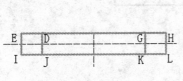

图 8-78　机械部件设计

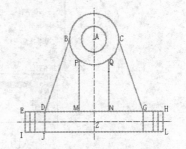

图 8-79　机械零件效果图

4．标注样式设置

1）选择菜单中的"标注"→"标注样式"（DIMSTYLE）命令，打开"标注样式管理

器"对话框，在"样式"列表框中选择标准"Standard"，然后单击"新建"按钮，打开"创建新标注样式"对话框，输入新样式名为"机械制图"，如图 8-80 所示。

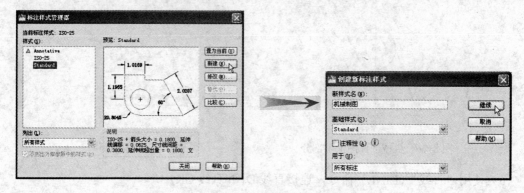

图 8-80　新建机械制图标注样式

2）在"用于"下拉列表框中，保持默认的"所有标注"选项，单击"继续"按钮，打开"新建标注样式：机械制图"对话框，按照表 8-2，设置各选项卡中的控件值。

表 8-2　设置标注样式

标注样式名	具　体　设　置
机械制图	"线"选项卡：颜色设置为（洋红）、超出尺寸线设置为（10） "符号和箭头"选项卡：箭头大小设置为（9）、圆心标记设置为（标记：10） "文字"选项卡：文字颜色设置为（红）、高度设置为（5）、水平设置为（居中）、文字对齐设置为（水平） "主单位"选项卡：小数分隔符设置为（句点）、精度为（0.00）

3）单击"确定"按钮，返回到"标注样式管理器"对话框，在该对话框中，选中"样式"列表框中刚建立好的"机械制图"样式，单击"置为当前"按钮，将该样式置为当前。

4）在"标注样式管理器"对话框中，单击"新建"按钮，在弹出的"创建新标注样式"对话框中的"用于"下拉列表框中，选择"线性标注"样式，如图 8-81 所示。

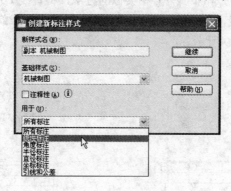

图 8-81　新建标注样式

5）单击"继续"按钮，打开"新建标注样式：机械制图：线性"对话框，在该对话框中各选项卡均继承了"机械制图"样式的设置，只将"符号和箭头"选项卡的填充颜色修改为（青），其余保持默认值不变，单击"确定"按钮完成设置，然后在"标注样式管理器"

对话框，在"样式"列表框中的机械制图中出现了线性，同时在该对话框的预览窗口，可以看到设置后的线性标注样式的预览效果，如图 8-82 所示。

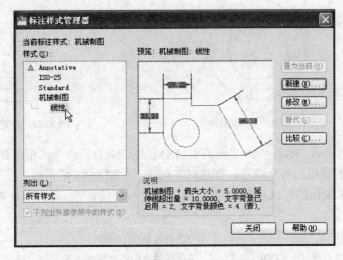

图 8-82　新建"机械制图：线性"标注样式

6）仿照前面步骤 3）～步骤 6）的方法，以"机械制图"样式为基础样式，依次新建半径标注、直径标注、角度标注及引线标注等标注样式，并按照表 8-3 修改相应的选项卡设置，其余保持默认。

表 8-3　标注样式设置

标注样式名	具 体 设 置
半径标注	"文字"选项卡：高度设置为（10）、文字垂直设置为（上）、文字对齐设置为（ISO 标准）
直径标注	"文字"选项卡：对齐方式设置为（与尺寸线对齐）
角度标注	"文字"选项卡：将"绘制文字边框"复选框选中
引线和公差	"文字"选项卡：将"绘制文字边框"复选框选中

7）完成上面操作后，在"标注样式管理器"对话框的"样式"列表框的机械制图中，依次出现了引线、角度、直径、半径等内容，选中机械制图，单击"置为当前"按钮，接下来就可以使用建立好的该样式标注机械图形了。

5．标注机械图

首先将图层切换到"标注"层（对于在布局空间进行标注，则要切换到布局空间，且需要重新设定文字大小、箭头大小等标注样式），然后选择菜单"标注"→"圆心标记"（DIMCENTER）命令，标注机械零件上部的圆心，选择菜单"标注"→"直径"（DIMCENTER）命令，根据命令提示，选择小圆，标注出小圆的直径，选择菜单中的"标注"→"半径"（DIMRADIUS）命令，根据命令提示，选择大圆，标注出大圆的半径，完成结果如图 8-83 所示。

1）选择菜单"标注"→"角度"（DIMANGULAR）命令，根据命令行提示，选择构成夹角的两条边，创建角度标注，如图 8-84 所示。

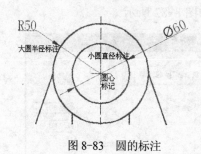

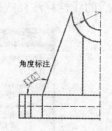

图 8-83　圆的标注　　　　　　　　　　图 8-84　创建角度标注

2）选择菜单中的"标注"→"对齐"（DIMALIGNED）命令，根据提示，依次选择需要进行对齐标注的直线的两个端点，创建对齐标注，如图 8-85 所示。

3）使用"引线标注"（QLEADER）命令，进行引线标注，如图 8-86 所示，执行过程如下：

命令：QLEADER↙　　　　　　　　　　　// "引线标注" 命令

指定第一个引线点或 [设置(S)] <设置>：　//鼠标确定引线点或输入坐标值，确定引线点

指定下一点：　　　　　　　　　　　　//鼠标确定引线点或输入坐标值，确定引线点

指定下一点：<正交 开>　　　　　　　　//指定引线下一点的同时，按下〈F8〉键，开启正交模式

<正交 关>　　　　　　　　　　　　　//再次按下〈F8〉键，关闭正交模式

指定文字宽度 <60>:　↙　　　　　　　　//文字高度采用默认值 "60" 设定

输入注释文字的第一行 <多行文字(M)>: %%c10x4　　//输入引线连接的标注文字，其中直径符号使用%%c 输入

输入注释文字的下一行：↙　　　　　　　//按下〈Enter〉键，结束命令

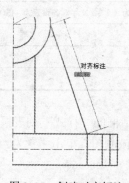

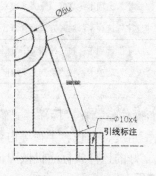

图 8-85　创建对齐标注　　　　　　　　图 8-86　引线标注

小技巧：在进行引线标注时，也可以使用本章 8.5.2 节讲到的知识，执行过程如下：

命令：QLEADER↙　　　　　　　　　　　// "引线标注" 命令

指定第一个引线点或 [设置(S)] <设置>:↙　//按下〈Enter〉键，对引线样式进行设置

此时系统将弹出"引线设置"对话框，将"引线和箭头"选项卡中的"点数"选项组中的微调框设置为"3"，将"角度约束"选项组中"第一段"下拉列表框设置为"任意角度"、"第二段"下拉列表框设置为"水平"，如图 8-87 所示。

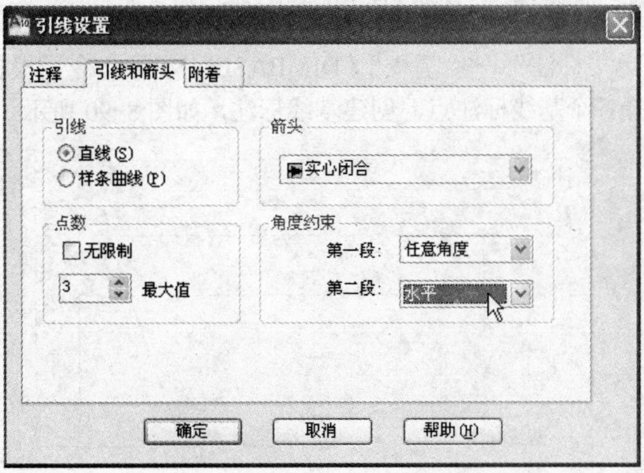

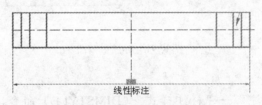

图 8-87　引线设置

单击"确定"按钮，关闭"引线设置"对话框后，继续执行"引线标注"命令。

指定第一个引线点或 [设置(S)] <设置>:　　　　//鼠标确定引线点或输入坐标值，确定引线点

指定下一点:

指定下一点:　　　　　　　　　　　　　　　//因为进行了引线设置，因此只能在水平线方向上指定点

指定文字宽度 <60>: ✓　　　　　　　　　　//文字高度采用默认值"60"

输入注释文字的第一行 <多行文字(M)>: %%c10x4　　//输入引线连接的标注文字，其中直径符号使用
　　　　　　　　　　　　　　　　　　　　　　　%%c 输入

输入注释文字的下一行: ✓　　　　　　　　　　//按下〈Enter〉键，结束命令

4）选择菜单中的"标注"→"线性"（DIMLINEAR）命令，根据命令提示，依次选择需要进行线性标注的直线的两个端点，创建线性标注，如图 8-88 所示。

线性标注

图 8-88　线性标注

5）选择菜单中的"标注"→"快速标注"（QDIM）命令，根据命令提示，使用鼠标框选中整个需要进行快速标注的对象部分，创建快速标注，如图 8-89 所示。

图 8-89　快速标注

6）进行基线标注之前，首先要创建基线标注的基准，本例是首先创建一线性标注作为

基准，并使用系统变量命令（DIMDLI），完成尺寸线的间距设定，本例题设定间距为"30"。然后选择菜单"标注"→"基线"（DIMBASELINE）命令，根据命令行提示，选中基准，依次捕捉选择各个基线标注点，创建基线标注，如图8-90所示。

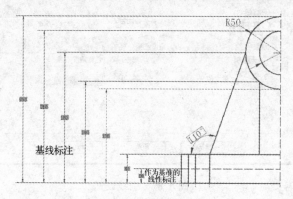

图8-90　基线标注

完成以上标注后得到的结果如图8-91所示。

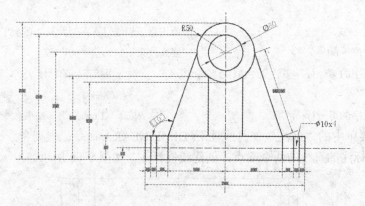

图8-91　标注机械图

6. 修改标注样式

1）选择菜单"标注"→"标注样式"（DIMSTYLE）命令，打开"标注样式管理器"对话框，在该对话框的"样式"列表框中选中"机械制图"，单击"替代"按钮，在弹出的"替代当前样式：机械制图"对话框中，修改"公差"选项卡，将"方式"下拉列表框设置为"极限偏差"，并将"上偏差"和"下偏差"微调框的值设置为"5"，如图8-92所示。

2）设置完成后，单击"确定"按钮，退出"替代当前样式：机械制图"对话框，返回"标注样式管理器"中，此时在该对话框的"样式"列表框中的机械制图中，出现了<样式替代>，如图8-93所示。

3）选中"<样式替代>"，单击"置为当前"按钮，然后单击"关闭"按钮，并退出"标注样式管理器"对话框，选择菜单中的"标注"→"更新"（-DIMSTYLE）命令，然后根据提示，首先选择需要更新的线性标注，并按下键盘上的〈Enter〉键，完成样式替代，如图8-94所示，执行过程如下：

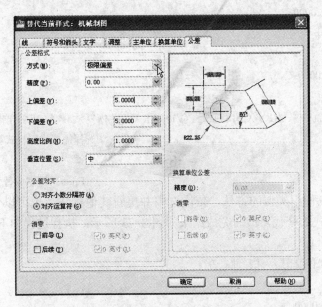

图 8-92 "替代当前样式：机械制图"对话框

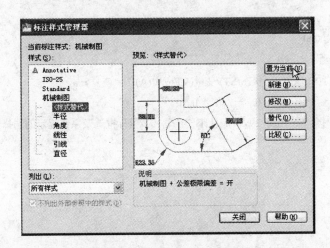

图 8-93 替代标注样式设置

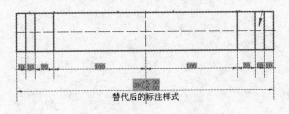

替代后的标注样式

图 8-94 应用样式替代

命令：-DIMSTYLE↙   // "标注样式替代"命令

当前标注样式：机械制图   注释性：否

当前标注替代：

DIMTM   5.0000

DIMTOL   开

DIMTOLJ   1

DIMTP   5.0000

输入标注样式选项

[注释性(AN)/保存(S)/恢复(R)/状态(ST)/变量(V)/应用(A)/?] <恢复>: a✓   //应用样式替代

选择对象: //选择需要进行样式替代的标注

找到 1 个

选择对象: ✓   // 〈Enter〉键完成替代, 并结束命令

4) 读者也可以使用类似的方法, 依次选中并更新其他标注, 也可以使用鼠标框选, 一次完成多个标注样式的替代, 最后完成结果如图 8-73 所示, 执行过程如下:

命令: -DIMSTYLE✓

当前标注样式: 机械制图   注释性: 否

当前标注替代:

DIMTM   5.0000

DIMTOL   开

DIMTOLJ   1

DIMTP   5.0000

输入标注样式选项

[注释性(AN)/保存(S)/恢复(R)/状态(ST)/变量(V)/应用(A)/?] <恢复>: a✓

选择对象: 指定对角点: 找到 0 个, 总计 0 个

选择对象: 指定对角点: 找到 29 个, 总计 29 个   //鼠标框选及系统提示的选择结果

选择对象: ✓

第9章 辅助绘图工具

在设计绘图的过程中经常会遇到一些重复出现的图形，例如，机械设计中的螺钉和螺帽，建筑设计中的桌椅、门窗，管道图中的阀门和接头等。如果每次都重新绘制这些图形，不仅造成大量的重复工作，而且存储这些图形及其信息要占据相当大的磁盘空间。对于这类问题，AutoCAD 提供了非常理想的解决方案，即将一些经常重复使用的对象组合在一起，形成一个块对象，并按指定的名称保存起来，以后可随时将它插入到图形中而不必重新绘制。另外，本章还详细介绍了 AutoCAD 设计中心的概念和作用，讲述了如何在设计中心中查看、查找对象，以及使用设计中心打开图形文件或是向图形文件中添加各种内容。

学习目标：

➢ 图块的概念
➢ 定义带属性的图块
➢ 设计中心的概念和基本界面
➢ 使用设计中心进行查看、查找图形对象
➢ 使用设计中心编辑图形

9.1 图块操作

块是一种特殊的组合对象，用户可通过内部块和外部块的形式复用已有的对象，从而节省时间、提高效率，并可保持其一致性。一个块可以由多个对象构成，但却是作为一个整体使用。用户可以将块看作是一个对象进行操作，如执行"移动"（MOVE）、"拷贝"（COPY）、"旋转"（ROTATE）、"阵列"（ARRAY）等编辑和修改命令。当然，如果需要也可以使用"分解"（EXPLODE）命令将块分解为相对独立的多个对象。

当用户创建一个块后，AutoCAD 将该块存储在图形数据库中，此后用户可根据需要多次插入同一个块，而不必重复绘制和储存，因此可节省大量绘图时间。此外，插入块并不需要对块进行复制，而只是根据一定的位置、比例和旋转角度引用即可，因此数据量要比直接绘图小得多，从而节省计算机的存储空间。

另外，在 AutoCAD 中还可以将块存储为一个独立的图形文件，也称为外部块。这样其他用户就可以将这个文件作为块插入到自己的图形中，而不必重新进行创建。因此，可以通过这种方法建立图形符号库，供所有相关的设计人员使用。这样既可节约时间和资源，又可保证符号的统一性和标准性，如图 9-1 所示。

图 9-1 图形符号库举例

9.1.1 为块绘制对象

建立块的第一步是绘制用来转换成块的对象。可以考虑将任何多次使用的符号、形状等转换为块，甚至一个被多次使用的图形也可以作为一个块插入。

如果没有可转换为块的对象，可使用有关的 AutoCAD 命令绘制它。

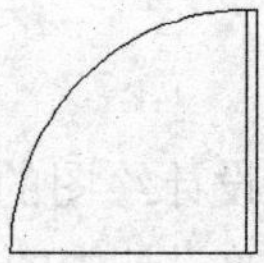

例如，本章将使用前面第 2 章范例一中绘制的"门"图形（如图 9-2 所示），进行图块知识的讲解。

图 9-2 "门"图形

要特别注意，如果希望块保留它绘制时所在图层的线型与颜色，则定义块的对象需绘制在该图层中。例如，希望块具有名称为"OBJ"图层的线型与颜色，构成块的对象必须绘制在图层"OBJ"中。随后，即使将块插入其他图层，块的线型和颜色也将保持图层"OBJ"的设置。

9.1.2 将对象转换为块

可以选择菜单"绘图"→"块"→"创建"（BLOCK）命令实现定义块的操作，命令执行后，系统将打开"块定义"对话框，使用该对话框可定义图块，并为之命名，如图 9-3 所示。

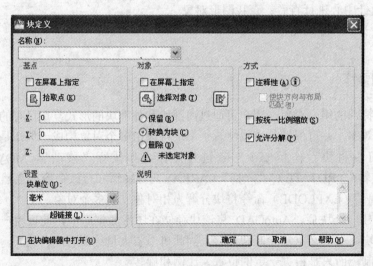

图 9-3 "块定义"对话框

该对话框中主要控件的作用如下：

1）"名称"下拉列表框：用于指定块的名称，名称最多可以包含 255 个字符，包括字母、数字、空格以及操作系统或程序未作他用的任何特殊字符，例如，输入块名称为"门"。

2）"基点"选项组：用于指定块的插入基点，默认值是（0,0,0），也可以通过坐标输入或鼠标拾取点来确定基点的位置，例如，使用"拾取点"按钮，拾取"门"图形的右下角点作为基点。

3）"对象"选项组：指定新块中要包含的对象，以及创建块之后如何处理这些对象。例如，单击"选择对象"按钮后，回到绘图区框选中整个"门"图案，按下〈Enter〉键后，再次返回"块定义"对话框，此时在"名称"下拉列表框旁边出现了该图形的预览，并在"对象"选项组中，出现已选择对象数量的系统提示，如图 9-4 所示。

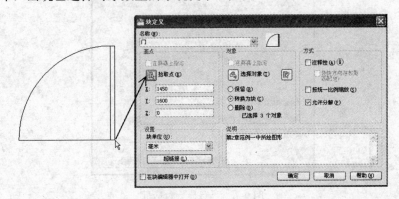

图 9-4　定义图块

4）"方式"选项组：用于指定块的行为，如指定块参照是否可以被分解等。

5）"设置"选项组：用于指定块的设置，如指定块参照插入单位，以及设置超链接等。

6）"说明"：对块的文字说明，例如，上图中输入的"第 2 章范例一中所绘图形"。

7）"在块编辑器中打开"复选框：选中该复选框，并单击"确定"后，系统将在块编辑器中打开当前的块定义。

9.1.3　图块的存盘

用户可在命令行中输入"写块"（WBLOCK）命令，并按下〈Enter〉键执行该操作，此时系统将弹出"写块"对话框，使用该对话框，可把图 9-2 所示的"门"图形对象，直接保存为图块，而不必经过创建块操作，如图 9-5 所示。

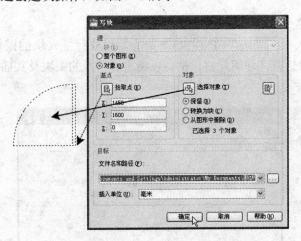

图 9-5　"写块"对话框

当然，用户也可以通过选择定义块操作中定义好的块来完成写块操作，例如，使用前面定义好的"门"图块，按照图 9-6 所示，设置对话框的内容，完成写块操作。

图 9-6　"写块"对话框

该对话框中主要控件的作用如下：

1)"源"选项组：用于选择要另存为文件的类型，并为其指定插入点。

2)"基点"选项组：指定块的基点。默认值是（0,0,0）。

3)"对象"选项组：设置用于创建块的对象上的块创建的效果。

4)"目标"选项组：指定文件的新名称和新位置以及插入块时所用的测量单位。

①"..."按钮：单击该按钮，将弹出显示"浏览图形文件"对话框。

②"插入单位"下拉列表框：用于指定从"设计中心"对话框中拖动新文件，或将其作为块插入到使用不同单位的图形中时，用于自动缩放的单位值。如果希望插入时不自动缩放图形，请选择"无单位"。

注意： 不允许在块编辑器中使用"写块"（WBLOCK）命令。

9.1.4　图块的插入

选择菜单"插入"→"块"（INSERT）命令，可执行插入块的操作，命令执行后，系统将弹出"插入"对话框，使用此对话框可以指定要插入的图块及其插入位置等，如图 9-7 所示。

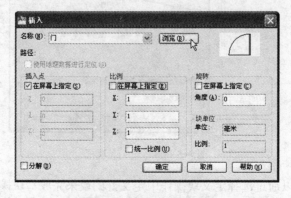

图 9-7　"插入块"对话框

该对话框中主要控件的作用如下：

1）"名称"下拉列表框：用于指定要插入的块的名称，或指定要作为块插入的文件的名称，单击"浏览"按钮，将弹出"选择图形文件"对话框，用户可选择需要的外部块文件。

2）"插入点"选项组：用于指定块的插入点，默认值是（0,0,0）。

3）"比例"选项组：用于指定插入块的缩放比例，如果指定的缩放比例因子" X、Y和Z"为负值，则将插入块的镜像图像。

4）"旋转"选项组：用于在当前 UCS 中指定插入块的旋转角度。

5）"分解"复选框：用于分解块，并插入该块的各个部分，且只可指定统一比例因子。

9.2　图块的属性

要创建图块的属性，首先要创建包含属性特征的属性定义，属性特征包括标识属性的标记、插入块时显示的提示、值的信息、文字格式、块中的位置和可选的模式，如不可见、验证、锁定位置和多行等。

9.2.1　定义图块属性

可以选择菜单"绘图"→"块"→"定义属性"（ATTDEF）命令定义图块的属性，该命令执行后，系统将弹出"属性定义"对话框，如图 9-8 所示。

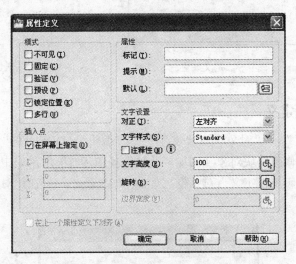

图 9-8　"属性定义"对话框

该对话框中主要控件的作用如下：

1）"模式"选项组：在图形中插入块时，用于设置与块关联的属性值选项。

① "不可见"复选框：指定插入块时不显示或打印属性值。

② "固定"复选框：在插入块时赋予属性固定值。

③ "验证"复选框：插入块时提示验证属性值是否正确。

④ "预设"复选框：插入包含预设属性值的块时，将属性设置为默认值。

⑤"锁定位置"复选框：锁定块参照中属性的位置。解锁后，属性可以相对于使用夹点编辑的块的其他部分移动，并且可以调整多行文字属性的大小。

⑥"多行"复选框：用于指定属性值，可以包含多行文字。选中此选项后，可以指定属性的边界宽度。

2）"属性"选项组：用于设置属性数据。

3）"插入点"选项组：用于指定属性位置。用户既可以输入坐标值，也可以选择"在屏幕上指定"复选框，然后使用鼠标根据与属性关联的对象来指定属性的位置。

4）"文字设置"选项组：用于设置属性文字的对正、样式、高度和旋转。

5）"在上一个属性定义下对齐"复选框：用于将属性标记直接置于之前定义的属性的下面，此选项只有在之前创建属性定义时才可用。

举例说明具体用法，按图 9-9 所示，设置好属性后，单击"确定"按钮，将属性插入到 9.1.3 节中定义的"门"图块（如图 9-5 所示）的适当位置处，完成结果如图 9-10 所示。

图 9-9 定义属性

图 9-10 插入属性的图块

9.2.2 修改属性的定义

选择菜单"修改"→"对象"→"文字"→"编辑"（DDEDIT）命令执行该操作，然后根据提示，选择要修改的块对象（例如，此处选择图 9-10 所示块中的属性"玻璃门"），此时系统将打开"编辑属性定义"对话框，如图 9-11 所示，可在该对话框的文本框中对各项内容进行修改。

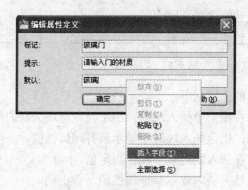
图 9-11 "编辑属性定义"对话框

该对话框中主要控件的作用如下：

1）"标记"文本框：用于指定在图形中标识属性的标记，该标记可以包含感叹号（!）。

2）"提示"文本框：用于指定属性提示。当插入包含此属性定义的块时，显示指定的属性提示。

3）"默认"文本框：用于指定默认属性值。如果默认值需要前导空格，可在字符串前面添加一个反斜杠（\）。如果第一个字符是反斜杠，则在字符串前面再添加一个反斜杠。要将一个字段用作该值，请单击鼠标右键，然后单击快捷菜单中的"插入字段"，将显示"字段"对话框。

下面举例说明"编辑属性定义"对话框的用法，并保存和使用带属性的图块，具体步骤如下：

1）在图 9-11 所示的"编辑属性定义"对话框中，修改"标记"文本框的内容为"材质"，并将"默认"文本框的内容改为"木门"，如图 9-12 所示。单击"确定"按钮后，得到的图形如图 9-13 所示。

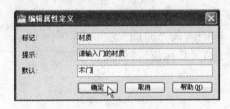

图 9-12　插入属性

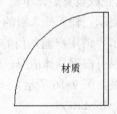

图 9-13　编辑属性定义

2）执行"写块"（WBLOCK）命令，打开"写块"对话框，并按照图 9-14 所示，设置该对话框的各项内容，具体设置方法如图 9-14 所示，然后单击"确定"按钮，退出"写块"对话框。

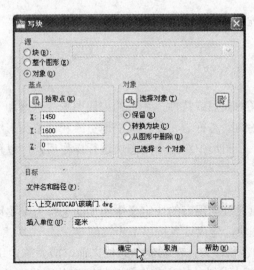

图 9-14　"写块"对话框

3）执行"插入块"（INSERT）命令，系统将弹出"插入"对话框，按照如图 9-15 所示，设置该对话框中各选项的值，单击"浏览"按钮，在弹出的"选择图形文件"对话框中可选择名称为"玻璃门"的块（参见上一步保存的路径）。

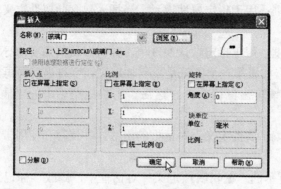

图 9-15　"插入"对话框

4）完成设置后，单击"确定"按钮，退出"插入"对话框，根据命令提示，输入插入点的坐标（也可以用鼠标拾取插入点），此时系统提示"请用户输入门的材质 <木门>:"，本例输入"玻璃"（当然用户也可根据具体情况，输入其他材质的名称），具体执行过程如下，结果如图 9-16 所示。

图 9-16　效果图

命令: INSERT↙　　　　　　　　　　　　　　　　//"插入块"命令

忽略块 门 的重复定义。

指定插入点或 [基点(B)/比例(S)/X/Y/Z/旋转(R)]:　　　//输入或鼠标拾取插入点的坐标

输入属性值

请输入门的材质 <木门>: 玻璃↙　　　　　　　　　//输入门的材质

正在重生成模型。

小技巧：插入带属性的块时，不要选中"分解"复选框。

9.3　动态块

动态块可具有自定义的夹点或特性，还可约束块图形，这增加了其灵活性和智能性。用户可根据需要通过其具备的动态行为元素，轻松地更改和调整图形中的动态块参照，而不必重新定义块或插入新块。在图形中对某个动态块进行操作后，可以重置该块，将其改回到在块定义中指定的默认值。

1. 创建动态块

动态块的创建，即可通过向现有的块定义中添加动态行为来实现，也可从头创建，为了高效的编写高质量的动态块，建议读者按以下步骤创建。

1）设计动态块的内容和行为：在创建动态块之前，应先确定块图形以及添加到块定义中的参数和动作类型等，以达到参数、动作和几何图形共同作用的预期效果。例如，"门"可以具备参数"点"，和"移动"以及"旋转"行为等。

2）绘制几何图形：用作创建动态块的对象，可以是在绘图区域或"块编辑器"中绘制的几何图形，也可以是已有的块参照或图形。"块编辑器"（如图 9-18 所示）是一个独立的环境，用于为当前图形创建和更改块定义，还可以使用块编辑器向块中添加动态行为。

下面将举例说明，使用 9.1.4 节中图 9-7 所示的方法，插入图 9-5 中定义好的"门"图块。然后选择菜单中的"工具"→"块编辑器"（BEDIT）命令，此时，系统将弹出"编辑器定义"对话框，如图 9-17 所示，可从图形中保存的块定义列表中，选择将要在"块编辑器"中编辑的块定义，也可以输入要在块编辑器中创建的新块名称，还可以选中<当前图形>，（当前图形将在块编辑器中打开）。

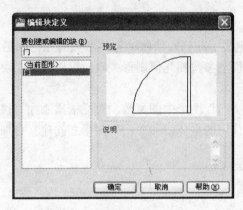

图 9-17 "编辑器定义"对话框

单击"确定"按钮关闭该对话框，此时系统将显示"块编辑器"，如图 9-18 所示。

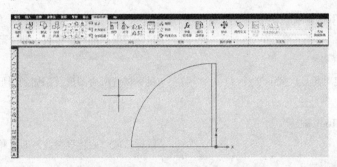

图 9-18 在块编辑器中打开当前图形

3）了解块元素如何共同作用：在向块定义中添加参数和动作之前，应先了解它们相互之间以及它们与块中的几何图形的相关性。

注意：接下来要正确设置这种相关性，以便块参照在图形中正常工作。

4）添加参数：块必须至少包含一个参数以及一个与该参数关联的动作，才能成为动态块。参数定义了自定义特性。参数添加到动态块定义以后，将自动添加与该参数的关键点相关联的夹点。此外，用户还可为参数定义值集，值集是为参数指定的数值范围或列表，值集定义后，在图形中操作块参照时该参数就被限定为这些值。

例如，要实现"门"的"移动"、"翻转"与"旋转"行为，需要添加"点"、"翻转"、"旋转"参数，如图 9-19 所示。

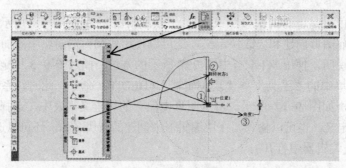

图 9-19　添加参数

5）添加动作：动作定义了在修改块时动态块参照的几何图形如何移动和改变。将动作添加到块中时，必须将它们与参数和几何图形关联。可以使用"块编辑器"向动态块定义中添加适当的动作。

例如，为上面添加到"门"图形中的参数，对应依次添加"移动"、"翻转"和"旋转"行为动作，并与它们共同作用的主体，即"门"图形之间建立合理的相关性，如图 9-20 所示，执行过程如下：

命令：_BActionTool 移动

选择参数：　　　　　　　　　　　　　　　//鼠标拾取"点"参数，即"位置 1"

指定动作的选择集

选择对象：指定对角点：找到 9 个　　　　//鼠标框选所有图形及添加到图形中的参数

选择对象：✓

命令：_BActionTool 翻转

选择参数：　　　　　　　　　　　　　　　//鼠标拾取"翻转"参数，即"翻转状态 1"

指定动作的选择集

选择对象：指定对角点：找到 9 个　　　　//鼠标框选所有图形及添加到图形中的参数

选择对象：✓

命令：_BActionTool 旋转

选择参数：　　　　　　　　　　　　　　　//鼠标拾取"旋转"参数，即"角度 1"

指定动作的选择集

选择对象：指定对角点：找到 9 个　　　　//鼠标框选所有图形及添加到图形中的参数

选择对象：✓

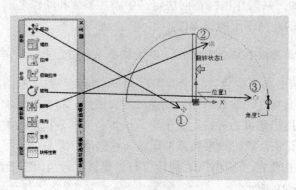

图 9-20　添加动作

6）定义动态块参照的操作方式：用户可以指定在图形中操作动态块参照的方式，添加到块定义中的参数和动作类型定义了块参照在图形中的作用方式。例如，在创建动态块定义时，用户可定义显示哪些夹点以及如何通过这些夹点来编辑动态块参照。

7）保存动态块：在"块编辑器"中向动态块定义添加完元素和动作后，如需要保存该块定义，可以通过单击"块编辑器"上下文选项卡中的"保存块"按钮，或在命令行输入BSAVE 命令完成该操作。此时，该块中的几何图形和参数的当前值则被设置为块参照的默认值。然后，保存图形以确保将块定义保存在图形中。

8）测试块：保存了块定义之后，可以立即关闭"块编辑器"，并在图形中测试块。也可在保存之前，单击"块编辑器"上下文选项卡的"打开/保存"面板中的"测试块"，完成对动态块的测试，而无需退出块编辑器，如图 9-21 所示。在块编辑器和测试块窗口之间切换可以轻松地进行测试和更改。

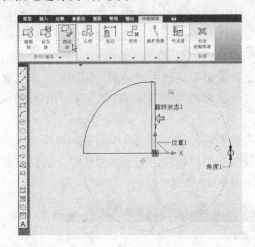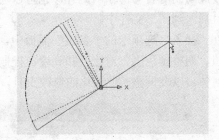

图 9-21　测试块

2．增强的动态块

在动态块定义中使用几何约束和标注约束可以简化动态块创建。创建块定义时，可以通过与在参数化图形中讲到的同样方法，应用几何约束。此外，插入块后，称为约束参数的空间标注约束将提供对参数值的访问。

在"块编辑器"中，"参数管理器"用于显示约束、用户和操作参数以及属性定义的列表，可以使用"参数管理器"为块定义创建新的用户参数。

虽然用户可以在块定义中使用标注约束和约束参数，但是只有约束参数可以为该块定义显示可编辑的自定义特性。约束参数包含的参数信息，可以为块参照显示或编辑参数值，不过，约束参数只能在"块编辑器"中创建。

9.4　外部参照

外部参照是一种类似于块的图形引用方式，它和块的最大区别在于，块在插入后，其图形数据等会存储在当前的图形数据库中，而使用外部参照，其数据不会增加到当前图形中，而始终存储在原始文件中，当前文件只包含对外部文件的一个引用。

AutoCAD 2010 提供的外部参照文件格式，包括 DWG、DWF、DGN、PDF 和图像文件，外部参照和块相比具有如下优点。

1）节约空间：把图形作为块插入后，块定义和所有相关联的几何图形都将存储在当前图形数据库中，但外部参照只存储相关链接路径等，而不会保存到数据库中。

2）自动重载：修改原图形后，图块不会随之更新重载，而外部参照则不同，用户可对外部参照进行"缩放"、"复制"、"镜像"或"旋转"等修改操作，还可以控制外部参照的显示状态，并可通过"重载"命令，将变化更新到当前绘图环境引用的外部参照中。

3）通过裁剪边界部分显示：创建外部参照裁剪边界，只在主图形中显示外部参照文件的指定内容。

使用外部参照，最主要的功能是用于设计项目，AutoCAD 允许在绘制当前图形的同时，显示多达 32000 个图形参照，并且可以对外部参照进行嵌套，嵌套的层次可以为任意多层。当被引用的外部参照原文件进行更改后，引用其的图形文件也会在打印或下一次打开的时候，自动对每一个外部参照图形文件进行重载，从而确保每个外部参照图形文件反映的都是它们的最新状态。

这个功能对于团队开发很有帮助，简言之，就是可通过引用外部参照图形，来实现团队成员彼此间的配合与协作。此外，也可以通过外部参照功能，将预先设置好的图框和标题栏等项目插入到图形文件中。

在"插入"选项卡的"参照"面板中，提供了对外部参照文件的附着和可用于裁剪选定的参照、调整褪色度、对比度和亮度，控制其图层的可视性，显示参照边框，捕捉参照底图的几何体，以及调整参照淡化的修改工具，如图 9-22 所示。

图 9-22 "插入"选项卡的"参照"面板

选择图形中的参照文件，则一个相关的内容选项卡将显示在功能区中，例如，如果选择 PDF 参照底图，"PDF 参照底图"选项卡将显示出来，如图 9-23 所示，以便用户轻松地访问 PDF 参照底图工具。

下面以附着 DWG 文件为例，讲解如何使用外部参照。

（1）外部图形文件准备

1）选择菜单中的"文件"→"新建"

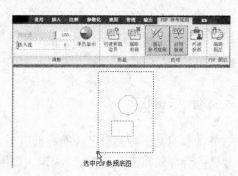

图 9-23 "PDF 参照底图"选项卡

（NEW）命令，新建文件，在该文件中，以（0,0）为圆心绘制半径为"20"的圆，并将该文件保存为"TX1.dwg"文件，并选择菜单中的"文件"→"关闭"（CLOSE）命令，关闭该文件。

2）选择菜单中的"文件"→"新建"（NEW）命令，再次新建文件，在该文件中，以（0,0）为圆心，绘制半径为"30"的圆，并将该文件保存为"TX2.dwg"文件，不关闭此文件。

（2）引用外部参照图形

1）选择菜单中的"插入"→"外部参照"（EXTERNALREFERENCES）命令，系统自动打开"外部参照"选项卡，单击"附着 DWG"命令，如图 9-24 所示，此时系统将弹出"选择参照文件"对话框，如图 9-25 所示。

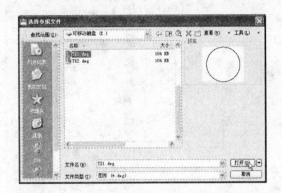

图 9-24 "外部参照"选项卡　　　　　　　图 9-25 "选择参照文件"对话框

2）在"选择参照文件"对话框中，选择名称为"TX1.dwg"的图形文件，单击"打开"按钮，系统将打开"附着外部参照"对话框，在该对话框中，选择 "附着型"单选按钮，如图 9-26 所示。

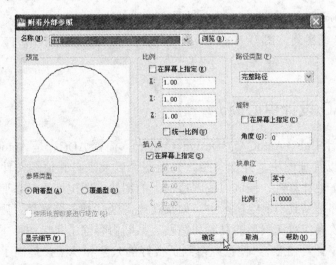

图 9-26 "外部参照"对话框

3）单击"确定"按钮，根据命令行中提示，输入插入点坐标（0,0），此时"TX1.dwg"图形文件中的图形被引用到当前"TX2.dwg"文件中，保存但不关闭"TX2.dwg"文件。

（3）更新外部引用

1）打开"TX1.dwg"文件，以点 A（-20，20）和点 B（20，-20）为矩形对角点，绘制外切于圆的矩形，完成结果如图 9-27 所示，保存并关闭该文件。

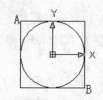

图 9-27 变动后 TX1 文件

2）在"TX2.dwg"文件中，在"外部参照"选项板中，选中需要更新的"TX1.dwg"文件，单击鼠标右键，在弹出的快捷菜单中选择"重载"命令，此时当前文件"TX2.dwg"中的图形也随之发生了更新变化，如图 9-28 所示。

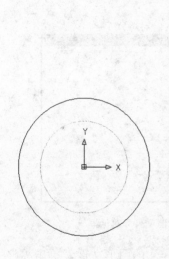

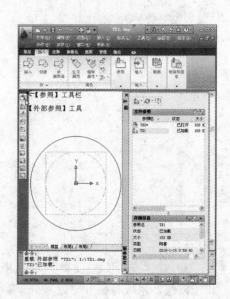

图 9-28 更新外部引用

注意：上面所讲的步骤②，也可以换成"保存后关闭 TX2.dwg 文件，并重新打开该文件"，也可以观察到，图形 TX2.dwg 文件中所插入的外部参照 TX1.dwg 文件的修改变化。

9.5 AutoCAD 设计中心简介

AutoCAD 设计中心（AutoCAD Design Center），简称 ADC。是 AutoCAD 中一个非常有用的工具，可以管理图块、外部参照、光栅图像以及来自其他源文件或应用程序的内容，能够将位于本地计算机、局域网或因特网上的图块、图层、外部参照和用户自定义的图形内容，复制并粘贴到当前绘图区中（如果在绘图区打开多个文档，则在它们之间也可以通过简单的拖放操作实现图形的复制和粘贴。粘贴内容除了包含图形本身外，还包含图层定义、线型及字体等内容）。使资源得到了很好的共享和使用，提高了图形管理和图形设计的效率。

234

通常使用 AutoCAD 设计中心可以完成如下工作：

1）浏览和查看各种图形图像文件，并可显示预览图像及其说明文字。

2）查看图形文件中命名对象的定义，将其插入、附着、复制和粘贴到当前图形中。

3）将图形文件（DWG）从控制板拖放到绘图区域中，即可打开图形；而将光栅文件从控制板拖放到绘图区域中，则可查看和附着光栅图像。

4）在本地和网络驱动器上查找图形文件，并可创建指向常用图形、文件夹和 Internet 地址的快捷方式。

9.5.1　设计中心的启动和界面

在 AutoCAD 中，设计中心是一个与绘图窗口相对独立的窗口，因此在使用时应先启动 AutoCAD 设计中心。

选择菜单中的"工具"→"选项板"→"设计中心"（ADCENTER）命令可启动"设计中心"窗口，如图 9-29 所示。

图 9-29　"设计中心"窗口

AutoCAD 设计中心主要由上部的工具栏按钮和各种视图构成，在工具栏中，按照每个工具按钮从左到右排列的顺序，其含义和功能说明如下：

1）"加载"：单击该按钮后，将显示"标准文件选择"对话框，用户可以方便地浏览本地和网络驱动器或 Web 上的文件，然后选择加载所需内容。

2）"上一页"：用于返回到历史记录列表中最近一次记录的位置。

3）"下一页"：用于返回到历史记录列表中下一记录的位置。

4）"上一级"：用于将显示内容目录上移一级。

5）"搜索"：单击该按钮后，将显示"搜索"对话框，用户可从中搜索指定条件的图形、块和非图形对象，如图 9-30 所示。

6）"收藏夹"：用于在内容区域中显示"收藏夹"中的内容，该文件夹中包含经常访问项目的快捷方式。

7）"主页"：用于返回到系统安装时默认的文件夹"...\Sample\DesignCenter"。

8）"树状图切换"：用于显示和隐藏树状视图，如果绘图区域需要更多空间，请隐藏树状图。

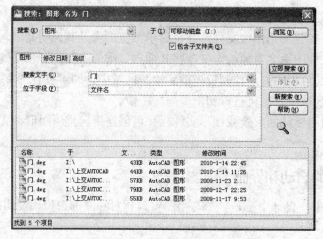

图 9-30 "搜索"对话框

9）"预览"：用于显示和隐藏内容区域窗格中选定项目的预览效果。如果选定项目没有保存的预览图像，则该区域显示为空。

10）"说明"：用于显示和隐藏内容区域窗格中选定项目的文字说明，如果选定项目没有保存的说明，则该区域显示为空。

11）"视图"：用于为加载到内容区域中的内容提供"大图标、小图标、列表图、详细信息"4 种不同的显示格式，用户可根据需要从该列表中选择任意一种视图。

9.5.2 使用设计中心查看内容

1. 树状视图

树状视图用于显示本地和网络驱动器中打开的图形、历史记录和文件夹等内容。其显示方式与 Windows 系统的资源管理器类似，为层次结构方式。双击层次结构中的某个项目可以显示其下一层次的内容；对于具有子层次的项目，则可单击该项目左侧的加号"+"或减号"–"来显示或隐藏其子层次。

用户可控制树状视图的打开/关闭状态，具体方式如下：

选择工具栏中的"树状图切换"按钮，或在控制板中单击鼠标右键弹出快捷菜单，选择"树状图"命令，如图 9-31 所示。

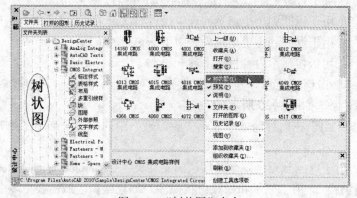

图 9-31 "树状图"命令

注意：在"历史记录"选项卡中不能切换树状视图的显示状态。

2．控制板

当用户在树状视图中浏览文件、块和自定义内容时，在控制板中将显示打开图形和其他源中的内容。例如，如果在树状视图中选择了一个图形文件，则控制板中将会显示出表示图层、块、外部参照和其他图形内容的图标。

在控制板中双击某个项目时将显示其下一级的内容，单击工具栏中的"上一级"按钮，则显示上一级内容。同 Windows 的资源管理器一样，控制板可使用大图标、小图标等 4 种形式进行显示，并且在详细信息形式下，可按名称、大小、类型和其他特性对项目排序，例如，按照文件大小排序，如图 9-32 所示。

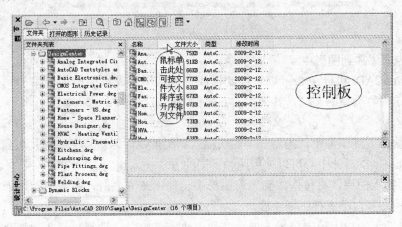

图 9-32　按照大小排列文件

3．预览和说明视图

对于在控制板中选中的项目，预览视图和说明视图将分别用于显示其预览图像和文字说明。在 AutoCAD 设计中心中不能编辑文字说明，但可对其进行选择和复制。

用户可控制预览和说明视图的打开/关闭状态，具体方式如下：

选择工具栏中的"预览"按钮或"说明"按钮。

在控制板中单击鼠标右键，在弹出的快捷菜单中，选择"预览"或"说明"命令，如图 9-31 所示。

用户可通过树状视图、控制板、预览视图以及说明视图之间的分隔栏，调整其相对大小。

9.5.3　使用 AutoCAD 设计中心编辑图形

1．打开图形

对于控制板中或查找结果列表框中指定的图形文件，用户可通过如下方式将其在 AutoCAD 系统中打开：

1）将图形拖放到绘图区域的空白处。

2）在指定对象上单击鼠标右键，在弹出的快捷菜单中，选择"在应用程序窗口中打开"命令，如图 9-33 所示。

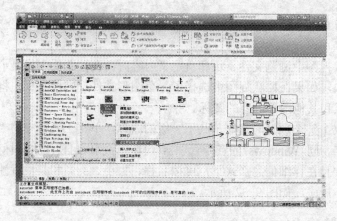

图 9-33 打开图形文件

2. 将内容添加到图形中

通过 AutoCAD 设计中心可以将控制板或查找结果列表框中的内容添加到打开的图形中。根据指定内容类型的不同，其插入的方式也不同。

（1）插入块

可以将块插入到图形中，当将一个图块插入到图形中时，块定义将被复制到图形数据库当中，在 AutoCAD 设计中心可以使用两种不同的方法插入块。

① 将要插入的块，直接拖放到当前图形中。使用该方法时，系统将对图形和块使用的单位进行比较，并自动进行比例缩放。

② 在要插入的块上单击鼠标右键，在弹出快捷菜单中，选择"插入块"命令。这种方法可按指定坐标、缩放比例和旋转角度方式插入块，如图 9-34 所示。

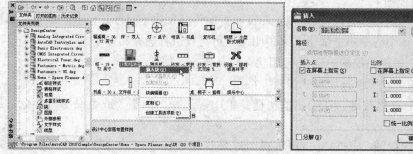
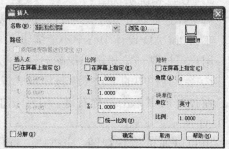

图 9-34 打开块文件

注意：将 AutoCAD 设计中心中的块或图形拖放到当前图形时，如果自动进行比例缩放，则块中的标注值可能会失真。

（2）附着光栅图像

在 AutoCAD 中，可以将光栅图像附着到基于矢量的图形中。与外部参照一样，附着的光栅图像不是图形文件的组成部分，而是通过路径名链接到图形文件中。一旦附着了图像，可以像块一样将它多次附着。每个插入的图像都有自己的剪裁边界、亮度、对比度、褪色度和透明度等特性。可使用如下方式附着光栅图像：

① 将要附着的光栅图像文件拖放到当前图形中。

238

② 在图像文件上单击鼠标右键，在快捷菜单中，选择"附着图像"命令，如图 9-35 所示。

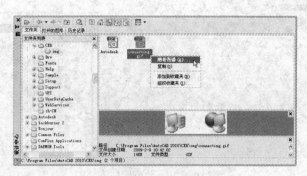

图 9-35 附着光栅图像

（3）插入图形文件

对于 AutoCAD"设计中心"的图形文件，如果将其直接拖放到当前图形中，则系统将其作为块对象进行处理。如果在该文件上单击鼠标右键，则有两种选择：

① 选择"插入为块"命令，可将其作为块插入到当前图形中。

② 选择"附着为外部参照"命令，可将其作为外部参照附着到当前图形中。

（4）插入其他内容

与插入块和图形一样，也可以将图层、线型、标注样式、文字样式、布局和自定义内容添加到打开的图形中。

（5）使用剪贴板插入对象

对于可添加到当前图形中的各种类型的对象，用户也可以将其从 AutoCAD"设计中心"复制到剪贴板，然后再粘贴到当前图形中。

① 在图形之间复制图块

使用 AutoCAD"设计中心"浏览和装载需要复制的图块，在控制板中选择该图块，单击鼠标右键，打开快捷菜单，选择"复制"命令，将图块复制到剪贴板上，然后通过"粘贴"命令，粘贴到当前图形上。

② 在图形之间复制图层

使用 AutoCAD"设计中心"，可以从任何一个图形复制图层到其他图形。例如，如果已经绘制了一个包括所需的所有图层的图形，在绘制另外的新图形时，可以通过"设计中心"将已有的图层复制到新的图形当中，这样既可以节省时间，又可以保证图形间的一致性。

● 拖动图层到已打开的图形：确认要复制图层的目标图形文件已经被打开，并且是当前的图形文件。在控制板或查找结果列表框中，选择要复制的一个或多个图层，将其拖动到打开的图形文件绘图区中，然后松开鼠标，则被选择的图层将被复制到打开的图形中，如图 9-36 所示。

● 复制或粘贴图层到打开的图形：首先确认要复制图层的目标图形文件已经被打开，并且是当前的图形文件。在控制板或查找结果列表框中，选择要复制的一个或多个图层。单击鼠标右键，打开快捷菜单，选择"复制"命令，复制图层后，回到打开的图形文件绘图区中，单击鼠标右键，在快捷菜单中，选择"粘贴"命令，则可将所选图层，粘贴到当前图形文件中。

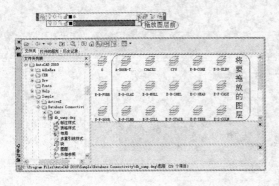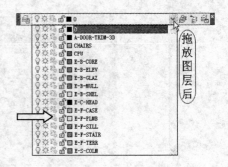

图 9-36　复制图层

9.6　工具选项板

工具选项板提供了一种用来组织、共享和放置块、图案填充及其他工具的有效方法，它还可包含由第三方开发人员提供的自定义工具。

9.6.1　打开工具选项板

选择菜单"工具"→"选项板"→"工具选项板"（TOOLPALETTES）命令可启动"工具选项板"，该命令执行后，系统将打开"工具选项板"窗口，如图 9-37 所示。

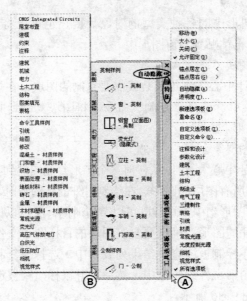

图 9-37　"工具选项板"窗口

从图 9-37 可见，在"工具选项板"窗口中，系统设置了一些常用的分类功能选项板，这些常用的选项板可以方便用户绘图。另外，用户在上图所示的 A 处，单击鼠标右键，在弹出的快捷菜单中，选择"所有选项板"命令时，在 B 处，单击鼠标右键，在弹出的快捷菜单中，才会列出所有可用的选项板，此时，可以单击选择相应的类型，增加"工具选项板"窗口中的选项板。

在"工具选项板"窗口各选项卡区域内，单击鼠标右键，在弹出的快捷菜单中，选择相应的命令，可以访问和操作工具选项板的选项和设置。

9.6.2　工具选项板的显示控制

在打开的"工具选项板"窗口中，通过鼠标操作该工具板中的按钮及鼠标的右键菜单，可以轻松地完成对工具选项板的显示控制，具体设置如下。

1）移动和缩放工具选项板窗口：可使用鼠标按住"工具选项板"窗口的边框来拖放工具板，也可将鼠标指向"工具选项板"的窗口边缘，在鼠标变为双向伸缩箭头样式时，按住鼠标左键可对"工具选项板"窗口进行缩放。

2）"自动隐藏"：当用户单击图 9-37 所示的工具选项板窗口中的"自动隐藏"按钮时，系统将隐藏工具选项板窗口，当再次按下该按钮时，可再次打开工具选项板窗口。

3）"控制"透明度：当用户单击工具选项板的"自动隐藏"按钮中的"特征"按钮时，将弹出快捷菜单，选择其中的"透明度"命令，系统将弹出"透明度"对话框，通过调节该对话框中的控制滑块，可调节"工具选项板"窗口的透明度，如图 9-38 所示。

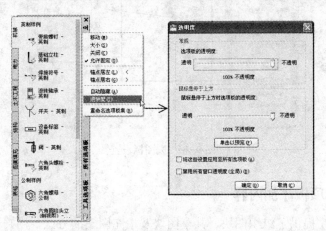

图 9-38　透明度调节

小技巧："透明度"命令在选项板或窗口被固定或当前操作系统不支持透明，以及硬件加速器正在使用中等情况下不可用。对于"硬件加速器正在使用中情况下不可用"的情况，可以在命令行中使用 3DCONFIG 命令，在弹出的"自适应降级和性能调节"对话框中，单击"手动调节"按钮，在打开的"手动性能调节"对话框中，取消选择"启动硬件加速"复选框，如图 9-39 所示，则透明度命令可用。另外，当系统变量 PALETTEOPAQUE 的值不为"0"时，表示处于透明关闭状态。

4）"视图"选项：在工具选项板窗口的空白地方，单击鼠标右键，在弹出的快捷菜单中选择其中的"视图选项"命令，系统将打开"视图选项"对话框，通过该对话框，用户可以对当前选项板窗口中的图标和文字大小及显示方式等内容进行设置和调节，如图 9-40 所示。

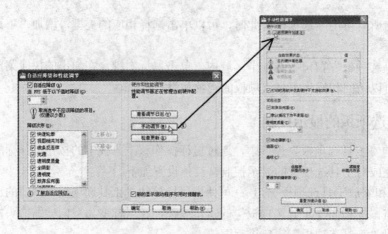

图 9-39　手动调节硬件加速器

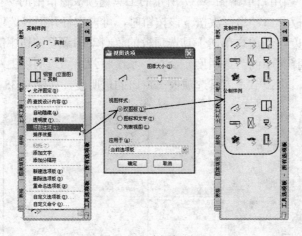

图 9-40　大图标设置

9.6.3　向工具选项板添加内容

"工具选项板"提供了组织图块、共享图块及填充图案的方法,用户可直接从"工具选项板"中将某个工具拖入到当前图形中,也可以对绘图区域已有的图形,进行颜色及图案的填充。用户还可以根据需要编辑工具选项板的内容,向工具选项板添加内容通常可用以下三种方式:

1)使用鼠标将图形、块和图案填充从"设计中心"拖动到"工具选项板"上。

2)使用"剪切"、"复制"和"粘贴"等编辑命令,将一个"工具选项板"窗口内选定的工具,"移动"或"复制"到另一个选项板中。

3)右键单击"设计中心"树状图中的文件夹、图形文件或块,然后在快捷菜单中单击"创建工具选项板"命令,可在"工具选项板"窗口,创建出对应的选项板,如图 9-41 所示。

当用户在遇到需要大量插入同一类型图形、图案等对象的时候,如机械图中的标准件、建筑图中的物品图案等,可以创建新的自定义"工具选项板",将重复使用的图形、图案等对象定义在新建的"工具选项板"中,然后使用该自定义选项板完成插入图形、图案等设计工作,这样可以节省大量的绘图时间。

在"工具选项板"窗口中的一个选项板的空白区域，单击鼠标右键，通过弹出的快捷菜单命令，可以完成调整选项板的位置、新建选项板、删除或重命名选项板等操作，如图9-41所示。

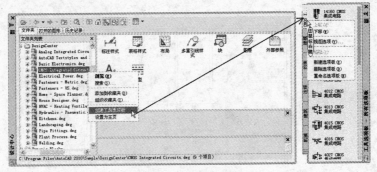

图 9-41　创建选项卡

9.7　综合范例——建筑平面图设计

学习目的：使用本章学习的知识和前面章节设计完成的图形，在"工具选项板"中创建自定义选项卡，并将其命名为"居室布置"选项卡。然后，将该选项卡中的图形，合理地布局到设计好的"建筑物墙体结构图"中，且标注上文字说明，最后完成建筑平面图的设计。

重点难点：

➢ "工具选项板"自定义选项卡的创建

➢ 修改命令的灵活运用

➢ 文字工具的灵活运用

首先打开设计好的"建筑物墙体结构图"文件，然后在"工具选项板"窗口中创建自定义选项卡，并将前面章节中设计完成且可用于建筑设计的图形或图块添加到该选项卡中。然后，开启"设计中心"，从中选取可用于建筑设计方面的图形或图块，也同样添加到该自定义选项卡中，使用鼠标拖动及"修改"工具栏中的"缩放"、"旋转"及"移动"等命令，将自定义选项卡中的图形，在"建筑物墙体结构图"中合理地摆放，并适当添加文字说明，完成建筑平面图的设计，效果如图9-42所示。

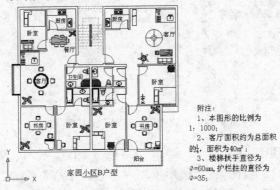

图 9-42　建筑平面图

1. 在工具选项板中创建自定义选项卡

1）选择菜单中的"文件"→"打开"（OPEN）命令，打开第 4 章（图 4-25）所绘制好的"建筑物墙体结构图.dwg"文件，如图 9-43 所示。

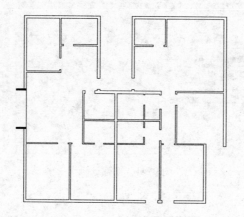

图 9-43　建筑物墙体结构图

2）选择菜单中的"工具"→"选项板"→"工具选项板"（TOOLPALETTES）命令，打开"工具选项板"窗口。

3）在"工具选项板"中，使用鼠标右键单击任意一个选项卡，在弹出的右键菜单中选择"新建选项板"命令，这时将在"工具选项板"窗口出现"新建选项板"选项卡，可以继续使用鼠标右键单击该选项卡，在弹出的快捷菜单中选择"重命名选项板"命令，将该选项卡命名为"居室布置"，如图 9-44 所示。

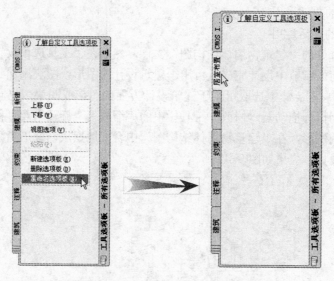

图 9-44　新建"居室布置"工具选项板

2. 编辑自定义选项卡

1）选择菜单中的"工具"→"选项板"→"设计中心"（ADCENTER）命令，启动"设计中心"窗口。

244

2）在"设计中心"窗口的"文件夹"选项卡下的目录树中，定位找到前面章节绘制好的且需要使用的内容，使用鼠标从"设计中心"窗口的目录树或控制板中，直接拖放这些图形或图块，到新建的"居室布置"选项卡中，以方便设计"建筑平面图"时使用，如图 9-45 所示。

3）在新建选项卡中的空白区域，单击鼠标右键，在弹出的快捷菜单中，选择"添加分割符"命令，在"室内设计"选项卡中添加水平的分割线。

4）在"设计中心"窗口中的"文件夹"选项卡下的目录树中，定位选择在 AutoCAD 默认的安装路径"C:\Program Files\AutoCAD 2010\Sample\DesignCenter"中提供的，用于建筑及家居设计中常用的一些块文件，如图 9-46 所示。

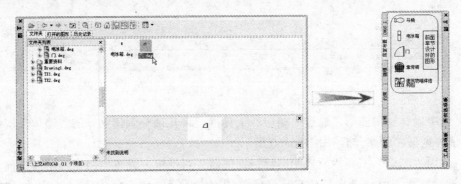

图 9-45　构建自定义选项板

5）同时打开"设计中心"和"工具选项板"窗口，使用鼠标将在"设计中心"控制板中选择的图形块文件，拖曳添加到"工具选项板"窗口中自定义的"居室布置"选项卡中，放置在上面第 3）步建立好的分割线下，以便设计建筑平面图时使用，如图 9-47 所示。

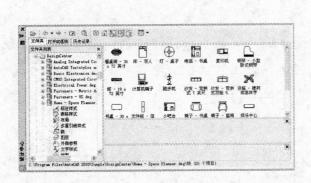

图 9-46　"设计中心"对话框　　　　　　　图 9-47　"居室布置"选项板

3. 完善建筑物墙体结构图

1）使用"图层"（LAYER）命令，打开"图层特征管理器"对话框，构建如图 9-48 所示的图层结构。

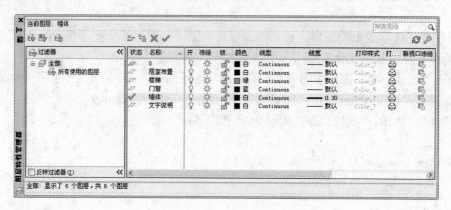

图 9-48　构建图层

2）选中墙体结构图形，通过"图层"工具栏，将其调整到建立好的"墙体"层中，调整方法请参见第 6 章综合范例中图 6-60 所示。

3）使用"图层"工具栏或"图层特征管理器"对话框，设置"门窗"层为当前图层，使用鼠标拾取"工具选项板"中自定义的"居室布置"选项卡中的"门"，添加到打开的"建筑物墙体图结构图"中，并使用"修改"工具栏中的"缩放"、"移动"和"旋转"等命令，将其调整到适当位置处。

4）使用"直线"（LINE）命令，绘制阳台轮廓（本例出于简化操作步骤的考虑，将阳台也归到"门窗"层中），完成结果如图 9-49 所示。

5）使用"图层"工具栏或"图层特征管理器"对话框，设置"楼梯"层为当前图层，使用"直线"（LINE）和"矩形"（RECTANG）等绘图命令，以及"偏移"（OFFSET）和"修剪"（TRIM）等修改命令，绘制楼梯，完成结果如图 9-50 所示，该部分内容比较简单，请读者自己完成。

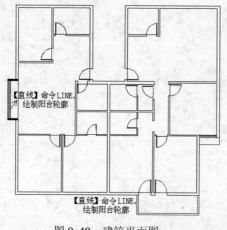

图 9-49　建筑平面图

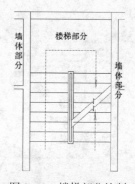

图 9-50　楼梯部分绘制

4. 绘制家居平面图

使用"图层"工具栏或"图层特征管理器"对话框，设置"居室布置"层为当前图层，参照图 9-42 所示的建筑平面效果图，选取"居室布置"选项卡中的电脑桌、钢琴、电冰箱等对象，且使用"修改"工具栏中的"缩放"（SCALE）、"移动"（MOVE）和"旋转"（ROTATE）等命令，同时设置并开启点的捕捉功能，将其添加到建筑物墙体的适当位置，完成结果如图 9-51 所示。

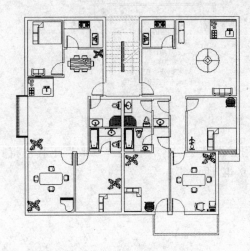

图 9-51　居室布置

5. 文字标柱

1）设置"文字说明"层为当前图层。

2）使用"单行文字"（DTEXT）命令，在适当的位置，输入"卫生间"和"客厅"等标识房间用途的文字，并适当调整后，将其添加到各个房间内，最后完成结果如图 9-52 所示。

图 9-52　文字注记

3）使用"多行文字"（MTEXT）命令，根据提示，在适当位置，使用鼠标确定"在位文字编辑器"输入框的范围，接着输入"附注"文字说明，其中控制符的输入，可单击鼠标右键，在弹出的快捷菜单中，选择"符号"子菜单中的命令（或参见第 7 章图 7-16 所示的方法）完成，如图 9-53 所示。

图 9-53　文字说明

4）选中刚输入的"附注"文字对象，使用"修改"工具栏将其适当调整，并定位到合适的位置，最后结果如图 9-42 所示。

第 10 章　绘制和编辑三维表面

工程技术人员在使用 AutoCAD 进行工程设计时，虽然通常都使用二维图形来描述三维实体，但是由于三维模型效果逼真，可用于创建用户设计的实体、线框和网格模型，以及可以通过三维立体图直接得到透视图或平面效果图。因此，计算机三维设计越来越受到工程技术人员的青睐。

学习目标：
➢ 三维坐标系统
➢ 视点和视图样式
➢ 三维曲面的绘制和编辑

10.1　三维坐标系统

同二维坐标系一样，AutoCAD 中的三维坐标系也有两种形式。一种是被称为世界坐标系（WCS）的固定坐标系，一种是被称为用户坐标系（UCS）的可移动坐标系。默认情况下，这两个坐标系在新建图形中是重合的，默认的坐标系为世界坐标系，即固定的不可变的坐标系。另外，用户也可以根据需要在三维空间中创建属于自己的坐标系，即用户坐标系（UCS）。

在 AutoCAD 中，三维世界坐标系是在二维世界坐标系的基础上根据右手定则增加 Z 轴而形成的。同二维世界坐标系一样，三维世界坐标系是其他三维坐标系的基础，不能对其重新定义。

用户坐标系，坐标轴的正向按右手螺旋法则确定。用户在绘图时，可以随时根据需要建立沿任何方向的用户坐标系（UCS），使用可移动的用户坐标系（UCS）创建和编辑对象，将大大提高三维绘图的方便程度。

10.1.1　右手法则与坐标系

在 AutoCAD 中可通过右手法则确定直角坐标系 Z 轴的正方向和绕轴线旋转的正方向，称之为"右手定则"。右手定则也决定三维空间中任一坐标轴的正旋转方向。

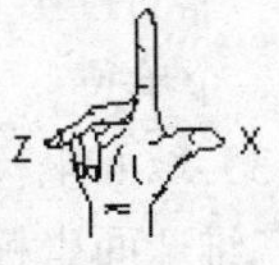

图 10-1　右手定则

要标注 X、Y 和 Z 轴的正轴方向，就将右手背对着屏幕放置，拇指即指向 X 轴的正方向。伸出食指和中指，如图 10-1 所示，食指指向 Y 轴的正方向，中指所指向的方向即是 Z 轴的正方向。

要确定轴的正旋转方向，如图 10-1 所示，右手的大拇指指向 X 轴的正方向，那么弯曲手指所指向的方向即是绕 X 轴的正旋转方向。

10.1.2 三维坐标形式

AutoCAD 中提供了下列三种三维坐标形式：

（1）三维笛卡尔坐标

三维笛卡尔坐标（X，Y，Z）与二维笛卡尔坐标（X，Y）相似，即在 X 和 Y 值的基础上增加 Z 值。同样，还可以使用基于当前坐标系原点的绝对坐标值或基于上个输入点的相对坐标值。绝对坐标格式为：（X，Y，Z）；相对坐标格式为：（@X，Y，Z）。

（2）圆柱坐标

圆柱坐标与二维极坐标类似，但增加了从所要确定的点到 XY 平面的距离值。即三维点的圆柱坐标可通过该点与 UCS 原点连线在 XY 平面上的投影长度，该投影与 X 轴夹角、以及该点垂直于 XY 平面的 Z 值来确定，圆柱坐标也可分为相对坐标和绝对坐标两种形式。

- 绝对坐标形式：XY 距离<角度，z 距离；例如，点 A 的坐标为 5<30，6 表示其在 XY 平面上的投影点与当前 UCS 原点的连线为 5 个单位距离、且与 X 轴成 30 度角，点 A 在 Z 轴上的投影点，沿 Z 轴方向到 UCS 原点为 6 个单位距离，如图 10-2 所示。

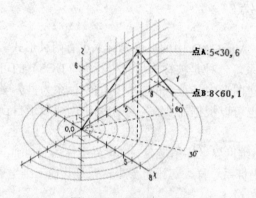

图 10-2　三维柱面坐标

- 相对坐标形式：@XY 距离<角度，z 距离，指基于上一点而不是 UCS 原点定义点。例如，相对圆柱坐标"@10<45，30"表示某点与上个输入点连线在 XY 平面上的投影长为 10 个单位，该投影与 X 轴正方向的夹角为 45 度且 Z 轴的距离为 30 个单位。

（3）球面坐标

三维球面坐标也类似于二维极坐标。是根据该点与当前坐标系原点的距离，二者连线在 XY 平面上的投影与 X 轴的夹角，以及与 XY 平面的夹角，来确定点。球面坐标也可分为相对坐标和绝对坐标两种形式。

- 绝对坐标形式：XYZ 距离<XY 平面内投影角度<与 XY 平面夹角。例如，某点坐标为（10<45<60），表示它与当前 UCS 原点连线的距离为 10 个单位，其在 XY 平面上的投影与 X 轴的夹角为 45 度，与 XY 平面的夹角为 60 度。
- 相对坐标形式：是基于输入的前一个点来定义点，其坐标形式为：@ XYZ 距离<XY 平面内投影角度<与 XY 平面夹角。

10.1.3 坐标系建立

选择菜单中的"工具"→"新建 UCS"（UCS）命令下的一组子菜单命令，可建立用户坐标系，其命令行执行方式如下：

命令: UCS↙

当前 UCS 名称: *世界*

指定 UCS 的原点或 [面(F)/命名(NA)/对象(OB)/上一个(P)/视图(V)/世界(W)/X/Y/Z/Z 轴(ZA)] <世界>:

该命令中主要选项的作用如下：

1）指定 UCS 的原点：用户可以使用一点、两点或三点来定义一个新的 UCS。如果指定单个点，当前 UCS 的原点将会移动而不会更改 X、Y 和 Z 轴的方向，如图 10-3 所示。

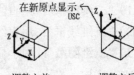

图 10-3 UCS 原点调整

2）"面(F)"：该选项用于将 UCS 与三维实体的选定面对齐。要选择一个面，请在此面的边界内或面的边上单击鼠标，被选中的面将亮显，UCS 的 X 轴将与找到的第一个面上的最近的边对齐。

3）"对象(OB)"：该选项的作用是根据选定三维对象，定义新的坐标系。

4）"视图(V)"：该选项的作用是以垂直于观察方向（即平行于屏幕）的平面为 XY 平面，建立新的坐标系，UCS 原点保持不变。

5）"世界(W)"：该选项用于将当前用户坐标系设置为世界坐标系。WCS 是所有用户坐标系的基准，不能被重新定义。

6）"X/Y/Z 轴"：该选项的作用是绕 X、Y 或 Z 轴旋转当前的 UCS，如图 10-4 所示。

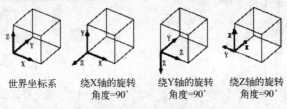

世界坐标系　　绕X轴的旋转　　绕Y轴的旋转　　绕Z轴的旋转
　　　　　　　角度=90°　　　角度=90°　　　角度=90°

图 10-4 坐标系

10.1.4 动态 UCS

可以按下〈F6〉键打开动态 UCS 功能，该功能可在创建对象时，使 UCS 的 XY 平面自动与实体模型中的平面临时对齐。例如，使用动态 UCS 功能，在实体模型的某个角度面上创建矩形，如图 10-5 所示。

选定的面　　动态USC的基点和原点　　结果

图 10-5 动态 UCS 使用

注意：该功能在三维建模中非常有用。

10.2 设置显示效果

在三维实体的设计过程中，有时需要设置或改变视觉的显示样式及切换视图的显示效果，下面就来深入探讨这部分知识，介绍它们的功能和用法。

1. 视觉样式

视觉样式是一组设置，用于控制视口中边和着色的显示效果，AutoCAD 2010 提供了 5 种默认的视觉样式。通过选择菜单"视图"→"视觉样式"（VSCURRENT）下的子菜单命令、"视图"选项卡，以及图 10-6 所示的"视觉样式"工具栏，均可方便地设置和切换视觉样式。

1）"二维线框"：用直线和曲线显示对象的边界，且线型和线宽均可见。

2）"三维线框"：用直线和曲线显示对象的边界，如图 10-7 中 A 区域所示。

3）"三维隐藏"：用于显示用三维线框表示的对象，并隐藏面后的线，如图 10-7 中 B 区域所示。

4）"真实"：用于着色多边形平面间的对象，并使对象的边平滑化。如需为对象附着材质，需要使用该视觉样式，如图 10-7 中 C 区域所示。

5）"概念"：用于着色多边形平面间的对象，并使对象的边平滑化。虽然着色效果缺乏真实感，但可以更方便地查看模型的细节，如图 10-7 中 D 区域所示。

图 10-6 "视觉样式"工具栏

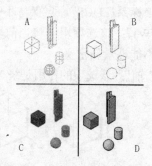

图 10-7 视觉样式效果图

为了方便地创建和修改视觉样式，用户可以选择菜单中的"视图"→"视觉样式"→"视觉样式管理器"（VISUALSTYLES）命令，系统将弹出"视觉样式管理器"面板。在该管理器中，包含了图形中可用视觉样式的样例图像，以及选定视觉样式的面设置、环境设置及边设置等特性设置面板，如图 10-8 所示，选定的视觉样式用黄色边框表示，其设置显示在样例图像下方的面板中。

2. 消隐

消隐命令用于重生成不显示隐藏线的三维线框模型，可增强三维视觉效果。使用该命令时，如果系统变量 INTERSECTIONDISPLAY 处于打开状态，则三维曲面的面与面之间的相交线，将显示为多段线。

图 10-8 视觉样式管理器

可以选择菜单中的"视图"→"消隐"（HIDE）命令执行该功能，如图 10-9 所示。

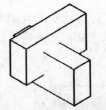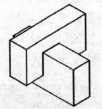

INTERSECTIONDISPLAY设置为关　　　INTERSECTIONDISPLAY设置为开

图 10-9　消隐

3. 视点和视图

视点是一个输入的具体点坐标，在输入该坐标后，系统所定义对三维图形的观察方向，就是该点与坐标原点之间的连线方向（即由输入点向原点方向观察），如图 10-10 所示。可选择菜单"视图"→"三维视图"→"视点"（VPOINT）命令，创建视点。

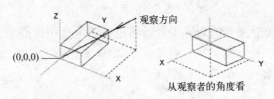

图 10-10　视点示意图

AutoCAD 2010 提供了 10 种标准视点，通过这些视点可以获得三维图形的 10 种不同视图，如前视图、左视图及东南轴测图等，如图 10-11 所示。

图 10-11　"视图"工具栏

几种特殊视图类型的简介：

1）XY 平面视图：是指视点位于正 Z 轴上，且指向坐标原点（0，0，0）的视图。AutoCAD 的二维命令大多只能在 XY 平面中使用，因此，当用户想在三维图形的某个平面内绘图时，就需要先沿该平面创建自己的"UCS"，然后使系统显示 XY 平面视图，接着就可以便捷地进行二维图形的绘制了。通过选择菜单"视图"→"三维视图"→"平面视图"（PLAN）下的子菜单命令，可以将当前视点更改为"当前 UCS、以前保存的 UCS 或 WCS 的平面视图"三种情况之一，通过将坐标系设置为"WCS"并将三维视图设置为"平面视图"，可以恢复大多数图形的默认视图和坐标系。

2）主视图：主视图是模型的一个特殊视图，可以为模型定义一个主视图，以便在使用导航工具时恢复熟悉的视图。

3）展平视图：该功能在创建技术图解时十分有用。通过 FLATSHOT 命令，可以在当前视图中创建投影到 XY 平面上的三维实体模型的展平视图。生成后的对象可作为块插入，也可以另存为独立的图形。此过程如同拍摄整个三维模型的照片，然后将其展平。

4）透视视图：通过定义模型的平行投影或透视投影可以在图形中创建真实的视觉效果。与平行投影不同的是，透视视图取决于理论相机和目标点之间的距离，较小的距离产生明显的透视效果，较大的距离产生轻微的透视效果。在透视效果关闭或在其位置定义新视图之前，透视图将一直保持其效果。图 10-12 显示了基于相同的观察方向的同一个模型，在平行投影和透视投影中的不同表现方式。

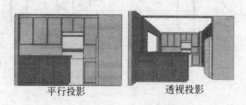

平行投影　　　　　　　透视投影

图 10-12　效果区别

10.3　观察工具

AtuoCAD 提供了功能强大的观察工具，通过灵活地运用这些工具，可以多角度观察所设计出的三维实体模型。

10.3.1　动态观察

三维动态观察是指围绕目标、相机位置（或视点）移动时，视图的目标将保持静止；目标点是视口的中心，而不是正在查看对象的中心。AutoCAD 可以动态、交互式而且直观地观察三维模型，在检查创建的实体是否符合要求时更加方便。

1. 受约束的动态观察

受约束的动态观察是指沿 XY 平面或 Z 轴约束三维动态观察。可选择菜单"视图"→"动态观察"→"受约束的动态观察"（3DORBIT）命令执行该操作，此时出现命令提示"按〈Esc〉或〈Enter〉键退出，或者单击鼠标右键显示快捷菜单"，根据提示打开的快捷菜单，如图 10-13 所示。

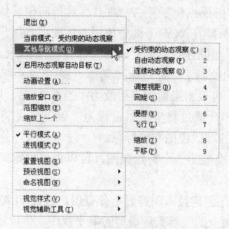

图 10-13　三维动态观察快捷菜单

快捷菜单中主要命令的作用如下：

1）"当前模式"：用于显示当前模式。

2）"其他导航模式"：用于选择以下三维导航模式之一。

3）"启用动态观察自动目标"：将目标点保持在正查看的对象上，而不是视口的圆心。默认情况下，此功能为打开状态。

4）"动画设置"：打开"动画设置"对话框，从中可以指定用于保存动画文件的设置。

5）"缩放窗口"：将光标变为窗口图标，使用户可以选择特定的区域不断进行放大。光标改变时，单击起点和终点可以定义缩放窗口。图形将被放大并集中于选定的区域。

6）"范围缩放"：居中显示视图，并调整其大小，使之能显示所有对象。

7）"缩放上一个"：用于显示上一个视图。

8）"平行模式"：使图形中的两条平行线永远不会相交。图形中的形状始终保持相同，靠近时不会变形。

9）"透视模式"：按透视模式显示对象，使所有平行线相交于一点。对象中距离越远的部分显示得越小，距离越近显示得越大。当对象距离过近时，形状将发生某些变形。该视图与肉眼观察到的图像极为接近。

10）"重置视图"：将视图重置为第一次启动 3DORBIT 命令时的当前视图。

11）"预设视图"：显示预定义视图（例如，俯视图、仰视图和西南等轴测图）的列表。从列表中选择视图，改变模型的当前视图。

12）"命名视图"：显示图形中的命名视图列表。从列表中选择命名视图，更改模型的当前视图。

13）"视觉样式"：提供用于对对象进行着色的方法。

14）"形象化辅助工具"：提供使对象形象化的辅助工具。

注意：该命令只能在三维建模环境中使用，用户可以根据需要，选择菜单"工具"→"工作空间"下的一组子菜单命令，在不同类型工作空间中进行切换。

2．自由动态观察

三维自由动态观察视图显示一个导航球，它被更小的圆分成 4 个区域，如图 10-14 所示。

当用户取消选择图 10-13 所示的快捷菜单中的"启用动态观察自动目标"选项时，视图的目标将保持固定不变。相机位置或视点将绕目标移动。目标点是导航球的中心，而不是正在查看的对象的中心，沿 XY 平面和 Z 轴进行动态观察时，视点不受约束。

可选择菜单"视图"→"动态观察"→"自由动态观察"（3DFORBIT）命令，执行该操作，此时出现命令提示"按〈Esc〉或〈Enter〉键退出，或者单击鼠标右键显示快捷菜单"，根据提示，此时所打开的右键快捷菜单，除了当前模式为自由动态观察外，其他命令的内容完全一致，这里不再重复。

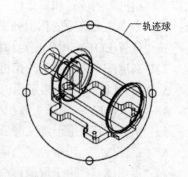

图 10-14　自由动态观察

3．连续动态观察

所谓连续地进行动态观察，就是指在要使连续动态观察移动的方向上单击并拖动，然后松开鼠标，此时轨道沿该方向继续移动。

选择菜单"视图"→"动态观察"→"连续动态观察"（3DCORBIT）命令可执行该操作，此时，当使用鼠标单击绘图区域，并沿任意方向拖动，将使得对象沿正在拖动的方向移动。如果松开鼠标左键，对象将在指定的方向上继续沿轨迹运动。为光标移动设置的速度决定了对象的旋转速度，可通过再次单击并拖动改变连续动态观察的方向。在该状态下，在绘图区域中单击鼠标右键并从快捷菜单中选择相应的命令，也可以修改连续动态观察的显示。例如，可以通过选择菜单"视觉辅助工具"→"指南针"命令，向视图中添加由表示 X、Y 和 Z 轴的直线组成的三维球体，而不退出"连续动态观察"。同样该菜单除了当前模式为自由动态观察外，其他命令的内容完全一致，因此这里不再重复。

10.3.2　创建相机

相机与动态观察的不同之处在于，动态观察是视点相对对象的位置发生变化，而相机观察的视点相对对象的位置不发生变化。通过设置相机和目标的位置，可以创建并保存对象的三维透视图，如图 10-15 所示。

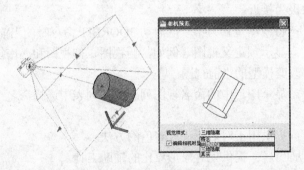

图 10-15　相机的创建与预览

选择菜单"视图"→"创建相机"（CAMERA）命令可执行该操作，然后根据提示，依次指定"相机"的位置和目标位置，或输入并执行相应的命令选项。

该命令中主要选项的作用如下：

1）"位置(LO)"：用于指定相机的位置。

2）"高度(H)"：用于更改相机的高度。

3）"目标(T)"：用于指定相机的目标。

4）"镜头(LE)"：用于更改相机的焦距。

5）"剪裁(C)"：用于定义前后剪裁平面并设置它们的值。

6）"视图(V)"：用于设置当前视图以匹配相机设置。

7）"退出(X)"：用于取消该命令。

10.3.3　漫游和飞行

在透视视图中用户可创建任意导航的预览动画，包括在图形中漫游和飞行，在创建运动路径动画之前请先创建预览以调整动画，用户可以创建、录制、回放和保存该动画。在漫游模型时，是沿着 XY 平面行进；而在模型中飞行时，将不受 XY 平面的约束，所以看起来像在模型中飞翔，当按下〈F〉键时，可实现在漫游模式和飞行模式之间的切换，另外用户还可在漫游或飞行时，随时追踪用户在三维模型中的位置。

1. 漫游

选择菜单"视图"→"漫游和飞行"→"漫游"（3DWALK）命令，可激活漫游模式，用户可以使用四个方向键或 W（前）、A（左）、S（后）、D（右）键和鼠标来控制漫游的方向。也可使用鼠标指定视图的方向，方法是沿着要进行观察的方向拖动鼠标。当单击鼠标右键时，将弹出快捷菜单，如图 10-16 所示。

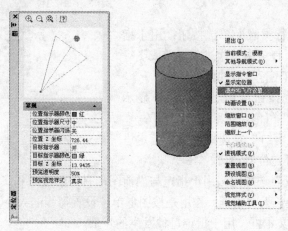

图 10-16　漫游模式

2. 飞行

该功能用于交互式更改图形中的三维视图以创建在模型中飞行的效果。可选择菜单"视图"→"漫游和飞行"→"飞行"（3DFLY）命令，激活飞行模式，可以通过键盘上的 4 个箭头键或 W（前）、A（左）、S（后）、D（右）键和鼠标来控制飞行的方向，并且飞行路线可以离开 XY 平面，就像在模型中飞越或环绕模型飞行一样。

3. 漫游和飞行设置

选择菜单"视图"→"漫游和飞行"→"漫游和飞行设置"（WALKFLYSETTINGS）命令，打开如图 10-17 所示的"漫游和飞行"对话框，通过该对话框可对漫游和飞行的状态进行设置。

图 10-17　"漫游和飞行设置"对话框

该对话框中主要选项的作用如下：

1）"设置"选项组：指定与"定位器"窗口和"漫游和飞行导航映射"气泡相关设置，在漫游和飞行模式下按〈Tab〉键，可控制气泡的显示打开或关闭，该气泡显示了控制漫游和飞行模式的键盘和鼠标控件，如图 10-18 所示。

图 10-18 "漫游和飞行导航映射"气泡

① "进入漫游/飞行模式"单选按钮：用于指定每次进入漫游或飞行模式时，显示"漫游和飞行导航映射"气泡。

② "每个任务进行一次"单选按钮：用于指定当在每个 AutoCAD 任务中首次进入漫游或飞行模式时，显示"漫游和飞行导航映射"气泡。

③ "从不"单选按钮：用于指定从不显示"漫游和飞行导航映射"气泡。

④ "显示定位器窗口"复选框：用于指定进入漫游模式时是否打开定位器窗口。

2）"当前图形设置"选项组：用于指定与当前图形有关的漫游和飞行模式的设置。

① "漫游/飞行步长"文本框：作用是按图形单位设置每步的大小。

② "每秒步数"文本框：用于指定每秒发生的步数。

注意：如果要指定自动执行三维漫游或三维飞行的设置，请使用"动画设置"对话框。

10.3.4　运动路径动画

创建运动路径动画前，必须首先创建路径对象（可以是直线、圆弧、椭圆弧、圆、多段线、三维多段线或样条曲线），然后选择菜单"视图"→"运动路径动画"（ANIPATH）命令，打开"运动路径动画"对话框，如图 10-19 所示，使用该对话框可以指定运动路径动画的设置并创建动画文件。

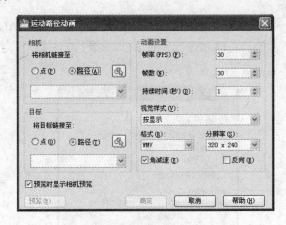

图 10-19 "运动路径动画"对话框

该对话框中主要选项的作用如下：

1）"相机"选项组：作用是通过选择工具，将相机链接至图形中的静态点或运动路径。

2）"目标"选项组：作用是通过选择工具，将目标链接至点或路径，如果将相机链接至点，则必须将目标链接至路径；如果将相机链接至路径，可以将目标链接至点或路径。

3）"动画设置"选项组：用于控制动画文件的输出，该选项组具体设置如下：

① "帧率 (FPS) "微调框：控制动画运行的速度，以每秒帧数为单位计量。

② "帧数"微调框：指定动画中的总帧数，该值与帧率共同确定动画的长度。

③ "持续时间（秒）"微调框：指定动画（片断中）的持续播放时间。

④ "视觉样式"下拉列表框：显示可应用于动画文件的视觉样式和渲染预设的列表。

⑤ "格式"下拉列表框：用于指定动画的文件格式，可以将动画保存为 AVI、MOV、MPG 或 WMV 文件格式。

⑥ "分辨率"下拉列表框：以屏幕显示单位定义生成动画的宽度和高度。

⑦ "角减速"复选框：用于当相机转弯时，以较低的速率移动相机。

⑧ "反转"复选框：用于反转动画的方向。

4）"预览时显示相机预览"复选框：显示"动画预览"对话框，可以在保存动画之前进行预览。

5）"预览"按钮：显示视口中动画的相机移动。如果选中了"预览时显示相机预览"复选框，则"动画预览"对话框将也显示动画的预览效果。

图 10-20 所示的就是首先创建好运动路径，且在"运动路径动画"对话框中完成各项选项的设置后，单击"预览"按钮得到的动画效果，如果单击"确定"按钮，系统将弹出"另存为"对话框，以便将当前动画保存成视频文件。

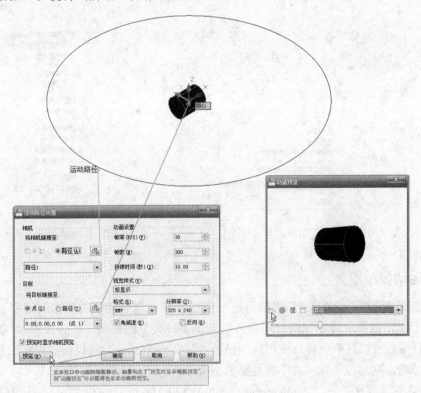

图 10-20 运动路径动画设置与演示

10.3.5　视图控制器

视图控制器（ViewCube）的可见性和显示特性，可以通过 NAVVCUBE 命令控制，该命令执行过程如下：

命令: NAVVCUBE✓

输入选项 [开(ON)/关(OFF)/设置(S)] <ON>:

该命令中选项的作用如下：

1）"开(ON)"：该选项用于显示视图控制器（ViewCube），如图 10-21 所示。

2）"关(OFF)"：该选项用于关闭视图控制器（ViewCube）的显示。

3）"设置(S)"：显示"ViewCube 设置"对话框，从中可以控制视图控制器（ViewCube的外观、可见性和位置等。

10.3.6　控制盘

控制盘（SteeringWheels）将多个常用导航工具结合到一个界面中，其中的每个按钮代表了一种导航工具。选择菜单中的"视图"→"Steeringwheels"（NAVSWHEEL）命令，可以启动控制盘，如图 10-22 所示。

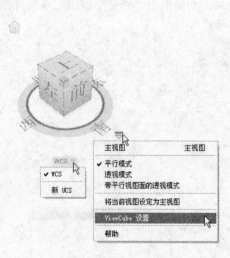

图 10-21　视图控制器

图 10-22　控制盘及快捷菜单

10.3.7　运动显示器

运动显示器（ShowMotion）提供可用于创建和播放电影式相机动画的屏幕显示，这些动画可用于演示或在设计中导航。用户可以录制多种类型的视图（称为快照），随后可对这些视图进行更改或按序列放置。使用运动显示器（ShowMotion）可以向捕捉到的相机位置添加移动和转场，这与在电视广告中所见到的相类似。

选择菜单"视图"→"ShowMotion"（NAVSMOTION）命令，可以启动运动显示器（ShowMotion），下面将举例说明其用法，单击"新建快照"按钮，将弹出"新建视图/快照特征"对话框,按照图 10-23 所示进行设置并重命名后,单击"全部播放"按钮,观看圆柱体缩小的效果。

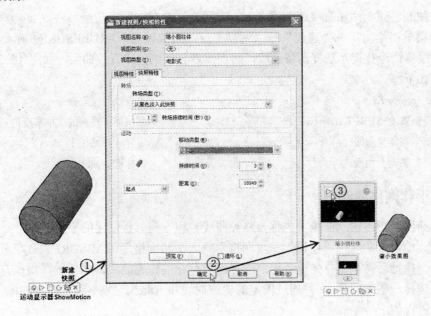

图 10-23　运动显示器

10.4　绘制三维网格曲面

通过前面对三维坐标系统及显示控制等基础知识的讲解,相信读者已对三维建模部分的知识产生浓厚的兴趣,接下来开始讲解三维网格曲面的绘制,希望读者认真学习这部分内容,并为后续章节的学习打下坚实的基础。三维网格曲面菜单与命令对照,如图 10-24 所示。

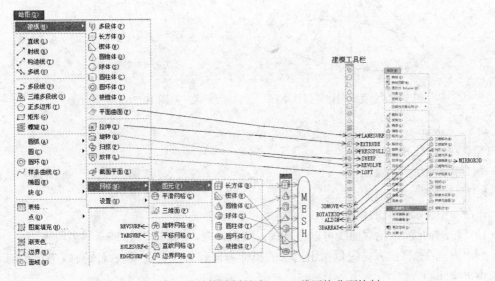

图 10-24　软件结构浅析导读——三维网格曲面绘制

10.4.1　直纹网格曲面

直纹曲面创建于两条直线或曲线之间，表示为直纹曲面的多边形网格。

选择菜单"绘图"→"建模"→"网格"→"直纹网格"（RULESURF）命令可绘制直纹曲面，根据命令行提示选择两条曲线，将在二者之间创建出直纹曲面，如图 10-25 所示，执行过程如下：

命令：_rulesurf↙　　　　　　　　　　　　　　//"直纹网格"命令
当前线框密度：SURFTAB1=16　　　　　　　　　//系统提示目前的线框密度值
选择第一条定义曲线：　　　　　　　　　　　　//鼠标选择曲线 1
选择第二条定义曲线：　　　　　　　　　　　　//鼠标选择曲线 2

10.4.2　平移网格曲面

平移曲面是指由轮廓曲线（也称为路径曲线）和方向矢量创建的平移网格。

选择菜单"绘图"→"建模"→"网格"→"平移网格"（TABSURF）命令可绘制平移曲面，命令执行后，系统首先提示用户选择已经存在的轮廓曲线，然后选择用作方向矢量的对象（即选择一条方向线），并通过指定的轮廓曲线和方向线建立平移曲面，如图 10-26 所示，执行过程如下：

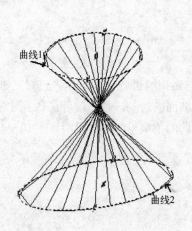

图 10-25　直纹网格三维线框图

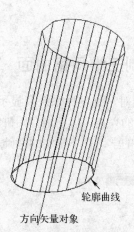

图 10-26　平移曲面

命令：_tabsurf↙　　　　　　　　　　　　　　//"平移网格"命令
当前线框密度：SURFTAB1=20
选择用作轮廓曲线的对象：　　　　　　　　　　//选择一条已经存在的轮廓曲线
选择用作方向矢量的对象：　　　　　　　　　　//选择方向线

该命令中主要选项的作用如下：

1）"轮廓曲线"：轮廓曲线可以是直线、圆弧、圆、椭圆、二维或三维多段线。

2）"方向矢量"：方向矢量指出形状的拉伸方向和长度，在多段线或直线上选定的端点位置决定拉伸的方向。

10.4.3　边界网格曲面

边界网格近似于一个由四条邻接边定义的孔斯曲面片网格，孔斯曲面片网格是一个在四条邻接边之间插入的双三次曲面。

边界曲面生成，必须选择定义网格片的四条邻接边，邻接边可以是直线、圆弧、样条曲线或开放的二维或三维多段线。这些边必须在端点处相交，以形成一个拓扑形式的矩形闭合路径。

选择菜单"绘图"→"建模"→"网格"→"边界网格"（EDGESURF）命令，并根据提示依次选定邻接的边界线可创建边界曲面，如图 10-27 所示，执行过程如下：

命令：_edgesurf↙　　　　　　　　　　　　　　　　　　//"边界网格"命令

当前线框密度：SURFTAB1=20　SURFTAB2=20

选择用作曲面边界的对象 1：　　　　　　　　　　　　　//鼠标选择边 1

选择用作曲面边界的对象 2：　　　　　　　　　　　　　//鼠标选择边 2

选择用作曲面边界的对象 3：　　　　　　　　　　　　　//鼠标选择边 3

选择用作曲面边界的对象 4：　　　　　　　　　　　　　//鼠标选择边 4

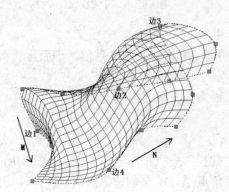

图 10-27　边界曲面

注意：系统变量"SURFTAB1"和"SURFTAB2"分别用于控制图 10-27 所示的 M、N 方向的网格分段数。可通过在命令行输入"SURFTAB1"改变 M 方向的默认值，在命令行输入"SURFTAB2"将改变 N 方向的默认值，系统变量的设置要在绘图前进行。

10.4.4　旋转网格曲面

旋转曲面的创建过程，是通过将路径曲线或轮廓线绕指定的轴旋转得到的一个近似于旋转曲面的多边形网格。

选择菜单"绘图"→"建模"→"网格"→"旋转网格"（REVSURF）命令可绘制旋转曲面，命令执行后，根据提示首先选择要旋转的对象，这些对象可以是已绘制好的直线、圆弧、圆或二维及三维多段线等，然后选定已有的直线或是开放的二维、三维多段线等作为旋转轴，并输入旋转角度值，即可得到该曲面，如图 10-28 所示，执行过程如下：

命令：_revsurf↙　　　　　　　　//"旋转网格"命令

当前线框密度：SURFTAB1=20　SURFTAB2=20

选择要旋转的对象： //选择绘制好的直线、圆弧、圆或二维、三维多段线

选择定义旋转轴的对象： //选择已有的用作旋转轴的直线或是开放的二维、三维多段线

指定起点角度<0>：✓ //输入值或按〈Enter〉键表示采用系统默认值

指定包含角度（+=逆时针，－=顺时针）<360>：✓ //采用系统默认值并完成该操作

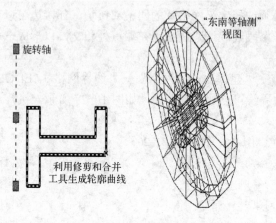

图 10-28 旋转曲面

该命令中主要选项的作用如下：

1）"起点角度"：如果将起点角度设置为非零值，平面将从路径曲线位置的某个偏移处开始旋转。

2）"包含角度"：用来指定绕旋转轴的旋转角度。

10.4.5 平面网格曲面

选择菜单"绘图"→"建模"→"平面网格"（PLANESURF）命令，可绘制出平面网格曲面。例如，通过指定对角点 A、B 来创建平面网格曲面，如图 10-29 所示，执行过程如下：

命令：_Planesurf✓ //"平面网格"命令

指定第一个角点或 [对象(O)]<对象>： //鼠标指定角点 A

指定其他角点： //鼠标指定对角点 B

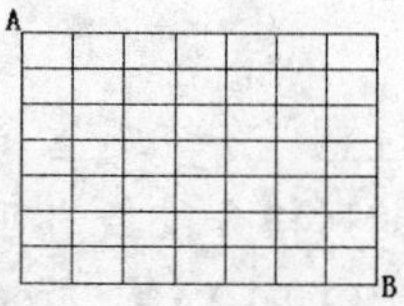

该命令中主要选项的作用如下：

1）指定角点：通过指定两个角点，可创建出矩形平面网格曲面。

图 10-29 平面网格曲面

2）"对象（O）"：该选项的作用是，通过选定的平面对象创建平面曲面，例如，选定矩形和圆形创建的平面网格曲面，如图 10-30 所示。

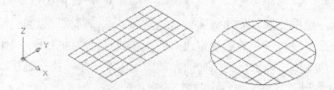

图 10-30 指定平面对象创建平面曲面

264

10.4.6 图元

创建图元，包括创建三维实体图元和创建三维网格图元，本章主要探讨如何创建网格长方体、圆锥体、圆柱体、棱锥体及球体等三维网格图元对象。

选择菜单"绘图"→"建模"→"网格"→"图元"（MESH）下的子菜单命令，可以方便地创建三维网格图元，其命令行执行过程如下：

命令: MESH↙

当前平滑度设置为: 0 //系统提示的平滑度值

输入选项 [长方体(B)/圆锥体(C)/圆柱体(CY)/棱锥体(P)/球体(S)/楔体(W)/圆环体(T)/设置(SE)] <长方体>:
//选择相应的选项，绘制所需的三维网格

该命令主要选项的作用如下：

1）平滑度设置：默认情况下，创建的新网格图元平滑度为零，如果要更改默认的平滑度，可以输入 SE（即该命令的"设置(SE)"选项）进行设置，而且值只能介于 0～4 之间。

2）"长方体(B)"：用于创建网格长方体或立方体，如图 10-31 所示，执行过程如下：

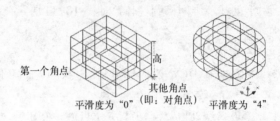

图 10-31　长方体网格图元

命令: MESH↙

当前平滑度设置为: 0 //平滑度的默认值为"0"

输入选项 [长方体(B)/圆锥体(C)/圆柱体(CY)/棱锥体(P)/球体(S)/楔体(W)/圆环体(T)/设置(SE)] <长方体>:↙

指定第一个角点或 [中心(C)]: //鼠标确定出（或输入）网格长方体的第一个角点

指定其他角点或 [立方体(C)/长度(L)]: //鼠标确定出（或输入）网格长方体的对角点

指定高度或 [两点(2P)] <46.7637>: //鼠标确定出（或输入）网格长方体沿 Z 轴的高度

命令: MESH↙

当前平滑度设置为: 0

输入选项 [长方体(B)/圆锥体(C)/圆柱体(CY)/棱锥体(P)/球体(S)/楔体(W)/圆环体(T)/设置(SE)] <长方体>: SE↙

指定平滑度或[镶嵌(T)] <0>: 4↙ //设置新的平滑度值为"4"

输入选项 [长方体(B)/圆锥体(C)/圆柱体(CY)/棱锥体(P)/球体(S)/楔体(W)/圆环体(T)/设置(SE)] <长方体>:↙

指定第一个角点或 [中心(C)]:

指定其他角点或 [立方体(C)/长度(L)]:

指定高度或 [两点(2P)] <50.8452>:

3）"圆锥体(C)"：该选项用于创建一个三维网格，该网格以圆或椭圆为底面，以对称方式形成锥体表面，最后交于一点，或交于一个平面顶面，如图 10-32 所示，执行过程如下：

命令: MESH↙

当前平滑度设置为: 0

输入选项 [长方体(B)/圆锥体(C)/圆柱体(CY)/棱锥体(P)/球体(S)/楔体(W)/圆环体(T)/设置(SE)] <长方体>: C↙   //输入参数"圆锥体(C)"对应的字母 C，绘制圆锥体

指定底面的中心点或 [三点(3P)/两点(2P)/切点、切点、半径(T)/椭圆(E)]:

指定底面半径或 [直径(D)] <114.4958>:

指定高度或 [两点(2P)/轴端点(A)/顶面半径(T)] <159.6200>:

命令: MESH↙

当前平滑度设置为: 0

输入选项 [长方体(B)/圆锥体(C)/圆柱体(CY)/棱锥体(P)/球体(S)/楔体(W)/圆环体(T)/设置(SE)] <圆锥体>:↙

指定底面的中心点或 [三点(3P)/两点(2P)/切点、切点、半径(T)/椭圆(E)]:

指定底面半径或 [直径(D)] <8.7148>:

指定高度或 [两点(2P)/轴端点(A)/顶面半径(T)] <50.6606>: T↙ //输入参数"顶面半径(T)"

指定顶面半径 <0.0000>:

指定高度或 [两点(2P)/轴端点(A)] <50.6606>:

4）"圆柱体(CY)": 用于创建三维网格圆柱体，如图 10-33 所示，执行过程如下:

命令: MESH↙

当前平滑度设置为: 0

输入选项 [长方体(B)/圆锥体(C)/圆柱体(CY)/棱锥体(P)/球体(S)/楔体(W)/圆环体(T)/设置(SE)] <圆锥体>:

CY↙

指定底面的中心点或 [三点(3P)/两点(2P)/切点、切点、半径(T)/椭圆(E)]:

指定底面半径或 [直径(D)] <105.2172>:

指定高度或 [两点(2P)/轴端点(A)] <284.3231>:

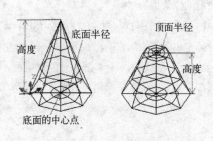

图 10-32　圆锥体网格图元

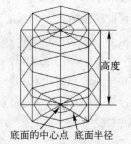

图 10-33　圆柱体网格图元

5）"棱锥体(P)": 用于创建三维网格棱锥体，如图 10-34 所示，执行过程如下:

命令: MESH↙

当前平滑度设置为: 0

输入选项 [长方体(B)/圆锥体(C)/圆柱体(CY)/棱锥体(P)/球体(S)/楔体(W)/圆环体(T)/设置(SE)] <圆柱体>: P↙

4 个侧面　外切

指定底面的中心点或 [边(E)/侧面(S)]:

指定底面半径或 [内接(I)] <149.1576>:

指定高度或 [两点(2P)/轴端点(A)/顶面半径(T)] <329.3740>:

6）"球体(S)"：用于创建三维网格球体，如图 10-35 所示，执行过程如下：

命令: MESH↙

当前平滑度设置为: 0

输入选项 [长方体(B)/圆锥体(C)/圆柱体(CY)/棱锥体(P)/球体(S)/圆锥体(W)/圆环体(T)/设置(SE)] <棱锥体>: S↙

指定中心点或 [三点(3P)/两点(2P)/切点、切点、半径(T)]:

指定半径或 [直径(D)] <149.1576>:

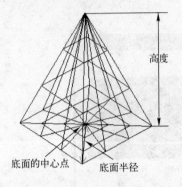

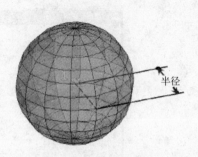

图 10-34　棱锥体网格图元　　　　　　　图 10-35　球体网格图元

7）"楔体(W)"：用于创建三维网格楔体，如图 10-36 所示，执行过程如下：

命令: MESH↙

当前平滑度设置为: 0

输入选项 [长方体(B)/圆锥体(C)/圆柱体(CY)/棱锥体(P)/球体(S)/楔体(W)/圆环体(T)/设置(SE)] <球体>: W↙

指定第一个角点或 [中心(C)]:

指定其他角点或 [立方体(C)/长度(L)]:

指定高度或 [两点(2P)] <329.3740>:

8）"圆环体(T)"：用于创建三维网格图元圆环体，如图 10-37 所示，执行过程如下：

命令: MESH↙

当前平滑度设置为: 0

输入选项 [长方体(B)/圆锥体(C)/圆柱体(CY)/棱锥体(P)/球体(S)/楔体(W)/圆环体(T)/设置(SE)] <圆环体>: T↙

指定中心点或 [三点(3P)/两点(2P)/切点、切点、半径(T)]:

指定半径或 [直径(D)] <149.1576>:

指定圆管半径或 [两点(2P)/直径(D)]: D↙

指定圆管直径 <0.0000>:

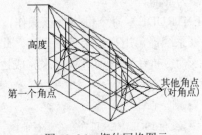

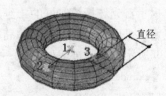

图 10-36　楔体网格图元　　　　　　　　图 10-37　圆环体网格图元

9）"设置(SE)"：用于修改新网格对象的平滑度和镶嵌值，执行过程如下：

命令：MESH↙

当前平滑度设置为：0

输入选项 [长方体(B)/圆锥体(C)/圆柱体(CY)/棱锥体(P)/球体(S)/楔体(W)/圆环体(T)/设置(SE)] <圆锥体>：SE↙

指定平滑度或[镶嵌(T)] <0>：T↙

此时系统将弹出"网格图元选项"对话框，如图 10-38 所示，在该对话框中设置的默认值，可控制新网格图元对象的外观。

图 10-38　"网格图元选项"对话框

小技巧：可以通过对面进行平滑处理、锐化、优化和拆分重塑网格对象的形状，还可以拖动边、面和顶点以塑造整体形状。

10.5　特征操作

三维特征操作是重要三维建模工具，通过对这部分知识的学习和灵活运用，读者既可以创建出三维实体，又可以创建出曲面图形，也就是说这类特征操作对三维实体和曲面都适用，因此把这部分知识安排在此进行讲解，针对这些工具在实体建模中的应用，将在第 11 章中具体讲解。

10.5.1　拉伸

该命令用于拉伸选定的对象，以创建实体和曲面，如果拉伸的是闭合对象，则生成的对象为实体；如果拉伸的是开放对象，则生成的对象为曲面。

选择菜单"绘图"→"建模"→"拉伸"（EXTRUDE）命令可执行该操作，命令执行后，根据提示首先选择绘制好的二维对象，接下来系统提示用户指定拉伸高度，此时可以通过鼠标确定也可以直接输入拉伸的高度值，或输入命令提示的其他选项，来完成拉伸操作，如图 10-39 所示，执行过程如下：

命令：_extrude↙　　　　　　　　　　　　　　// "拉伸"命令

当前线框密度：ISOLINES=4　　　　　　　　　//系统变量 ISOLINES 可在命令运行前，

　　　　　　　　　　　　　　　　　　　　　　　可在命令行中直接运行设置该值，该值用于

控制该对象在三维线框图中的线框密度

选择要拉伸的对象：找到 1 个   //选择绘制好的二维对象

选择要拉伸的对象：✓   //按〈Enter〉键表示结束选择

指定拉伸的高度或 [方向(D)/路径(P)/倾斜角(T)] <-661.5402>: //由鼠标指定拉伸高度或直接输入拉伸高度

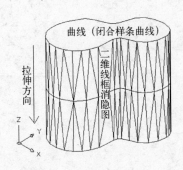

图 10-39 曲面拉伸

该命令中主要选项的作用如下：

1)"拉伸高度"：按指定的高度拉伸出三维实体对象，默认情况下，将沿对象的法线方向拉伸平面对象。

2)"方向(D)"：通过指定的两点确定出拉伸的长度和方向。

3)"路径(P)"：该选项用于指定拉伸路径，并将选定的路径移动到选定对象的轮廓质心，然后沿选定路径拉伸对象轮廓以创建实体或曲面，如图 10-40 所示。

4)"倾斜角(T)"：用于设置拉伸的倾斜角度，如图 10-41 所示。

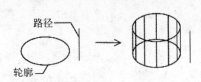

图 10-40 沿路径拉伸

图 10-41 倾斜角

10.5.2 旋转

该命令的功能是通过绕旋转轴扫掠二维对象，以创建三维实体或曲面。当旋转闭合对象时，将创建三维实体；旋转开放对象，则创建曲面。

选择菜单"绘图"→"建模"→"旋转"（REVOLVE）命令后，系统首先提示选择要旋转的对象，此时用户可选择绘制好的二维对象（按住〈Shift〉键，可同时选中多个对象），接下来提示用户指定旋转轴及旋转角度，最终完成旋转操作，如图 10-42 所示，执行过程如下：

命令：_revolve✓   //"旋转"命令

当前线框密度：ISOLINES=4

选择要旋转的对象：   //选择绘制好的二维对象，按住〈Shift〉键可同时选中多个对象

选择要旋转的对象：✓   //按〈Enter〉键，结束选择

指定轴起点或根据以下选项之一定义轴 [对象(O)/X/Y/Z] <对象>:   //鼠标指定旋转轴或输入命令提示选项
指定旋转角度或 [起点角度(ST)] <360>:✓   //可将对象旋转 360° 或其他任意角度

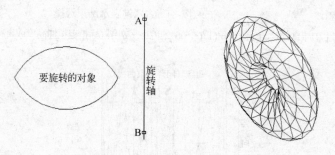

图 10-42   旋转操作

该命令中主要选项的作用如下：

1）指定旋转轴的起点：通过指定旋转轴的第一点和第二点定义旋转轴及轴的正方向。

2）"对象(O)"：选择现有的直线或线性多段线线段等作为旋转轴线。

3）"X/Y/Z"：将当前用户坐标系（UCS）的 X、Y 或 Z 轴的正向设置为轴的正方向。

10.5.3 扫掠

使用扫掠命令，可以通过沿开放或闭合的二维或三维路径扫掠开放或闭合的平面曲线，以创建新实体或曲面，该命令可以扫掠多个对象，但是这些对象必须位于同一平面中。

选择菜单"绘图"→"建模"→"扫掠"（SWEEP）命令后，系统将提示选择要执行扫掠操作的对象及扫掠路径，完成扫掠操作，如图 10-43 所示，执行过程如下：

命令：_sweep✓   //"扫掠"命令

当前线框密度： ISOLINES=4

选择要扫掠的对象: 找到 1 个   //选择要进行扫掠操作的对象

选择要扫掠的对象: ✓   //按〈Enter〉键，结束选择

选择扫掠路径或 [对齐(A)/基点(B)/比例(S)/扭曲(T)]:   //选择扫掠路径或其他命令选项

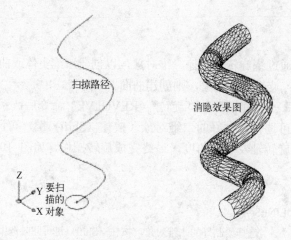

图 10-43   扫掠

该命令中主要选项的作用如下：

1）"对齐(A)"：用于指定是否对齐轮廓以使其作为扫掠路径切向的法向，默认情况下，轮廓是对齐的。

2）"基点(B)"：用于指定要扫掠对象的基点。

3）"比例(S)"：用于指定比例因子以进行扫掠操作。从扫掠路径的开始到结束，比例因子将统一应用到扫掠的对象。

4）"扭曲(T)"：用于设置正被扫掠的对象的扭曲角度。

10.5.4　放样

选择菜单中的"绘图"→"建模"→"放样"（LOFT）命令，可以通过对包含两条或两条以上横截面曲线的一组曲线进行放样，来创建三维实体或曲面，如图 10-44 所示，执行过程如下：

命令：_loft↙　　　　　　　　　　　　　　// "放样"命令

按放样次序选择横截面：　　　　　　　　　//按自下而上顺序依次选择截面

按放样次序选择横截面：↙　　　　　　　　//按〈Enter〉键，结束选择

输入选项 [导向(G)/路径(P)/仅横截面(C)] <仅横截面>：P↙　//输入选项"路径(P)"

选择路径曲线：　　　　　　　　　　　　　//选择路径曲线，如图 10-44 所示的直线

　　　　　　　　　　　　　　　　　　　　//AB

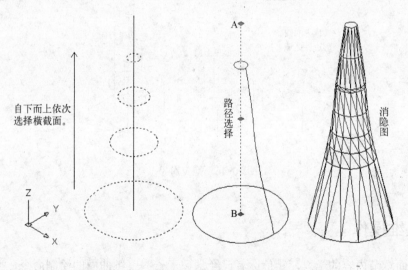

图 10-44　放样过程

该命令中主要选项的作用如下：

1）"导向(G)"：指定控制放样实体或曲面形状的导向曲线。

2）"路径(P)"：指定放样实体或曲面的单一路径，该路径曲线必须与横截面的所有平面相交。

3）"仅横截面(C)"：选择该项，系统将弹出"放样设置"对话框，如图 10-45 所示。

图 10-45 "放样设置"对话框

10.5.5 拖曳

拖曳用于在有边界区域的形状中创建正拉伸或负拉伸,可通过"拖曳"(PRESSPULL)命令执行该操作,并根据提示选择有边界区域后,按住鼠标拖动该区域,完成拖曳操作,如图 10-46 所示,该命令可以操作(按住并拖动)多种类型的有边界区域(包括闭合对象、由共面几何图形包含的区域、三维实体的面以及三维实体面上的压印区域)。

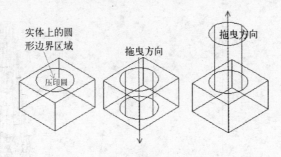

图 10-46 拖曳对象

10.6 三维操作

通过前面章节内容的学习,相信读者已经掌握了一些三维曲面的绘制命令,并能设计出一些简单的三维图形,不过光有这些简单的曲面绘制命令还不够,因为要经常对所绘制的曲面进行编辑修改,因此熟练掌握以下这些三维曲面编辑命令是非常必要的,熟练掌握它们将大大提高设计效率。

10.6.1 三维旋转

该功能用于将三维对象和子对象的旋转约束到轴上。选择要旋转的对象和子对象后,将显示出三维旋转小控件并位于选择集的中心,此位置由小控件的中心框(基准夹点)指示。可通过使用快捷菜单中的"重新定位小控件"选项重新定位小控件,如图 10-47 所示。

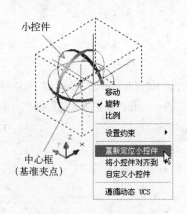

图 10-47　小控件及控制

使用三维旋转小控件，可自由旋转选定的对象和子对象，或将旋转约束到轴，拖动光标时，选定的对象和子对象将沿指定的轴绕基点旋转。

可选择菜单"修改"→"三维操作"→"三维旋转"（3DROTATE）命令，并根据提示首先选择要旋转的对象，然后拾取旋转基点，指定旋转轴并输入旋转的角度后，实现三维旋转操作，如图 10-48 所示，以绕 X 轴旋转为例，执行过程如下：

命令：_3drotate↙　　　　　　　　　　　　　　　// "三维旋转"命令

当前正向角度：ANGDIR=逆时针 ANGBASE=0

选择对象：　　　　　　　　　　　　　　　　　　//选择要进行三维旋转操作的对象

选择对象：↙

指定基点：　　　　　　　　　　　　　　　　　　//指定旋转基点

拾取旋转轴：　　　　　　　　　　　　　　　　　//选择旋转轴 X

指定角的起点或键入角度：30↙　　　　　　　　　//输入旋转角度

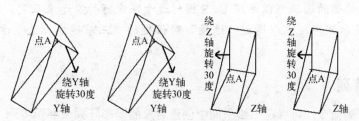

图 10-48　三维旋转

10.6.2　三维镜像

使用三维镜像命令，可通过指定的镜像平面来镜像对象。镜像平面可以是平面对象所在的平面、通过指定点且与当前 UCS 的 XY、YZ 或 XZ 平面平行的平面或由三个指定点定义的平面。

选择菜单中的"修改"→"三维操作"→"三维镜像"（MIRROR3D）命令后，根据提示首先选择需要进行三维镜像操作的对象，然后指定镜像平面，最后确定是否保留源对象，并最终完成三维镜像操作，如图 10-49 所示，执行过程如下：

命令：_mirror3d↙   //"三维镜像"命令
选择对象：   //选择要进行镜像操作的对象
选择对象：↙
指定镜像平面（三点）的第一个点或[对象(O)/上一个(L)/Z 轴(Z)/视图(V)/XY 平面（XY）/YZ 平面
（YZ）/ZX 平面（ZX）/三点（3）]<三点>：//依次捕捉实体最右侧平面上的 A、B、C 顶点
是否删除源对象？[是(Y)/否(N)]<否>：↙   //按〈Enter〉键表示保留源对象

图 10-49　三维镜像

该命令中主要选项的作用如下：

1）"对象(O)"：使用选定平面对象所在平面作为镜像平面，如图 10-50 所示。

2）"Z 轴(Z)"：根据平面上的一个点和平面法线上的一个点定义镜像平面。

3）"视图(V)"：指定一个平行于当前视图的平面作为镜像平面。

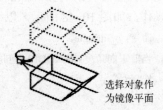

选择对象作为镜像平面

图 10-50　镜像平面确定

4）"XY 平面(XY)/YZ 平面(YZ)/ZX 平面(ZX)"：用于指定一个通过指定点的标准平面（XY、YZ 或 ZX），作为镜像平面。

小技巧：镜像面的选择可以参照 UCS 图标或十字光标的显示来确定，其中 UCS 图标或十字光标的显示状态，可以通过"选项"对话框的"三维建模"选项卡中相应的选项组进行设置。

10.6.3　三维阵列

使用三维阵列命令，可以在三维空间中创建对象的矩形阵列或环形阵列。除了指定列数（X 方向）和行数（Y 方向）以外，还要指定层数（Z 方向）。

选择菜单"修改"→"三维操作"→"三维阵列"（3DARRAY）命令后，根据提示首先选择需要进行阵列操作的对象，然后确定阵列的类型（包括矩形类型或环形类型），并根据所选类型的提示，完成三维阵列操作，如图 10-51 所示，执行过程如下：

命令：_3darray↙   //"三维阵列"命令
选择对象：   //选择要进行三维阵列操作的对象
选择对象：↙
输入阵列类型[矩形（R）/环形（P）]<矩形>：↙   //采用矩形阵列类型
输入行数（---）<1>：3↙   //输入阵列的行数
输入列数（|||）<1>：3↙   //输入阵列的列数

输入层数 (...) <1>: 2✓   //输入阵列的层数

指定行间距 (---): 指定第二点: //使用鼠标拾取距离（也可以直接输入距离值）

指定列间距 (|||): 指定第二点: //同上

指定层间距 (...): 指定第二点: //同上

命令:✓   //按下〈Enter〉键，表示再次执行刚结束的"三维阵列"命令

3DARRAY

选择对象: 找到 1 个

选择对象:

输入阵列类型 [矩形(R)/环形(P)] <矩形>:P✓   //采用环形阵列类型

输入阵列中的项目数目: 10✓

指定要填充的角度 (+=逆时针, -=顺时针) <360>:✓

旋转阵列对象？ [是(Y)/否(N)] <Y>:✓

指定阵列的中心点: //确定出旋转轴的起点

指定旋转轴上的第二点: //确定出旋转轴的另一点

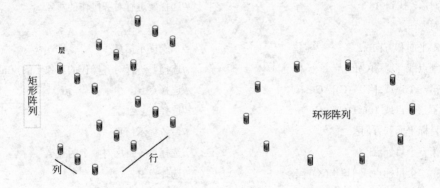

图 10-51   三维阵列"东南等轴测"视图

该命令中主要选项的作用如下：

1）"矩形阵列"：在行（X 轴）、列（Y 轴）和层（Z 轴）矩形阵列中复制对象。

2）"环形阵列"：根据输入的对象数目，绕旋转轴复制对象。

10.6.4   三维移动

执行三维移动命令后，在三维视图中显示三维移动小控件，可沿指定方向将对象移动指定的距离。

选择菜单"修改"→"三维操作"→"三维移动"（3DMOVE）命令，根据提示首先选择需要进行移动操作的对象，然后指定基点或选择"位移"操作后，系统将根据用户指定的位移点，完成三维移动操作，如图 10-52 所示，执行过程如下：

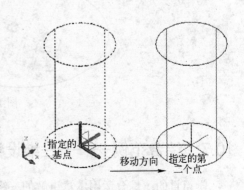

图 10-52   三维移动

命令: _3dmove↙   //"三维移动"命令

选择对象: 找到 1 个   //选择要进行三维移动操作的对象

选择对象: ↙

指定基点或 [位移(D)] <位移>:   //指定基点或选择位移操作

指定第二个点或 <使用第一个点作为位移>:   //鼠标沿移动方向指定第二点

10.6.5　对齐对象

　　三维对齐用于将在二维和三维空间中的对象与其他对象对齐,用户可以根据具体情况,指定一对、两对或三对源对象基点和目标基点,使选定的对象对齐。该命令还可用于动态UCS(即 DUCS),因此可动态地拖动选定对象并使其与实体对象的面对齐。

　　选择菜单"修改"→"三维操作"→"对齐"(3DALIGN)命令后,根据提示首先选择需要进行对齐操作的对象,然后选择相应的对齐点,可完成三维对齐操作,图 10-53 所示为使用鼠标指定"三对点"所进行的对齐操作,执行过程如下:

命令: _3dalign↙   //"对齐"命令

选择对象: 找到 1 个   //选择要进行对齐操作的对象

选择对象: ↙

指定源平面和方向 ...   //系统提示信息

指定基点或 [复制(C)]:   //选择要进行对齐操作的对象上的点 a 作为基点

指定第二个点或 [继续(C)] <C>:   //选择点 b

指定第三个点或 [继续(C)] <C>:   //选择点 c

指定目标平面和方向 ...   //系统提示信息

指定第一个目标点: //选择对齐目标对象上的点 A

指定第二个目标点或 [退出(X)] <X>:   //选择点 B

指定第三个目标点或 [退出(X)] <X>:   //选择点 C

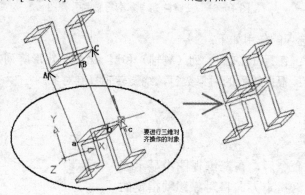

图 10-53　三维对齐

10.7　综合范例——三维设计基础实训

　　学习目的:综合运用本章讲解的三维曲面绘制和三维实体显示控制等知识,以达到熟悉三维坐标系统,了解三维建模基础,同时掌握三维图形的显示控制等技能。

重点难点:

了解三维坐标系统

➢ 掌握三维曲面的创建和编辑

➢ 了解三维实体的显示和控制

使用基本绘图命令及"分解"(EXPLODE)等修改命令,完成二维线框图的设计,然后使用"拉伸"(EXTRUDE)、"三维旋转"(3DROTATE)等命令完成三维模型的绘制,并对所设计的三维模型切换不同的视觉样式进行观察,结果如图 10-54 所示。

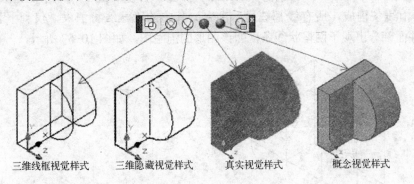

三维线框视觉样式　　三维隐藏视觉样式　　真实视觉样式　　概念视觉样式

图 10-54　不同的视觉样式

1．绘制三维图形

1)选择菜单"视图"→"视觉样式"→"二维线框"命令和"视图"→"三维视图"→"左视"命令,将视图切换到二维线框左视图状态。

2)使用矩形(RECTANG)命令,分别绘制如图 10-55 所示的矩形 OB 和矩形 AB,并使用"直线"(LINE)命令,连接 AC,最后完成结果如图 10-55 所示。

3)选择菜单"绘图"→"建模"→"拉伸"(EXTRUDE)命令,然后根据提示选择矩形 OB,并设定其拉伸高度为-100,执行过程如下:

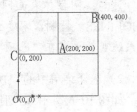

图 10-55　"左视"图

命令: _extrude↙　　　　　　　　　　　　　　　　　　//"拉伸"命令

当前线框密度: ISOLINES=4

选择要拉伸的对象: 找到 1 个　　　　　　　　　　　　　//选择矩形 OB

选择要拉伸的对象: ↙

指定拉伸的高度或 [方向(D)/路径(P)/倾斜角(T)] <80.0000>: -100↙　　//拉伸高度为-100

4)选择菜单"绘图"→"建模"→"旋转"(REVOLVE)命令,然后根据提示选择矩形 AB,并选定点 A 作为轴起点,点 C 作为轴端点,定义出旋转轴 AC,同时输入旋转角度为-180 度,即将选定的矩形 AB 沿旋转轴 AC 旋转-180 度,然后选择菜单中的"视图"→"三维视图"→"西北等轴测"命令,切换视图,最后删除直线 AC,完成结果如图 10-56 所示,执行过程如下:

命令: _revolve↙　　　　　　　　　　　　　　　　　　　　　　//"旋转"命令

当前线框密度: ISOLINES=4

选择要旋转的对象: 找到 1 个	//选择矩形 AB
选择要旋转的对象: ✓	//按下〈Enter〉键结束选择
指定轴起点或根据以下选项之一定义轴 [对象(O)/X/Y/Z] <对象>:	//选择起点为 A 点
指定轴端点:	//选择轴端点为 C 点
指定旋转角度或 [起点角度(ST)] <360>:-180✓	//输入旋转角度为-180°

2. 线框图、消隐图与着色图的转换

1）选择菜单"视图"→"消隐"（HIDE）命令，可以看到上一步绘制完成的线框图，（即该图形由线条构成，所有线都被显示出来）其中的隐藏线将消失，仅剩下表面的轮廓线，但圆柱面部分出现了网格状线条，即该图形的消隐图，如图 10-57 所示。

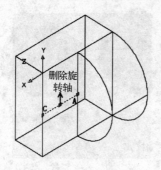 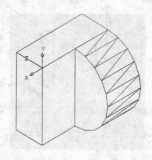

图 10-56　模型绘制过程　　　　　图 10-57　"消隐"后的图形

注意： 圆柱体表面网格状线条为拟合曲面时系统生成的网格线，它的数量由系统变量（ISOLINES）控制，密度由系统变量 FACETRES 控制，显示与否则由 DISPSILH 控制。这些系统变量也可在"选项"对话框中进行设置。

2）选择菜单中的"视图"→"视觉样式"下的子菜单命令，或使用"视觉样式"工具栏（如图 10-6 所示），切换不同的视觉样式，显示效果如图 10-54 所示。

10.8　综合范例二——桌子设计

学习目的：综合运用绘图命令，以及本章讲解的视觉样式、三维特征操作及三维曲面编辑中的命令和方法，完成桌子模型的设计。

重点难点：

➤ 掌握特征操作

➤ 掌握三维曲面的编辑

首先设置绘图环境，然后使用"多段线"（PLINE）、"矩形"（RECTANG）绘图命令，以及"拉伸"（EXTRUDE）命令，完成桌子的设计，最后使用"消隐"（HIDE）命令，得到桌子的消隐图，如图 10-58 所示。

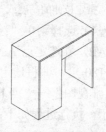

1. 绘图环境设置

1）选择菜单"视图"→"视觉样式"→"二维线框"命令，将视觉样式设置为二维线框。

图 10-58　桌子的消隐图

2）选择菜单"视图"→"三维视图"→"前视"命令，切换成前视图。

2. 三维模型设计

1）根据图 10-59 所示大致确定桌子的坐标范围，使用"窗口"（ZOOM）命令，将绘图区缩放到该坐标范围以内，执行过程如下：

命令: ZOOM↙

指定窗口的角点，输入比例因子 (nX 或 nXP)，或者

[全部(A)/中心(C)/动态(D)/范围(E)/上一个(P)/比例(S)/窗口(W)/对象(O)] <实时>: W↙

指定第一个角点: 100,100↙

指定对角点: 1300,1300↙

2）使用"多段线"（PLINE）命令，以点 A（200，200）为起点，同时按下键盘上的〈F8〉键，开启"正交"模式，绘制如图 10-59 所示的桌子外围轮廓，执行过程如下：

命令: PLINE↙   //使用"多段线"命令

指定起点: 200,200 ↙   //输入起点坐标

当前线宽为 0.0000

指定下一个点或 [圆弧(A)/半宽(H)/长度(L)/放弃(U)/宽度(W)]: 20↙

//参照下图 10-59 所示的图形，将鼠标置于图形各边箭头所示方向上，输入坐标增量值

指定下一点或 [圆弧(A)/闭合(C)/半宽(H)/长度(L)/放弃(U)/宽度(W)]: 880↙   //同上

指定下一点或 [圆弧(A)/闭合(C)/半宽(H)/长度(L)/放弃(U)/宽度(W)]: 960↙

指定下一点或 [圆弧(A)/闭合(C)/半宽(H)/长度(L)/放弃(U)/宽度(W)]: 880↙

指定下一点或 [圆弧(A)/闭合(C)/半宽(H)/长度(L)/放弃(U)/宽度(W)]: 20↙

指定下一点或 [圆弧(A)/闭合(C)/半宽(H)/长度(L)/放弃(U)/宽度(W)]: 900↙

指定下一点或 [圆弧(A)/闭合(C)/半宽(H)/长度(L)/放弃(U)/宽度(W)]: 1000↙

指定下一点或 [圆弧(A)/闭合(C)/半宽(H)/长度(L)/放弃(U)/宽度(W)]: C↙   //闭合多段线

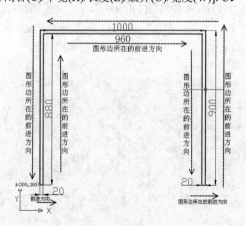

图 10-59　桌子外围轮廓

3）使用"矩形"（RECTANG）命令，绘制如图 10-60 所示的矩形 I 和矩形 II，执行过程如下：

命令: RECTANG↙

指定第一个角点或 [倒角(C)/标高(E)/圆角(F)/厚度(T)/宽度(W)]: 220,920↙

指定另一个角点或 [面积(A)/尺寸(D)/旋转(R)]: 880,1080↙

命令:RECTANG↙

指定第一个角点或 [倒角(C)/标高(E)/圆角(F)/厚度(T)/宽度(W)]: 880,1080↙

指定另一个角点或 [面积(A)/尺寸(D)/旋转(R)]: 1180,200↙

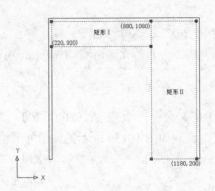

图 10-60 桌子抽屉外围轮廓

4）使用"拉伸"（EXTRUDE）命令，依次选中桌子外轮廓及矩形Ⅰ和矩形Ⅱ，按下〈Enter〉键结束选择，然后根据命令行提示，输入拉伸高度为"500"，执行过程如下：

命令: EXTRUDE↙

当前线框密度: ISOLINES=4

选择要拉伸的对象: 找到 1 个   //选中上步用多段线绘制的桌子外围轮廓

选择要拉伸的对象: 找到 1 个，总计 2 个   //选中矩形Ⅰ

选择要拉伸的对象: 找到 1 个，总计 3 个   //选中矩形Ⅱ

选择要拉伸的对象: ↙   //按下〈Enter〉键结束选择

指定拉伸的高度或 [方向(D)/路径(P)/倾斜角(T)]: 500↙   //输入拉伸高度为"500"

5）选择菜单"视图"→"三维视图"→"东北等轴测"命令，将当前视图切换为东北等轴测，完成结果如图 10-61 所示。

图 10-61 效果图

6）使用"消隐"（HIDE）命令，得到桌子的消隐图，如图 10-58 所示。

第11章　三维实体绘制

实体建模是 AutoCAD 三维建模中比较重要的一部分。实体模型能够完整描述对象，比三维线框、三维曲面更能准确地表达实物。使用三维实体，可以分析实体的质量特性，如体积、惯量和重心等。建模工具栏和实体编辑工具栏，如图 11-1 所示。

学习目标：

➢ 三维实体的绘制与编辑

➢ 布尔运算及复合实体的创建

➢ 三维实体渲染

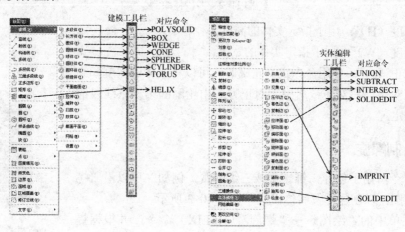

图 11-1　软件结构浅析导读——三维实体创建和编辑

11.1　三维建模基础

这部分内容是学习三维模型设计的基础，只有灵活掌握这些基础的三维绘图命令，才能实现复杂实体的绘制与编辑，希望认真学习并打下坚实的基础。

11.1.1　绘制多段体

绘制多段体与绘制多段线的方法相似。默认情况下，多段体始终带有一个矩形轮廓，可以指定轮廓的高度和宽度，可用于在模型中创建墙体，另外，该命令还可以将诸如直线、二维多段线、圆弧或圆等对象，转换为多段体。

选择菜单"绘图"→"建模"→"多段体"（POLYSOLID）命令可绘制多段体，执行过程如下：

命令:_Polysolid↙   //"多段体"命令

高度 = 80.0000, 宽度 = 5.0000, 对正 = 居中

指定起点或 [对象(O)/高度(H)/宽度(W)/对正(J)] <对象>:

指定下一个点或 [圆弧(A)/放弃(U)]:

指定下一个点或 [圆弧(A)/放弃(U)]:

指定下一个点或 [圆弧(A)/闭合(C)/放弃(U)]: ↙

该命令中主要选项作用:

1)"对象(O)":将指定的实体对象(如直线、圆弧、二维多段线及圆等),转换为多段体,如图 11-2 所示。

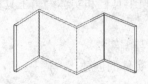

图 11-2　多段体绘制

2)"高度(H)":用于指定实体的高度。

3)"宽度(W)":用于指定实体的宽度。

4)"对正(J)":使用命令定义轮廓时,可以将实体的宽度和高度设置为左对正、右对正或居中,对正方式由轮廓的第一条线段的起始方向决定。

11.1.2　绘制螺旋

螺旋命令可用于创建二维螺旋或三维弹簧,例如,可以沿着螺旋路径扫掠圆,以创建弹簧实体模型,如图 10-3 所示。

图 11-3　弹簧绘制

选择菜单中的"绘图"→"螺旋"(HELIX)命令,并根据提示,依次指定底面的中心点、底面及顶面的半径(或直径),以及螺旋的高,可完成螺旋的绘制,如图 11-4 所示,执行过程如下:

命令:_Helix ↙ 　　　　　　　　　　　　　　　//绘制"螺旋"命令

圈数 = 3.0000 　　　　扭曲=CCW

指定底面的中心点:

指定底面半径或 [直径(D)] <1.0000>: 　　//使用鼠标确定或输入底面的半径或直径

指定顶面半径或 [直径(D)] <45.4876>: //使用鼠标确定或输入顶面的半径或直径

指定螺旋高度或 [轴端点(A)/圈数(T)/圈高(H)/扭曲(W)] <1.0000>: 　　//使用鼠标确定或输入螺旋高

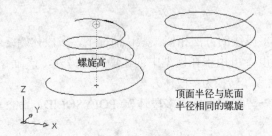

图 11-4　绘制螺旋

282

当将底面半径和顶面半径指定为同一个值时，将创建出圆柱形螺旋，但不能同时指定"0"作为底面半径和顶面半径；如果指定不同的半径值，将创建圆锥形螺旋；如果指定的高度值为"0"，则将创建出扁平的二维螺旋。

该命令中主要选项的作用如下：

1）"底面直径"：指定螺旋底面的直径。

2）"顶面直径"：指定螺旋顶面的直径。

3）"轴端点(A)"：指定螺旋轴的端点位置，它定义了螺旋的长度和方向。

4）"圈数(T)"：指定螺旋的圈（旋转）数，该值不能超过"500"。

5）"圈高(H)"：指定螺旋内一个完整圈的高度。当指定圈高值时，螺旋中的圈数将相应地自动更新。如果已经指定了螺旋的圈数，则不能输入圈高的值。

6）"扭曲(W)"：用于指定是以顺时针（CW）方向还是以逆时针方向（CCW）绘制螺旋，其默认值是逆时针。

11.1.3 绘制长方体

该命令用于创建三维实体长方体，选择菜单"绘图"→"建模"→"长方体"（BOX）命令，并根据提示依次确定出长方体的一对角点及高可实现长方体的绘制，如图 11-5 所示，执行过程如下：

命令：_box↙   //绘制"长方体"命令

指定第一个角点或 [中心(C)]:   //指定一角点或输入该命令相应的选项

指定其他角点或 [立方体(C)/长度(L)]: //指定长方形的另一角点或输入该命令相应的选项

指定高度或 [两点(2P)]:   //鼠标确定或直接输入长方体的高

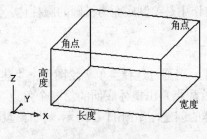

图 11-5　长方体

该命令中主要选项的作用如下：

1）"中心(C)"：使用指定的圆心创建长方体。

2）"立方体(C)"：创建一个长、宽、高相同的长方体。

3）"长度(L)"：按照指定长、宽、高创建长方体，其中长度与 X 轴对应，宽度与 Y 轴对应，高度与 Z 轴对应。

4）"两点(2P)"：指定长方体的高度为两个指定点之间的距离。

11.1.4 绘制圆柱体

该命令用于创建以圆或椭圆为底面的三维实体圆柱体，选择菜单"绘图"→"建模"→

"圆柱体"（CYLINDER）命令，并根据提示依次确定出圆柱体底面的中心点、底面半径（或直径）及圆柱体的高，可实现圆柱体的绘制，如图 11-6 所示，执行过程如下：

命令: _cylinder↙   //绘制"圆柱体"命令

指定底面的中心点或 [三点(3P)/两点(2P)/切点、切点、半径(T)/椭圆(E)]://指定底面中心或输入命令提示选项

指定底面半径或 [直径(D)]:   //指定底面半径，从而完成底面图形的绘制

指定高度或 [两点(2P)/轴端点(A)]:   //指定圆柱体的高度，从而完成圆柱体的绘制

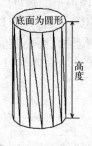

图 11-6 圆柱体

该命令中主要选项的作用如下：

1）"中心点"：输入底面圆心的坐标，该选项为系统的默认选项。

2）"三点（3P）"：通过指定三个点可定义圆柱体的底面周长和底面。

3）"两点（2P）"：通过指定两个点可定义圆柱体的底面直径。

4）"相切、相切、半径(T)"：用于定义具有指定半径，且与两个对象相切的圆柱体底面。

5）"椭圆(E)"：该选项的作用是绘制底面为椭圆的圆柱体。

11.1.5 绘制楔体

三维实体——楔体的创建，可通过选择菜单"绘图"→"建模"→"楔体"（WEDGE）命令实现，根据系统提示，首先指定出楔体底面的第一个角点（或中心点坐标），然后指定另一角点及高度值，完成楔体的创建，如图 11-7 所示，执行过程如下：

命令: _wedge↙   //绘制"楔体"命令

指定第一个角点或 [中心(C)]:   //鼠标确定角点或输入角点的坐标

指定其他角点或 [立方体(C)/长度(L)]: //鼠标确定另一角点或输入角点的坐标，从而绘制出楔体底面或输入命令提示的相应选项

指定高度或 [两点(2P)] <235.9197>: //鼠标确定或直接输入楔体的高

该命令中主要选项的作用如下：

1）"中心点（C）"：使用指定的圆心创建楔体。

2）"立方体(C)"：用于创建等边楔体。

3）"长度（L）"：按照指定长、宽、高创建楔体，如图 11-8 所示。

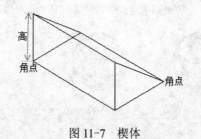

图 11-7 楔体

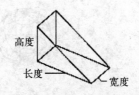

图 11-8 指定长、宽、高创建楔体

11.1.6 绘制圆锥体

圆锥体的创建，可通过选择菜单"绘图"→"建模"→"圆锥体"（CONE）命令实现，根据提示，首先确定圆锥体底面的中心点及圆锥体底面的半径（或直径），然后指定圆锥体的高或输入命令提示的相应选项，完成圆锥体的绘制，如图 11-9 所示，执行过程如下：

命令: _cone↙   //"圆锥体"绘制命令

指定底面的中心点或[三点(3P)/两点(2P)/相切、相切、半径(T)/椭圆(E)]: //确定圆锥体底面的中心点或
                输入命令提示的相应选项

指定底面半径或 [直径(D)] <110.0039>:   //确定圆锥体底面的半径

指定高度或 [两点(2P)/轴端点(A)/顶面半径(T)] <246.4051>: T↙ //输入"顶面半径(T)"表示要绘制圆台

指定顶面半径 <0.0000>:   //鼠标确定或直接输入顶面的半径值

指定高度或 [两点(2P)/轴端点(A)] <239.1937>: //鼠标确定或直接输入圆台的高

该命令中主要选项的作用：

1)"中心点"：指定圆锥体底面的中心位置。

2)"三点（3P）"：通过指定三个点定义圆锥体的底面。

3)"相切、相切、半径(T)"：定义具有指定半径，且与两个对象相切的圆锥体底面。

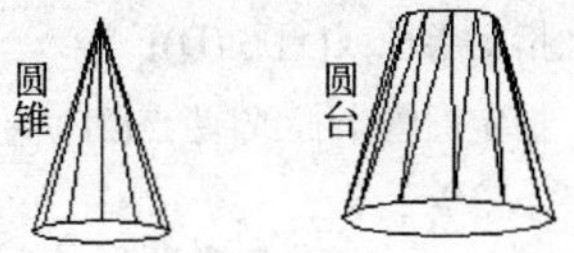

4)"椭圆（E）"：创建底面是椭圆的圆锥体。

图 11-9 圆锥体与圆台

5)"两点(2P)"：指定圆锥体的高度为两个指定点之间的距离。

6)"轴端点(A)"：指定圆锥体轴的端点位置。轴端点可以位于三维空间的任何位置。轴端点定义了圆锥体的顶点、长度和方向。

7)"顶面半径(T)"：该选项用于指定顶面的半径创建圆台。

11.1.7 绘制球体

要绘制球体，选择菜单中的"绘图"→"建模"→"球体"（SPHERE）命令，然后根据提示，首先输入球心的坐标值或根据命令提示输入相应选项，然后指定球体的半径或直径，完成球体的绘制，如图 11-10 所示，执行过程如下：

命令: SPHERE↙   //"球体"绘制命令

指定中心点或[三点(3P)/两点(2P)/相切、相切、半径(T)]:   //鼠标确定球心或输入球心坐标值，
                还可以执行命令提示的选项

指定半径或[直径(D)]:   //鼠标确定或直接输入球体的半径或直径值

图 11-10　球体

该命令中主要选项的作用如下：

1）"三点(3P)"：通过在三维空间的任意位置指定的三个点，定义球体的大小及圆周所在的平面。

2）"两点(2P)"：通过在三维空间的任意位置指定两个点定义球体的大小。

3）"相切、相切、半径(T)"：使用该选项定义与两个圆、圆弧、直线和某些三维对象相切的球体。

11.1.8　绘制圆环体

创建圆环状的三维实体，选择菜单"绘图"→"建模"→"圆环体"（TORUS）命令实现，根据提示，首先指定中心点的坐标值或根据命令提示输入相应选项，然后指定圆环体的半径或直径，最后指定圆管半径或直径值，完成圆环体的绘制，如图 11-11 所示，执行过程如下：

命令: TORUS↙   //绘制"圆环体"命令
指定中心点或[三点(3P)/两点(2P)/相切、相切、半径(T)]:   //确定圆环体的中心点
指定半径或[直径(D)]:   //确定圆环体的半径或直径
指定圆管半径或[两点(2P)/直径(D)]:   //确定圆管的半径或直径

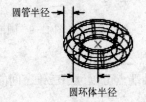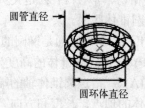

图 11-11　圆环体

11.2　三维倒角

三维实体的倒角，包括倒直角和倒圆角两种操作，这两种编辑工具，在实体设计过程中经常使用，因此非常重要。如果是对网格进行倒角，则可以先将其转换为实体或曲面，然后再完成此操作。

11.2.1 倒角

选择菜单中的"修改"→"倒角"（CHAMFER）命令，可以执行倒角操作，如图 11-12 所示，执行过程如下：

命令：_chamfer↙   // "倒角" 命令

（"不修剪"模式）当前倒角距离 1 = 40.0000，距离 2 = 40.0000   //提示命令当前默认状态（值）

选择第一条直线或 [放弃(U)/多段线(P)/距离(D)/角度(A)/修剪(T)/方式(E)/多个(M)]:

　　　　　　　　　　　　　　　　　　　　　　　　　　　　//选择实体的一个面或输入命令提示选项

基面选择...

输入曲面选择选项 [下一个(N)/当前(OK)] <当前(OK)>: ↙   //按下〈Enter〉键结束选择

指定基面的倒角距离 <40.0000>: 20↙

指定其他曲面的倒角距离 <40.0000>: 20↙

选择边或 [环(L)]:   //选择需要进行倒角操作的，构成实体面的边

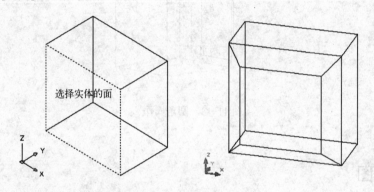

图 11-12　三维倒角

该命令中主要选项的作用如下：

1）选择第一条直线：该选项的作用是指定定义二维倒角所需的两条边中的第一条边或要倒角的三维实体的边。

2）"放弃(U)"：该选项用于恢复在命令中执行的上一个操作。

3）"多段线(P)"：该选项用于对整个二维多段线倒角。

4）"距离(D)"：该选项用于设置倒角至选定边端点的距离。

5）"角度(A)"：该选项用于第一条线的倒角距离和第二条线的角度设置倒角距离。

6）"修剪(T)"：该选项用于控制倒角命令是否将选定的边修剪到倒角直线的端点。

7）"方式(E)"：用于控制倒角命令是使用两个距离，还是使用一个距离和一个角度的方式创建倒角。

8）"多个(M)"：该选项的作用是为多组对象的边倒角。

11.2.2　圆角

圆角是使用与对象相切并且具有指定半径的圆弧连接两个对象，可以通过选择菜单"修改"→"圆角"（FILLET）命令，实现该操作，如图 11-13 所示，执行过程如下：

命令：_fillet✓   //"圆角"命令

当前设置：模式 = 不修剪，半径 = 0.0000

选择第一个对象或 [放弃(U)/多段线(P)/半径(R)/修剪(T)/多个(M)]:

　　　　　　　　　　　　　　　　　　　　　　//选择要进行圆角操作的对象或输入命令提示选项

输入圆角半径: 20✓ //输入圆角半径

选择边或 [链(C)/半径(R)]:   //选择构成实体面的边

选择边或 [链(C)/半径(R)]:   //选择构成实体面的边

选择边或 [链(C)/半径(R)]:   //选择构成实体面的边

选择边或 [链(C)/半径(R)]: ✓   //选择构成实体面的边并按〈Enter〉键执行圆角操作

已选定 4 个边用于圆角。

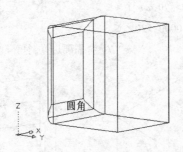

图 11-13　圆角操作

11.3　剖面图

　　通过用平面或曲面剖切现有实体可以创建新实体，得到实体剖面图。剪切平面可以通过多种方式定义，包括指定点或者选择曲面或平面对象。剖切实体时，可以保留剖切实体的一半或全部。剖切实体不保留创建它们的原始形式的历史记录，但剖切实体保留原实体的图层和颜色特性。

　　可以选择菜单"修改"→"三维操作"→"剖切"（SLICE）命令，实现该操作，命令执行后，根据提示，首先选择要剖切的实体，然后指定切面的起点（或输入其他提示选项），最后使用鼠标单击需要保留的实体部分（或输入其他提示选项），完成实体的剖切操作，如图 11-14 所示，执行过程如下：

命令：_slice✓   // "剖切"命令

选择要剖切的对象: 找到 1 个   //选择要剖切的实体

选择要剖切的对象: //继续选择或按〈Enter〉键结束选择

指定切面的起点或 [平面对象(O)/曲面(S)/Z 轴(Z)/视图(V)/XY(XY)/YZ(YZ)/ZX(ZX)/三点(3)] <三点>:

zx✓   //将剖切平面与当前用户坐标系的 ZX 平面对齐

指定 ZX 平面上的点 <0,0,0>:✓

在所需的侧面上指定点或 [保留两个侧面(B)] <保留两个侧面>:

　　　　　　　　　　　　　　　　　　　//使用鼠标单击需要保留的实体部分或输入命令选项

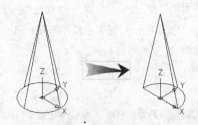

图 11-14　实体剖切

该命令中主要选项的作用：

1）"平面对象(O)"：该选项用于将所选择的对象所在的平面作为剖切面。

2）"曲面(S)"：该选项用于将剪切平面与曲面对齐。

3）"Z 轴(Z)"：该选项用于通过平面上指定一点和在平面的 Z 轴（法线）上指定另一点来定义剖切平面。

4）"视图(V)"：该选项用于以平行于当前视图的平面作为剖切面。

5）"XY (XY)/YZ(YZ)/ZX(ZX)"：该选项用于将剪切平面与当前视口的视图平面对齐，并通过指定点确定剪切平面的位置。

6）"三点(3)"：该选项用于根据空间的三个点确定的平面作为剖切面。

7）"所需侧面上的点"：该选项的作用是定义一点，从而确定图形将保留剖切实体的哪一侧，但该点不能位于剪切平面上。

8）"保留两个侧面(B)"：该选项用于将剖切实体的两侧均保留。把单个实体剖切为两块，从而在剖切平面的两边各创建一个实体。

11.4　编辑实体

三维实体编辑命令是一组非常重要的工具，灵活掌握这些编辑工具，可使三维实体建模变得非常轻松和富有创意。

11.4.1　拉伸面

可以选择菜单"修改"→"实体编辑"→"拉伸面"命令，来执行该操作，命令执行后，根据提示，首先选择要执行拉伸操作的面，然后指定拉伸的高度或拉伸路径，最后输入拉伸的倾斜角度，完成拉伸面操作，如图 11-15 所示，执行过程如下：

命令: _solidedit

实体编辑自动检查：SOLIDCHECK=1

输入实体编辑选项 [面(F)/边(E)/体(B)/放弃(U)/退出(X)] <退出>: _face

输入面编辑选项

[拉伸(E)/移动(M)/旋转(R)/偏移(O)/倾斜(T)/删除(D)/复制(C)/颜色(L)/材质(A)/放弃(U)/退出(X)] <退出>: _extrude

选择面或 [放弃(U)/删除(R)]: 找到 2 个面。

选择面或 [放弃(U)/删除(R)/全部(ALL)]: ✓　　　　　　　　//按〈Enter〉键表示结束选择

指定拉伸高度或 [路径(P)]: 指定第二点:　　　　　　//指定拉伸的高度或拉伸路径

指定拉伸的倾斜角度 <0>:✓　　//按〈Enter〉键表示拉伸的倾斜角度采用默认的 0 度

已开始实体校验。

已完成实体校验。

输入面编辑选项

[拉伸(E)/移动(M)/旋转(R)/偏移(O)/倾斜(T)/删除(D)/复制(C)/颜色(L)/材质(A)/放弃(U)/退出(X)] <退出>:✓

　　　　　　　　　　　　　　//按〈Enter〉键表示退出实体编辑操作

实体编辑自动检查： SOLIDCHECK=1

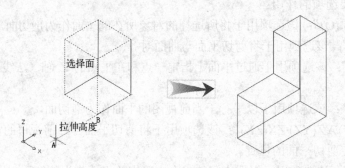

图 11-15　拉伸面

该命令中主要选项的作用：

1)"指定拉伸高度"：按指定的高度值拉伸面。

2)"路径(P)"：用于以指定的直线或曲线设置拉伸路径，所有选定面的轮廓将沿此路径拉伸，如图 11-16 所示。

图 11-16　沿所选路径拉伸面

拉伸面操作也可通过命令行方式实现，执行过程如下：

命令：SOLIDEDIT✓　　　　　　　　　　　//实体编辑命令

实体编辑自动检查： SOLIDCHECK=1

输入实体编辑选项 [面(F)/边(E)/体(B)/放弃(U)/退出(X)] <退出>:F✓ //选择"面(F)"表明对实体面进行操作

输入面编辑选项[拉伸(E)/移动(M)/旋转(R)/偏移(O)/倾斜(T)/删除(D)/复制(C)/颜色(L)/材质(A)/放弃(U)/退出(X)] <退出>: e✓　　　　　　　　　　//选择"拉伸(E)"表明对实体面进行拉伸操作

....　　　　　　　　　　　//拉伸面操作部分的代码同菜单命令操作，不再重复

注意：SOLIDEDIT 命令是一组实体编辑命令，包括"移动面"、"偏移面"、"删除面"、"倾斜面"、"复制面"、"着色面"和"着色边"等一系列功能操作，既可以根据命令提示"输

入面编辑选项[拉伸(E)/移动(M)/旋转(R)/偏移(O)/倾斜(T)/删除(D)/复制(C)/颜色(L)/材质(A)/放弃(U)/退出(X)] <退出>:"进行操作，又可以通过单击"实体编辑"工具栏中的相应命令图标进行操作，如图 11-17 所示，对于网格对象，可先将其转换为三维实体后再使用该命令。

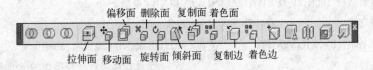

图 11-17   "实体编辑"工具栏

11.4.2   压印边

压印边命令可以把各种对象压印到三维实体上，使之成为实体的一部分。执行压印时，系统将创建新的表面，用户可对该表面进行各种编辑操作，为了使压印操作成功，被压印的对象必须与选定对象的一个或多个面相交。"压印"操作仅限于以下对象执行：圆弧、圆、直线、二维和三维多段线、椭圆、样条曲线、面域、体和三维实体。

选择菜单"修改"→"实体编辑"→"压印边"（IMPRINT）命令可执行该操作，命令执行后，根据提示，首先使用鼠标选取要执行压印边操作的三维实体，然后选中压印对象，最后确定是否保留或删除源对象，完成压印边操作。例如，图 11-18 所示为圆柱体与六边形压印，执行过程如下：

命令: _imprint✓   // "压印边"命令
选择三维实体: //选择三维实体圆柱体
选择要压印的对象: //选中要压印的六边形对象
是否删除源对象 [是(Y)/否(N)] <N>:Y✓   //删除源对象并执行压印操作

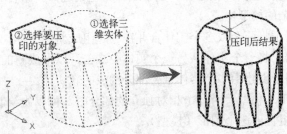

图 11-18   压印

11.4.3   抽壳

抽壳命令用于将一个实心体模型修改为一个空心的薄壁壳体，且壳的每个位置厚度都一致。形成薄壁壳体的过程与机械加工中冲压的过程类似，用户设定壳体的厚度，选择加工的面，系统自动将被选择的面偏移到指定厚度的位置，形成薄壁壳体。

选择菜单"修改"→"实体编辑"→"抽壳"命令可执行该操作，命令执行后，根据提示，首先选取要执行抽壳操作的三维实体，然后可直接按下〈Enter〉键（或选择需要删除的面），最后输入抽壳偏移距离（即确定出壳体的薄厚），完成抽壳操作，如图 11-19 所示，以图中 A 为例，执行过程如下：

命令: _solidedit

实体编辑自动检查: SOLIDCHECK=1

输入实体编辑选项 [面(F)/边(E)/体(B)/放弃(U)/退出(X)] <退出>: _body

输入体编辑选项

[压印(I)/分割实体(P)/抽壳(S)/清除(L)/检查(C)/放弃(U)/退出(X)] <退出>: _shell

选择三维实体: //选择要进行抽壳操作的三维实体

删除面或 [放弃(U)/添加(A)/全部(ALL)]:   //选择要删除的面

输入抽壳偏移距离: 30✓   //输入壳体的厚度值，完成抽壳操作

已开始实体校验。

已完成实体校验。

输入体编辑选项

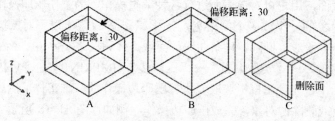

图 11-19　抽壳

11.5　布尔运算及复合实体创建

三维实体的布尔运算包括并集运算、交集运算、差集运算。结合布尔运算和其他绘图方法可以绘制出非常复杂的模型。

1）并集运算：用于将两个或多个实体合并在一起组成新的实体。

2）差集运算：用于将一个实体从另一个实体中减去，以形成新的实体。

3）交集运算：用于创建由多个实体重叠部分构成的新实体。

当需要绘制的图形（模型）有几个相对独立的部分时，可以先绘制其各组成部分，然后通过布尔运算的方法组合出这个图形（模型）。

11.5.1　并集运算

使用并集运算命令，可合并得到两个或两个以上实体的总体积，使之成为一个复合对象。

选择菜单"修改"→"实体编辑"→"并集"（UNION）命令可实现并集运算，例如，图 11-20 所示为对实体 1 和实体 2 实现并集运算，执行过程如下：

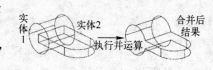

图 11-20　并集运算

命令: UNION✓   //"并集"命令

选择对象: 找到 1 个   //选择实体 1

选择对象: 找到 1 个，总计 2 个   //选择实体 2

选择对象：↙　　　　　　　　　　　　//按〈Enter〉键，结束选择且执行并集运算

11.5.2　差集运算

　　使用差集运算命令，可以从一组实体中删除与另一组实体的公共区域。通过选择菜单"修改"→"实体编辑"→"差集"（SUBTRACT）命令，可实现该操作，命令执行后，根据系统提示，首先选择实体 1，然后选择需要进行差集运算的实体 2，最后按下〈Enter〉键，完成三维实体的差集运算，如图 11-21 所示，执行过程如下：

　　命令：SUBTRACT↙　　　　　　　　　　//"差集"命令
　　选择要从中减去的实体或面域...
　　选择对象：找到 1 个　　　　　　　　　//选择实体 1
　　选择对象：↙　　　　　　　　　　　　//按〈Enter〉键，结束选择
　　选择要减去的实体或面域 ..
　　选择对象：找到 1 个　　　　　　　　　//选择实体 2
　　选择对象：↙　　　　　　　　　　　　//按〈Enter〉键，结束选择并执行差集运算

图 11-21　差集运算

11.5.3　交集运算

　　交集运算命令，用于删除两个或两个以上实体的非重叠部分，并以它们的公共部分创建复合实体。

　　选择菜单"修改"→"实体编辑"→"交集"（INTERSECT）命令可实现该操作，命令执行后，根据提示，首先选择实体 1，然后选择需要进行交集运算的实体 2，最后按下〈Enter〉键，完成三维实体的交集运算，如图 11-22 所示，执行过程如下：

　　命令：INTERSECT↙　　　　　　　　　//"交集"命令
　　选择对象：找到 1 个　　　　　　　　　//选择实体 1
　　选择对象：找到 1 个，总计 2 个　　　　//选择实体 2
　　选择对象：↙　　　　　　　　　　　　//按〈Enter〉键，结束选择并执行交集运算

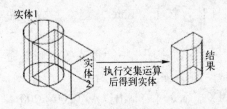

图 11-22　交集运算

11.6 综合范例———台灯设计

学习目的：综合运用本章节讲解的三维实体绘制命令以及布尔运算、剖切面等知识，结合上一章所讲的特征操作方法，完成台灯模型的设计。

重点难点：

➢ 掌握三维绘图命令
➢ 掌握布尔运算
➢ 掌握抽壳命令的用法
➢ 掌握剖切命令用法

现在首先使用"圆柱体"（CYLINDER）命令及布尔运算，完成台灯底座的设计，使用"螺旋"（HELIX）和"圆"（CIRCLE）、"扫掠"（SWEEP）命令，绘制出台灯支杆，最后使用"圆锥体"（CONE）及"抽壳"命令，完成灯头设计，最终得到的台灯模型如图 11-23 所示。

图 11-23 台灯效果图

1. 绘图环境设置

1）选择菜单中的"视图"→"视觉样式"→"二维线框"命令，将视觉样式设置为二维线框。

2）选择菜单中的"视图"→"三维视图"→"俯视"命令，切换成俯视图。

2. 三维模型设计

1）使用"圆柱体"（CYLINDER）命令，以点 A（200，200）为底面中心点，绘制底面半径为 100，高为 35 的圆柱体，用同样方法，再次以点 A 为底面中心，绘制出半径为 30，高为 50 的圆柱体，执行过程如下：

命令:CYLINDER↙   //使用"圆柱体"命令

指定底面的中心点或 [三点(3P)/两点(2P)/切点、切点、半径(T)/椭圆(E)]: 200,200↙

指定底面半径或 [直径(D)] <30.0000>: 100↙

指定高度或 [两点(2P)/轴端点(A)] <50.0000>: 35↙

命令: CYLINDER↙

指定底面的中心点或 [三点(3P)/两点(2P)/切点、切点、半径(T)/椭圆(E)]: 200,200↙

指定底面半径或 [直径(D)] <140.0000>: 30↙

指定高度或 [两点(2P)/轴端点(A)] <150.0000>: 50↙

2）使用布尔运算中的"并集"（UNION）命令，依次选择上一步绘制出的两个圆柱体，按下〈Enter〉键，完成"并集"操作。

3）选择菜单"视图"→"三维视图"→"西南等轴测"命令，将视图切换到西南等轴测，结果如图 11-24 所示。

4）使用"螺旋"（HELIX）命令，绘制出以点（200，200，50）为底面中心点，且底面半径、顶面半径均为"20"，且圈数

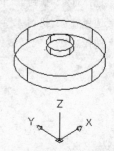

图 11-24 绘制台灯底座

为 15，高为 360 的螺旋，完成结果如图 11-25 左图所示，执行过程如下：

命令: HELIX↙   //绘制"螺旋"命令

圈数 = 5.0000   扭曲=CCW

指定底面的中心点: 200,200,50↙

指定底面半径或 [直径(D)] <25.0000>: 20↙

指定顶面半径或 [直径(D)] <20.0000>:↙

指定螺旋高度或 [轴端点(A)/圈数(T)/圈高(H)/扭曲(W)] <50.0000>: T↙

输入圈数 <5.0000>: 15↙

指定螺旋高度或 [轴端点(A)/圈数(T)/圈高(H)/扭曲(W)] <50.0000>: 360↙

5）使用"圆"（CIRCLE）命令，以螺旋顶部端点为圆心，绘制半径为 6 的圆。

6）使用"扫掠"（SWEEP）命令，选中上一步绘制出的小圆，按下〈Enter〉键结束选择，根据命令提示，选择第 4 步绘制的螺旋作为扫掠路径，完成台灯杆的绘制，如图 11-25 右图所示，执行过程如下：

命令: SWEEP↙

当前线框密度: ISOLINES=4

选择要扫掠的对象: 找到 1 个   //选择半径为 6 的小圆

选择要扫掠的对象:↙   //按下〈Enter〉键结束选择

选择扫掠路径或 [对齐(A)/基点(B)/比例(S)/扭曲(T)]:   //选择螺旋路径，完成扫掠操作

7）使用"圆锥体"（CONE）命令，以点（200，200，280）为底面的中心点，绘制底半径为 150，顶半径为 60，高为 200 的圆台，完成结果如图 11-26 所示，执行过程如下：

命令: CONE↙

指定底面的中心点或 [三点(3P)/两点(2P)/切点、切点、半径(T)/椭圆(E)]: 200,200,280↙

指定底面半径或 [直径(D)] <150.0000>: 150↙

指定高度或 [两点(2P)/轴端点(A)/顶面半径(T)] <202.7274>: T↙

指定顶面半径 <0.0000>: 60↙

指定高度或 [两点(2P)/轴端点(A)] <202.7274>: 200↙

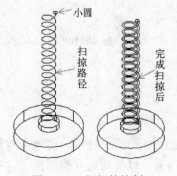

图 11-25 灯杆的绘制

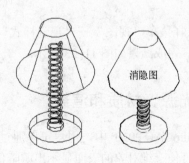

图 11-26 效果图

8）选择菜单"修改"→"实体编辑"→"抽壳"命令，对圆台进行抽壳处理，设置抽壳距离为 10，完成灯头部分的设计，如图 11-27 所示，执行过程如下：

命令: _solidedit

实体编辑自动检查： SOLIDCHECK=1

输入实体编辑选项 [面(F)/边(E)/体(B)/放弃(U)/退出(X)] <退出>: _body

输入体编辑选项

[压印(I)/分割实体(P)/抽壳(S)/清除(L)/检查(C)/放弃(U)/退出(X)] <退出>: _shell

选择三维实体：   //选择圆台

删除面或 [放弃(U)/添加(A)/全部(ALL)]：   //选中圆台底边进行删除面操作，如图 11-27 所示

删除面或 [放弃(U)/添加(A)/全部(ALL)]：找到 2 个面，已删除 2 个。

删除面或 [放弃(U)/添加(A)/全部(ALL)]：A✓

选择面或 [放弃(U)/删除(R)/全部(ALL)]：找到一个面。

                                     //选中并添加圆台外表面，如图 11-27 所示

选择面或 [放弃(U)/删除(R)/全部(ALL)]：✓

输入抽壳偏移距离：10✓

已开始实体校验。

已完成实体校验。

输入体编辑选项

[压印(I)/分割实体(P)/抽壳(S)/清除(L)/检查(C)/放弃(U)/退出(X)] <退出>:✓

实体编辑自动检查： SOLIDCHECK=1

输入实体编辑选项 [面(F)/边(E)/体(B)/放弃(U)/退出(X)] <退出>:✓

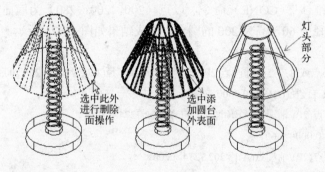

图 11-27　灯头绘制

9）选择菜单"视图"→"视觉样式"→"概念"命令，将绘制好的台灯切换到概念视觉模式下，完成结果如图 11-23 所示。

11.7　光源、材质和渲染

在 AutoCAD 2010 中，用户可以通过对三维对象使用光源和材质，使渲染效果更加完美。渲染可使三维对象的表面显示出明暗色彩和光照效果，以形成逼真的图像。

11.7.1　光源

添加光源可为场景提供真实外观，光源可增强场景的清晰度和三维性。可以创建点光源、聚光灯和平行光以达到想要的效果。可以使用夹点工具移动或旋转光源，将其打开或关

闭以及更改其特性，例如，颜色和衰减更改的效果将实时显示在视口中。当场景中没有用户创建的光源时，AutoCAD 将使用系统默认的光源对场景进行着色和渲染。默认光源是来自视点后面的两束平行光源，模型中所有的面均被照亮，用户可以控制其亮度和对比度。

1. 设置光源

选择菜单"视图"→"渲染"→"光源"下的一组子菜单命令或创建光源（LIGHT）命令，可实现光源操作。可根据具体情况选择点光源、聚光灯、光域网、目标点光源、自由聚光灯、自由光域以及平行光等光源类型，该命令的行执行过程如下：

命令: LIGHT↙　　　　　//按下〈Enter〉键后，将弹出"光源-视口光源模式"对话框，提示用户对
　　　　　　　　　　　　默认光源的处理方式，如图 11-28 所示，完成选择后，系统将恢复该命令执
　　　　　　　　　　　　行状态。

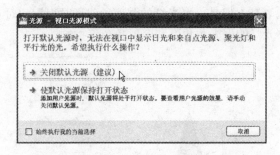

图 11-28　"光源-视口光源模式"对话框

输入光源类型 [点光源(P)/聚光灯(S)/光域网(W)/目标点光源(T)/自由聚光灯(F)/自由光域(B)/平行光(D)] <自由聚光灯>：

该命令的主要选项及其作用：

1）"点光源(P)"：点光源用于从其所在位置向四周发射光线，使用点光源可以达到基本的照明效果。用户可选择菜单"视图"→"渲染"→"光源"→"新建点光源"（POINTLIGHT）命令，创建点光源，还可以在"特征"对话框中手动设置点光源的特征，如图 11-29 所示。

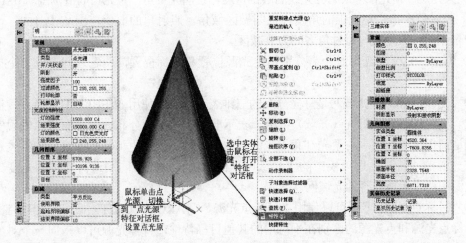

图 11-29　点光源

点光源除了强度、位置和颜色等属性外，还有如下两种比较重要的属性。

① 衰减：光的衰减是指光线随着距离增加而不断减弱，即距离点光源越远的地方光源强度越低，在 AutoCAD 中有三种衰减类型。

● 无：没有衰减，此时对象不论距离点光源是远还是近，都一样明亮。

● 线性反比：衰减与距离点光源的线性距离成反比。

● 平方反比：衰减与距离点光源的距离平方成反比。

② 阴影：可以使用点光源投射阴影或使用阴影贴图。

2）聚光灯：聚光灯可以产生具有方向的圆锥形光束。选择菜单"视图"→"渲染"→"光源"→"新建聚光灯"（SPOTLIGHT）命令，可创建聚光灯。对于创建好的聚光灯，还可以根据需要控制光源的方向和照射范围，如图 11-30 所示。像点光源一样，聚光灯也可以手动设置为强度随距离衰减。但是，聚光灯的强度始终还是根据相对于聚光灯的目标矢量的角度衰减，此衰减由聚光灯的聚光角角度和照射角角度控制。

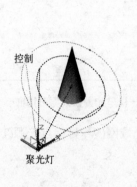

图 11-30　聚光灯效果

聚光灯光源除了强度、位置、颜色、衰减及阴影等属性外，还有如下几种属性。

① 聚光角：指光锥中最明亮光线的圆锥角度，也叫光束角，聚光角取值范围从 0~160°

② 照射角：指完整光锥的角度，也叫做区域角。照射角的取值范围从 0~160°，但不能小于聚光角，聚光角与照射角之间为衰减区。

③ 方向：定义聚光灯时，需分别指定光源位置和目标位置，两者之间通过一个矢量连接起来。

3）"光域网(W)"：光域网是灯光分布的三维表示，可以使用 WEBLIGHT 命令，创建光域灯光。光度控制光域灯光（光域）可用于表示非统一的光源分布，此分布来源于现实中的光源制造商提供的数据。与聚光灯和点光源相比，这样提供了更加精确的渲染光源表示。用户可在光源的"特性"选项板中的"光域网"面板中，加载不同制造商提供的光度数据文件，光源图标表示所选择的光域网。

4）"目标点光源(T)"：可以使用"目标点光源"（TARGETPOINT）命令，创建目标点光源。目标点光源和点光源的区别在于可用的其他目标特性，目标光源可以指向一个对象，通过将点光源的目标特性从"否"更改为"是"，从点光源创建目标点光源。

5）"自由聚光灯(F)"：自由聚光灯与聚光灯类似，可通过 FREESPOT 命令实现。

6）"自由光域(B)"：用于创建与光域灯光相似但未指定目标的自由光域灯光，可通过 FREEWEB 命令实现。

7）"平行光(D)"：平行光的特点是仅向一个方向发射统一的平行光光线。可选择菜单"视图"→"渲染"→"光源"→"新建平行光"中的 DISTANTLIGHT 命令，创建平行光。平行光的强度并不随着距离的增加而衰减；对于每个照射的面，平行光的亮度都与其在光源处相同。用户可在视口中的任意位置指定光源来向点和指定光源去向点，以定义光线的方向，当需要统一照亮对象或照亮背景时，通常使用平行光。单个平行光可以模拟太阳，平行光除了强度、颜色和阴影等属性外，其最为重要的属性是光的方向（包括方位角、仰角和光源矢量）。

2．光源列表

光源列表用于列出图形中的光源，选择菜单"视图"→"渲染"→"光源"→"光源列表"中的 LIGHTLIST 命令，可实现该操作，命令执行后，系统将打开"模型中的光源"选项板，如图 11-31 所示，在其中列出了模型中目前已经建立的光源。

图 11-31　光源列表

其"光源列表"窗口"类型"列中的图标，指示出了光源的类型，如点光源、聚光灯或平行光，并指示了它们处于打开还是关闭的状态。要对列表进行排序，请单击"类型"或"光源名称"列标题。在列表中选定一个光源时，将在图形中选定该光源，反之亦然。选定一个或多个光源后，单击鼠标右键，在弹出的快捷菜单中，选择"删除光源"命令，可以将选定光源从图形中删除掉。

列表中光源的特性按其所属图形保存，在图形中选定一个光源时，可以使用夹点工具移动或旋转该光源，可在"特性"选项板中更改光源的特性，更改光源特性后，可以在模型中看到更改的效果。

3．地理位置

地理位置用于设置图形中某个地理位置的纬度、经度以及地区等。可以将以实际坐标 X、Y 和 Z 表示的特定位置参考嵌入到图形中，并可以发送需要检查的地理参考图形。向图形中添加地理位置时，将创建一个地理标记。地理标记是位置信息的直观表示，可在图形中的指定位置创建。

通过输入"地理位置"（GEOGRAPHICLOCATION）命令，可实现该功能，执行该命令后，系统将弹出如图 11-32 所示的对话框。

4．阳光特性

阳光与天光是 AutoCAD 中自然照明的主要来源。但是，阳光的光线是平行的且为淡黄色，而大气投射的光线来自所有方向且颜色为明显的蓝色。当将系统变量 LIGHTINGUNITS 设置为光度时，可提供更多的阳光特性。

选择菜单"视图"→"渲染"→"光源"→"阳光特性"（SUNPROPERTIES）命令后，系统将显示出"阳光特性"窗口，如图 11-33 所示，通过该窗口的不同面板，可设置或修改阳光特性。

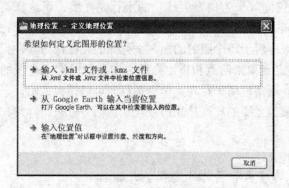

图 11-32　地理位置　　　　　　　　　　图 11-33　"阳光特性"窗口

11.7.2　材质

在渲染时为对象添加材质，可以使渲染效果更加逼真和完美，"纹理贴图"（MATERIALS）命令，对于创建多种材质（例如，木材颗粒和墙面等）十分有用。AutoCAD 2010 可使用 BMP、RLE 或 DIB、GIF、JFIF、JPG 或 JPEG、PCX、PNG、TGA、TIFF 等文件类型创建纹理贴图。

AutoCAD 2010 将常用的材质都集成到"工具选项板"窗口中，用户可以选择菜单中的"工具"→"选项板"→"工具选项板"（TOOLPALETTES）命令，打开"工具选项板"窗口，如图 11-34 所示。

例如，当视图的视觉样式为"真实"视觉样式时，打开"工具选项板"窗口中的"木材和塑料"选项卡，选择"木材"材质类型后，在模型空间中单击要附着该材质的图形对象，可将该材质附着到目标对象上，如图 11-35 所示。

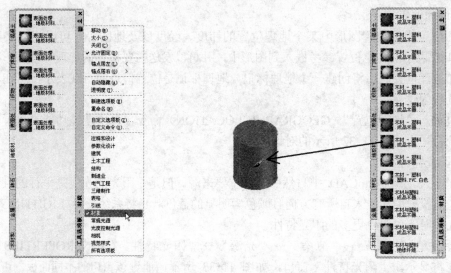

图 11-34　"工具选项板"窗口　　　　　　　图 11-35　附着材质

300

创建并应用材质后，可以在"材质"窗口中对其进行修改，选择菜单"视图"→"渲染"→"材质"（MATERIALS）命令，将如图 11-36 所示的"材质"窗口，该窗口中提供了用于创建、修改和应用材质的不同面板。

该窗口中包含的主要面板的含义如下：

1）"材质编辑器"：用于显示材质类型、样板和特征。

2）"贴图"：用于显示贴图频道、贴图类型选择及工具按钮，并提供对程序贴图控件的访问。

3）"高级光源替代"：该面板在真实材质类型和真实金属材质类型下可用，通过光度控制光源照射材质时，用于设置影响材质渲染的参数。

4）"材质缩放与平铺"：用于指定贴图频道或同步缩放和平铺因子，以在所有贴图级别中共享。此部分用于二维（纹理贴图、方格、渐变延伸及瓷砖）贴图和贴图频道（漫射、凹凸、不透明及反射）。

5）"材质偏移与预览"：用于指定材质上贴图的偏移与预览特性。

图 11-36　"材质"编辑器

下面对第 10 章综合范例二中所设计的桌子模型将"视觉样式"切换为"真实"，进行附着材质操作，首先打开"桌子.dwg"文件，选择菜单"工具"→"选项板"→"工具选项板"（TOOLPALETTES）命令，在打开的"工具选项板"窗口中，按图 11-37 所示的步骤，切换出"木材和塑料"选项卡。

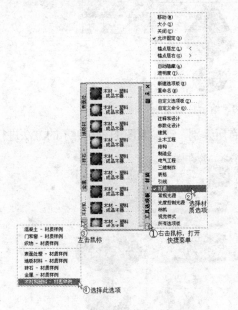

图 11-37　切换选项卡

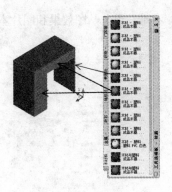

图 11-38　附着材质

选择该选项卡中提供的材质，完成附着材质操作结果如图 11-38 所示。

11.7.3　贴图

贴图的功能是当实体附着带纹理的材质后，可调整实体或面上纹理贴图的方向，以适应对象的形状，如果需要对贴图做进一步调整，可以使用显示在对象上的贴图工具，移动或旋转对象上的贴图。

1. 贴图频道类型

材质被映射后，可以调整材质以适应对象的形状。贴图频道可以对材质的颜色指定图案或纹理。选择贴图频道后，贴图的颜色将替换材质的漫射颜色。AutoCAD 提供的贴图频道类型有以下几种。

1）"漫射贴图"：是最常用的一种贴图，可以选择将图像文件作为纹理贴图或程序贴图，使其为材质的漫射颜色指定图案或纹理。贴图的颜色将替换或局部替换"材质"编辑器中的漫射颜色分量。

以本章综合范例一中绘制的台灯为例，说明贴图的用法，打开"台灯.dwg"文件，首先切换到真实视觉样式下，然后选择菜单"视图"→"渲染"→"材质"（MATERIALS）命令，在弹出的"材质"编辑器中，单击"漫射贴图"选项组"选择图像"按钮，选择操作系统默认安装路径"C:\Documents and Settings\All Users\Documents\My Pictures\示例图片"中的 Blue hills.jpg 文件，应用该图像对台灯进行贴图处理，过程及完成结果如图 11-39 所示。

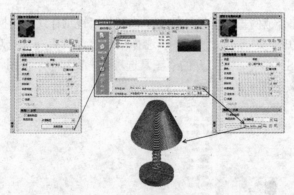

图 11-39　给台灯贴图

此时，不难发现，贴图效果和图片本身有所差别，请参照图 11-40 所示的方法进行修改。

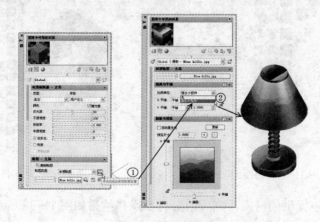

图 11-40　调整贴图

2）"反射贴图"：用于模拟在有光泽对象的表面上反射的场景。要使反射贴图获得较好的渲染效果，材质应有光泽，而且反射图像本身应具有较高的分辨率，至少应为"512×480"像素。反射贴图不适用于真实材质类型和真实金属材质类型。

3）"不透明贴图"：用来指定不透明区域和透明区域，例如，使用真实材质类型时，如果将黑色矩形中心的一个白色的圆作为不透明贴图应用，则圆在投射到对象的表面上时将显示出一个孔型图案。

4）"凹凸贴图"：可以选择图像文件或程序贴图用于凹凸贴图。凹凸贴图使对象看起来具有起伏的或不规则的表面。使用凹凸贴图材质渲染对象时，贴图的较浅色区域看起来升高，而较深（较黑）区域看起来降低。如果图像是彩色图像，则系统将使用某种颜色的灰度值。凹凸贴图会显著增加渲染时间，但可增加真实感。

2. 调整贴图

附着带纹理的材质后，可以调整对象或面上纹理贴图的方向。选择菜单"视图"→"渲染"→"贴图"（MATERIALMAP）中的子菜单命令，可调整纹理贴图方向，如图 11-41 所示，各方向的含义如下。

1）平面贴图：将图像映射到对象上，就像将其从幻灯片投影器投影到二维曲面上一样。图像不会失真，但是会被缩放以适应对象，该贴图常用于面。

2）长方体贴图：将图像映射到类似长方体的实体上，该图像将在对象的每个面上重复使用。

3）球面贴图：在水平和垂直两个方向上同时使用图像弯曲。纹理贴图的顶边在球体的"北极"压缩为一个点；同样，底边在"南极"压缩为一个点。

例如，使用球面贴图，调整台灯的纹理贴图方向，结果如图 11-42 所示，执行过程如下：

命令: _MaterialMap
选择选项 [长方体(B)/平面(P)/球面(S)/柱面(C)/复制贴图至(Y)/重置贴图(R)] <长方体>:_S
选择面或对象: 找到 1 个   //选中台灯的灯罩部分
选择面或对象: ↙
接受贴图或 [移动(M)/旋转(R)/适合对象尺寸(F)/重置(T)/切换贴图模式(W)]: ↙

图 11-41 贴图方向   图 11-42 调整纹理贴图方向

4）柱面贴图：将图像映射到圆柱形对象上，水平边将一起弯曲，但顶边和底边不会弯曲，图像的高度将沿圆柱体的轴进行缩放。

11.7.4 渲染

渲染可为三维图形对象加上颜色和材质因素，还可以添加灯光、背景、场景等因素，能够更真实地表达图形的外观和纹理。最终实现创建一个可以表达用户想象的照片级真实感的图像。渲染图像和场景时，可显示在视口或"渲染"窗口中，称为渲染目标。渲染目标可在渲染描述部分的"高级渲染设置"选项板中设置，渲染结果可存为图像，如图 11-43 所示，该图像运用了光源、材质和环境设置（如背景和雾化等），为场景的几何图形着色。

图 11-43 渲染后效果图

1. 高级渲染

选择菜单"视图"→"渲染"→"高级渲染设置"（RPREF）命令后，系统将打开"高级渲染设置"选项板，如图 11-44 所示，该选项板包含了渲染器的主要控件，用户可从预定义的渲染设置中选择，也可自定义设置。

该选项板主要组成部分的作用如下：

1）"常规"：包含了影响模型的渲染方式、材质和阴影的处理方式以及反走样执行方式的设置（反走样可以消弱曲线式线条或边在边界处的锯齿效果）。

2）"光线追踪"：用于控制如何产生着色。

3）"间接发光"：控制光源特征、场景照明方式以及是否进行全局照明和最终采集。

4）"诊断"：用于帮助用户了解图像没有按照预期效果进行渲染的原因。

图 11-44 "高级渲染设置"选项板

2. 控制渲染环境

雾化和景深效果处理属于大气效果，可以使对象随着距相机距离的增大而逐渐变浅，用户可使用环境功能来设置雾化效果或将位图图像添加为背景来增强图像的渲染效果。

选择菜单"视图"→"渲染"→"渲染环境"（RENDERENVIRONMENT）命令后，系统将弹出"渲染环境"对话框，如图 11-45 所示，该对话框可用于设置雾化或深度设置选项（即用于定义和处理对象与当前观察方向之间的距离效果）。

该对话框中主要选项的作用：

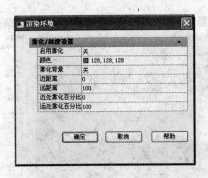

图 11-45 "渲染环境"对话框

1）"启用雾化"文本框：用于设置启用或关闭雾化，而不影响对话框中的其他设置。

2）"颜色"文本框：用于指定雾化颜色。

3）"雾化背景"文本框：不仅对背景进行雾化，也对几何图形进行雾化。背景主要指显示在模型后面的背景幕，背景可以是单色、多色渐变色或位图图像。渲染静止图像时，或者渲染其中的视图不变化或相机不移动的动画时，使用背景效果最佳。可以通过"视图管理器"设置背景。设置以后，背景将与命名视图或相机相关联，并且与图形一起保存。

4）"近距离"文本框：用于指定雾化开始处到相机的距离。

5）"远距离"文本框：用于指定雾化结束处到相机的距离。

6）"近处雾化百分比"文本框：用于指定近距离处雾化的不透明度。

7）"远处雾化百分比"文本框：用于指定远距离处雾化的不透明度。

3. 渲染并保存图像

渲染的最终目的是创建一个可以表达用户想象的照片级真实感的演示质量图像。如果没有打开命名视图或相机视图，则渲染当前视图，默认情况下，渲染过程为渲染图形内当前视图中的所有对象。虽然在渲染关键对象或视图的较小部分时渲染速度较快，但在渲染整个视图时，可看到所有对象之间是如何相互定位的。

渲染对象一般包括两种情况：

1）一般渲染：初级用户可以直接使用渲染命令渲染模型，而不必应用任何材质、添加任何光源或设置场景，渲染新模型时，渲染器会自动使用虚拟平行光，该光源不能移动或调整。

2）高级渲染：通过上面讲到的"高级渲染设置"选项板，进行不同的设置，可满足不同用户对渲染效果的要求。

选择菜单"视图"→"渲染"→"渲染"（RENDER）命令后，系统将弹出如图 11-46所示的"渲染"窗口，在该窗口中显示了当前视图中图形的渲染效果，在其右边的列表中，显示了图像的质量、光源和材质等详细信息；在其下面的文件列表中，显示了当前渲染图像的文件名称、大小和渲染时间等信息。

在"渲染"窗口中，用户可选择菜单"文件"→"保存"命令，保存渲染得到的图像，也可以在"渲染"窗口下面的文件列表中，使用鼠标右键单击一文件，在弹出的快捷菜单中（如图 11-46 所示），选择其中的"保存"或"从列表中删除"等命令，完成保存或清理渲染图像等操作。

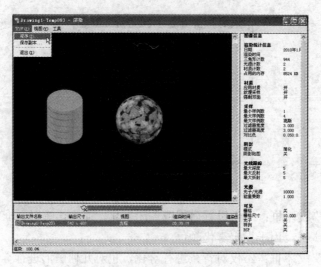

图 11-46 "渲染"窗口

11.8 综合范例二——木床三维建模

学习目的：本实例综合运用前面章节学习到的三维建模知识，以及三维实体编辑命令，设计木床的三维模型，最后对模型进行渲染，并保存为图像文件。

重点难点：

➢ 三维建模命令的综合运用

➢ 三维编辑命令的综合运用

➢ 渲染知识的运用

使用"长方体"（BOX）和"圆柱体"（CYLINDER）等三维建模命令，以及"圆角"（FILLET）和"三维移动"（3DMOVE）等实体编辑命令，完成木床模型的绘制和编辑，并对所设计的三维实体切换不同的视觉样式进行观察，最后对该模型进行渲染处理，并保存为图像文件，完成结果如图 11-47 所示。

图 11-47 木床三维模型效果图

1. 床腿设计

1）在三维建模环境中，首先选择菜单"视图"→"三维视图"→"西南等轴测"命令，将三维视图设置为西南等轴测。

2）使用绘制"圆柱体"（CYLINDER）命令，根据提示，输入坐标原点（0,0,0）作为底面的中心点，绘制出半径为 30、高为 100 的圆柱体，也就是一条床腿，完成结果如图 11-48 所示，执行过程如下：

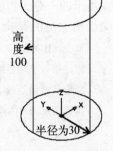

图 11-48　圆柱体

命令：CYLINDER✓　　　　　　　　　　　//绘制"圆柱体"

指定底面的中心点或 [三点(3P)/两点(2P)/切点、切点、半径(T)/椭圆(E)]: 0,0,0✓

//指定坐标原点作为底面的中心点

指定底面半径或 [直径(D)] <174.4501>: 30✓　　//输入圆柱体底面半径为 30

指定高度或 [两点(2P)/轴端点(A)] <403.3269>: 100✓　　//输入圆柱体高 100

3）使用三维操作中的"三维阵列"（3DARRAY）命令，根据提示，选择上步绘制的圆柱体，然后建立行间距为"1200"，列间距为"2000"的两行、两列的矩形阵列，完成床腿的绘制，结果见下图 11-49 所示，执行过程如下：

命令：3DARRAY✓　　　　　　　　　　　//"三维阵列"命令

正在初始化... 已加载 3DARRAY。

选择对象: 找到 1 个　　　　　　　　　//选择上一步绘制的圆柱体

选择对象: ✓　　　　　　　　　　　　　//按〈Enter〉键结束选择

输入阵列类型 [矩形(R)/环形(P)] <矩形>:✓　　//使用矩形阵列

输入行数 (---) <1>: 2✓　　　　　　　//输入矩形阵列的行数为 2

输入列数 (|||) <1>: 2✓　　　　　　　//输入矩形阵列的列数为 2

输入层数 (...) <1>:✓　　　　　　　　//按〈Enter〉键表示采用系统默认层数 1

指定行间距 (---): 1200✓　　　　　　　//输入矩形阵列的行间距 1200

指定列间距 (|||): 2000✓　　　　　　　//输入矩形阵列的列间距 2000

4）使用"窗口缩放"（ZOOM）命令，输入选项"全部(A)"，得到结果如图 11-49 所示，执行过程如下：

命令: ZOOM✓　　　　　　　　　　　　//"窗口缩放"命令

指定窗口的角点，输入比例因子 (nX 或 nXP)，或者

[全部(A)/中心(C)/动态(D)/范围(E)/上一个(P)/比例(S)/窗口(W)/对象(O)] <实时>: A✓

//选项"全部(A)"用于显示整个视图正在重生

成模型

图 11-49　绘制床腿

2．床架及床垫设计

1）使用绘制"长方体"（BOX）命令，设置并开启点的捕捉功能，使用鼠标捕捉拾取上图所示的一对床脚的顶部中心点（如点 A 和点 C），创建出高度值为 150 的长方体，完成结果如图 11-50 所示，执行过程如下：

命令：BOX✓　　　　　　　　　　　　　//使用"长方体"命令绘制床架

指定第一个角点或 [中心(C)]:　　　　　　//鼠标选取上图所示点 A

指定其他角点或 [立方体(C)/长度(L)]:　　//鼠标选取上图所示点 C

指定高度或 [两点(2P)] <100.0000>:150✓　//输入床架高度为 150

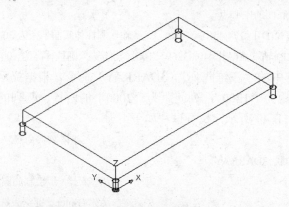

图 11-50　床架设计

2）使用"直线"（LINE）命令，捕捉床垫上表面的对边中点，绘制它们之间的连线，作为辅助线，如图 11-51 所示。

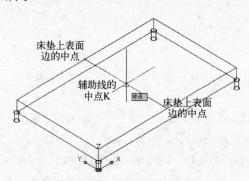

图 11-51　绘制辅助线

3）使用"缩放"（SCALE）命令，根据提示，选中床架，并拾取图 11-51 所示的辅助线中点 K，作为缩放的基点，将床垫放大 1.1 倍，并删除掉辅助线，完成结果如图 11-52 所示，执行过程如下：

命令：SCALE✓　　　　　　　　　　//"缩放"命令

选择对象：找到 1 个　　　　　　　　//选择床架

选择对象：✓　　　　　　　　　　　//按下〈Enter〉键，结束选择

指定基点：　　　　　　　　　　　　//选择图 11-51 所示的辅助线中点 K，作为缩放的基点

指定比例因子或 [复制(C)/参照(R)] <1.0000>:　1.1✓　　　　//输入缩放比例为 1.1

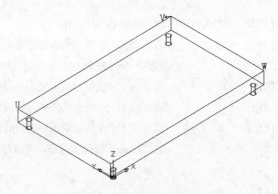

图 11-52　放大后的床架

4）执行三维操作中的"三维镜像"（MIRROR3D）命令，根据提示选中上一步绘制好的长方体床架，使用默认的三点法构成三维镜像面，并保留源对象后，将在床架上方，镜像出大小相同的长方体，即床垫部分，选中并删除辅助线后，结果如图 11-53 所示，执行过程如下：

命令: MIRROR3D✓　　　　　　　//使用三维操作中的"三维镜像"命令

选择对象: 找到 1 个　　　　　　//选择床架

选择对象: ✓　　　　　　　　　//按〈Enter〉键结束选择

指定镜像平面 (三点) 的第一个点或 [对象(O)/最近的(L)/Z 轴(Z)/视图(V)/XY 平面(XY)/YZ 平面(YZ)/ZX 平面(ZX)/三点(3)] <三点>: ✓　　//使用三点法构建三维镜像面

在镜像平面上指定第一点: 在镜像平面上指定第二点: 在镜像平面上指定第三点:

　　　　　　　　//鼠标依次选择床架上表面上三点，图 11-52 所示的点 U、点 V 和点 W

是否删除源对象？[是(Y)/否(N)] <否>:✓　　　//镜像操作后，保留源对象

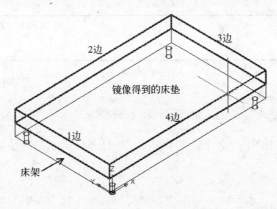

图 11-53　三维镜像

5）使用"圆角"（FILLET）命令，选中上面经过三维镜像操作得到的床垫，输入圆角半径为 100，依次选择床垫上表面编号为 1、2、3、4 的边（如图 11-53 所示），完成结果如图 11-54 所示，执行过程如下：

命令: FILLET✓　　　　　　　　　　　　　//使用"圆角"命令

当前设置: 模式 = 不修剪, 半径 = 0.0000

选择第一个对象或 [放弃(U)/多段线(P)/半径(R)/修剪(T)/多个(M)]:

                                     //选择图 11-53 所示的床垫上表面的 1 边, 同时选中床垫

输入圆角半径: 100✓   //输入圆角半径为 100

选择边或 [链(C)/半径(R)]:   //选择图 11-53 所示的床垫上表面的边, 如 2 边

选择边或 [链(C)/半径(R)]:   //选择图 11-53 所示的床垫上表面的边, 如 3 边

选择边或 [链(C)/半径(R)]:   //选择图 11-53 所示的床垫上表面的边, 如 4 边

选择边或 [链(C)/半径(R)]: ✓   //按〈Enter〉键结束选择, 并执行圆角操作

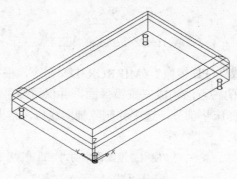

图 11-54 圆角操作

3. 床头设计

1) 选择菜单中的"视图"→"三维视图"→"左视"命令, 切换到左视图, 如图 11-55 所示。

图 11-55 左视图

2) 使用"直线"(LINE)命令, 绘制出如图 11-56 所示的床头轮廓的辅助线图形, 执行过程如下:

命令: LINE✓

指定第一点: -1260,0,100✓

指定下一点或 [放弃(U)]: -1260,700,100✓

指定下一点或 [放弃(U)]: -960,550,100✓

指定下一点或 [闭合(C)/放弃(U)]: -600,700,100✓

指定下一点或 [闭合(C)/放弃(U)]: -240,550,100✓

指定下一点或 [闭合(C)/放弃(U)]: 60,700,100✓

指定下一点或 [闭合(C)/放弃(U)]: 60,0,100✓

指定下一点或 [闭合(C)/放弃(U)]: C✓

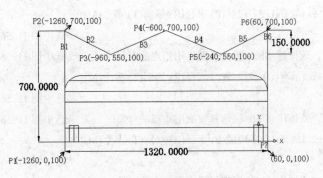

图 11-56 床头轮廓辅助线绘制

3）使用绘制"多段线"（PLINE）命令，同时开启点的捕捉功能，根据提示，依次捕捉图 11-56 所示的 P1 到 P7 点，并闭合完成床头轮廓线的绘制，选中多段线，单击"绘图次序"工具栏中的"后置"，将多段线后置，接下来选中并删除上一步绘制的辅助直线，完成床头轮廓线的绘制，执行过程如下：

命令: PLINE✓   //绘制"多段线"命令

指定起点: //捕捉图 11-56 所示 P1 点

当前线宽为 0.0000

指定下一个点或 [圆弧(A)/半宽(H)/长度(L)/放弃(U)/宽度(W)]:   //捕捉图 11-56 所示 P2 点

指定下一点或 [圆弧(A)/闭合(C)/半宽(H)/长度(L)/放弃(U)/宽度(W)]:   //捕捉图 11-56 所示 P3 点

指定下一点或 [圆弧(A)/闭合(C)/半宽(H)/长度(L)/放弃(U)/宽度(W)]:   //捕捉图 11-56 所示 P4 点

指定下一点或 [圆弧(A)/闭合(C)/半宽(H)/长度(L)/放弃(U)/宽度(W)]:   //捕捉图 11-56 所示 P5 点

指定下一点或 [圆弧(A)/闭合(C)/半宽(H)/长度(L)/放弃(U)/宽度(W)]:   //捕捉图 11-56 所示 P6 点

指定下一点或 [圆弧(A)/闭合(C)/半宽(H)/长度(L)/放弃(U)/宽度(W)]:   //捕捉图 11-56 所示 P7 点

指定下一点或 [圆弧(A)/闭合(C)/半宽(H)/长度(L)/放弃(U)/宽度(W)]: C✓ //闭合多段线

4）使用"圆角"（FILLET）命令，根据提示输入选项"半径(R)"，并输入圆角的半径为 130，将床头轮廓线编辑修改成如图 11-57 所示的图形，执行过程如下：

命令: FILLET✓   // "圆角" FILLET 命令

当前设置: 模式 = 修剪，半径 = 100.0000

选择第一个对象或 [放弃(U)/多段线(P)/半径(R)/修剪(T)/多个(M)]: R✓

                                             //选中选项"半径(R)"，作用是重新设定圆角半径

指定圆角半径 <100.0000>: 130✓   //输入圆角半径值为 130

选择第一个对象或 [放弃(U)/多段线(P)/半径(R)/修剪(T)/多个(M)]: M✓

                                             //输入选项"多个(M)"，表示对多个夹角执行圆角操作

选择第一个对象或 [放弃(U)/多段线(P)/半径(R)/修剪(T)/多个(M)]:

                                             //选中图 11-56 中的边 B1

选择第二个对象，或按住 Shift 键选择要应用角点的对象: //选中图 11-56 中的边 B2

选择第一个对象或 [放弃(U)/多段线(P)/半径(R)/修剪(T)/多个(M)]:

                                             //选中图 11-56 中的边 B2

选择第二个对象，或按住 Shift 键选择要应用角点的对象: 　//选中图 11-56 中的边 B3

选择第一个对象或 [放弃(U)/多段线(P)/半径(R)/修剪(T)/多个(M)]:

　//选中图 11-56 中的边 B3

选择第二个对象，或按住 Shift 键选择要应用角点的对象: 　//选中图 11-56 中的边 B4

选择第一个对象或 [放弃(U)/多段线(P)/半径(R)/修剪(T)/多个(M)]:

　//选中图 11-56 中的边 B4

选择第二个对象，或按住 Shift 键选择要应用角点的对象: 　//选中图 11-56 中的边 B5

选择第一个对象或 [放弃(U)/多段线(P)/半径(R)/修剪(T)/多个(M)]:

　//选中图 11-56 中的边 B5

选择第二个对象，或按住 Shift 键选择要应用角点的对象: 　//选中图 11-56 中的边 B6

选择第一个对象或 [放弃(U)/多段线(P)/半径(R)/修剪(T)/多个(M)]: ✓

　//按下〈Enter〉键结束命令

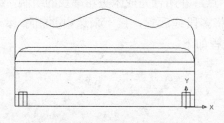

图 11-57　床头轮廓线

5）执行三维建模中的"拉伸"（EXTRUDE）命令，选中圆角处理过的床头多线段图形，并输入拉伸高度为 100，执行过程如下：

命令: EXTRUDE✓ 　　　　　　　　　　　　// "拉伸"命令

当前线框密度: ISOLINES=4

选择要拉伸的对象: 找到 1 个 　　　　　　//选择多段线工具绘制的床头轮廓线

选择要拉伸的对象: ✓ 　　　　　　　　　　//按下〈Enter〉键结束选择

指定拉伸的高度或 [方向(D)/路径(P)/倾斜角(T)]: 100✓ //输入拉伸高度为 100

6）选择菜单中的"视图"→"三维视图"→"西南等轴测"命令，切换到西南等轴测视图，完成床头的绘制，如图 11-58 所示。

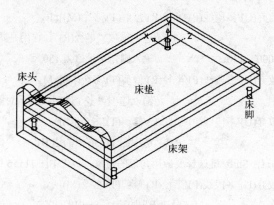

图 11-58　带床头的床

4．床体渲染效果设计

1）选择菜单"视图"→"视觉样式"→"真实"命令，切换为真实视觉样式。

2）使用"工具选项板"（TOOLPALETTES）命令，打开"工具选项板"对话框，添加"织物-材质样例"及"木材和塑料-材质样例"选项卡（请参照第 11.7.2 节中图 11-37 所示的方法）。

3）使用鼠标在"工具选项板"的"织物-材质样例"及"木材和塑料-材质样例"选项卡中，选择合适的材质，并选中床体的相应部位，将其应用，完成结果如图 11-59 所示。

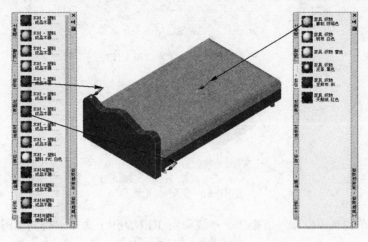

图 11-59　床体效果图

4）使用"新建点光源"（POINTLIGHT）命令，此时系统将弹出"光源-视口光源模式"对话框，选择其中的"关闭默认光源（建议）"选项，分别新建点光源 1（608,3772,0），强度为 2，点光源 2（3264,3560,513），强度为 1，点光源 3（-710,-740,237），强度为 0.2，完成结果如图 11-60 所示，执行过程如下：

命令: POINTLIGHT↙　　　　　//"新建点光源"命令，在弹出的"光源-视口光源模式"对话框中，单击
　　　　　　　　　　　　　　　　　　"关闭默认光源（建议）"选项后，系统恢复如下的命令行提示状态

指定源位置 <0,0,0>:608,3772,0↙　　　　　//输入点光源 1 的位置

输入要更改的选项 [名称(N)/强度因子(I)/状态(S)/光度(P)/阴影(W)/衰减(A)/过滤颜色(C)/退出(X)]<退出>:I↙
　　　　　　　　　　　　　　　　//输入选项"强度因子(I)"，用于重新设定强度因子

输入强度 (0.00 - 最大浮点数) <1.0000>:2↙　　//输入强度因子为 2

输入要更改的选项 [名称(N)/强度因子(I)/状态(S)/光度(P)/阴影(W)/衰减(A)/过滤颜色(C)/退出(X)]<退出>:↙
　　　　　　　　　　　　　　　　　　　　//按下〈Enter〉键结束命令

命令: POINTLIGHT↙　　　　　//"新建点光源"命令

指定源位置 <0,0,0>:3264,3560,513↙　　　　//输入点光源 2 的位置

输入要更改的选项 [名称(N)/强度因子(I)/状态(S)/光度(P)/阴影(W)/衰减(A)/过滤颜色(C)/退出(X)]<退出>: I↙
　　　　　　　　　　　　　　　　//输入选项"强度因子(I)"，用于重新设定强度因子

输入强度 (0.00 - 最大浮点数) <1.0000>:1↙　　//输入强度因子为 1

输入要更改的选项 [名称(N)/强度因子(I)/状态(S)/光度(P)/阴影(W)/衰减(A)/过滤颜色(C)/退出(X)]<退出>:↙
　　　　　　　　　　　　　　　　　　　　//按下〈Enter〉键结束命令

命令: POINTLIGHT✓   //"新建点光源"命令

指定源位置 <0,0,0>:-710,-740,237✓   //输入点光源3的位置

输入要更改的选项 [名称(N)/强度因子(I)/状态(S)/光度(P)/阴影(W)/衰减(A)/过滤颜色(C)/退出(X)]<退出>:I✓

　　　　　　　　　　　　　　　　　　　　　　　//输入选项"强度因子(I)",用于重新设定强度因子

输入强度 (0.00 - 最大浮点数) <1.0000>:0.2✓   //输入强度因子为0.2

输入要更改的选项 [名称(N)/强度因子(I)/状态(S)/光度(P)/阴影(W)/衰减(A)/过滤颜色(C)/退出(X)]<退出>:✓

　　　　　　　　　　　　　　　　　　　　　　　//按下〈Enter〉键结束命令

图 11-60　新建点光源

5）选择菜单"视图"→"渲染"→"渲染"（RENDER）命令，得到如图 11-61 所示的结果。

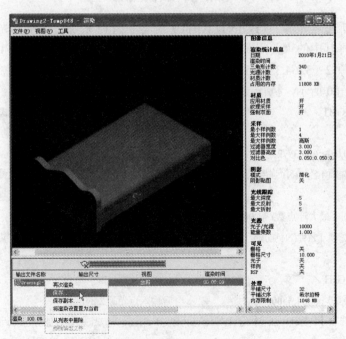

图 11-61　渲染图

6）选择"渲染"窗口菜单"文件"→"保存"命令，在打开的"渲染输出文件"对话框中，输入文件名为"木床"，在"文件类型"下拉列表框中，选择位图类型，即 BMP

（*.bmp），如图 11-62 所示。

图 11-62　"渲染输出文件"对话框

7）单击"渲染输出文件"对话框中的"保存"按钮后，系统将弹出"BMP 图像选项"对话框，保持默认选项"24 位（16.7 百万色）"的选中状态，单击"确定"按钮，关闭该对话框，完成图像文件的保存，如图 11-63 所示。

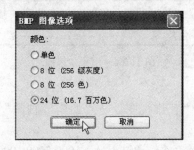

图 11-63　"BMP 图像选项"对话框

8）打开"WINDOWS 资源管理器"，找到刚保存的图像"木床.bmp"文件，预览其效果，如图 11-47 所示。

11.9　综合范例三——卧室建模

学习目的：本范例综合运用了前面章节所讲解的三维建模知识，以及布尔运算命令，绘制卧室的墙体，然后通过"复制"、"粘贴"等命令，将本书在三维建模部分所设计出的台灯、桌子、床等物品，摆放到卧室内，并调整其位置，完成卧室的布局。

重点难点：
➢ 视图及视觉样式的切换
➢ 三维实体绘制
➢ 三维实体编辑
➢ 渲染的运用

使用三维建模中的"长方体"（BOX）等命令，绘制完成卧室的地面、墙壁和窗扇，并将本书三维建模部分综合范例中设计好的台灯、桌子、床等物品，合理地摆布在卧室内适当的地方，最后切换到真实视觉样式，附着适当的材质后，经"渲染"得到如图 11-64 所示的结果。

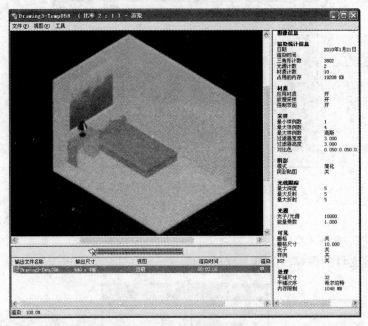

图 11-64　渲染效果图

1. 卧室地面及墙体设计

1）选择菜单"视图"→"三维视图"→"西南等轴测"命令，将视图切换到西南等轴测。

2）使用"长方体"（BOX）命令，通过点 A（1000,5500,1000）和点 B（4200,1000,1000），绘制出高为 100 的长方体地面，执行过程如下：

命令: BOX↙　　　　　　　　　　　　　　　　　//绘制"长方体"命令

指定第一个角点或 [中心(C)]: 1000,5500,1000↙　　//输入点 A 坐标

指定其他角点或 [立方体(C)/长度(L)]: 4200,1000,1000↙　//输入点 B 坐标

指定高度或 [两点(2P)]: 100↙　　　　　　　　　　//输入高度 100

3）使用"窗口缩放"（ZOOM）命令，输入选项"全部(A)"，得到结果见下图 11-65 所示，执行过程如下：

命令: ZOOM↙　　　　　　　　　　　　　　　　//"窗口缩放"命令

指定窗口的角点，输入比例因子 (nX 或 nXP)，或者

[全部(A)/中心(C)/动态(D)/范围(E)/上一个(P)/比例(S)/窗口(W)/对象(O)] <实时>: A↙

　　　　　　　　　　　　　　　　　　//选项"全部(A)"用于显示出整个视图

正在重生成模型。

4）使用"长方体"（BOX）命令，过点 A 和点 C（4320,5620,1000）绘制高度为 3300 的墙壁 I，完成结果如图 11-66 所示，执行过程如下：

命令: BOX↙

指定第一个角点或 [中心(C)]: 1000,5500,1000↙

指定其他角点或 [立方体(C)/长度(L)]: 4320,5600,1000↙

指定高度或 [两点(2P)] <100.0000>: 3300↙

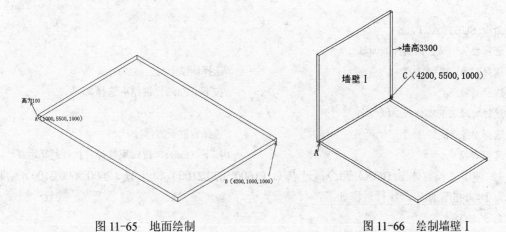

图 11-65　地面绘制　　　　　　　　　　图 11-66　绘制墙壁 I

5）使用"长方体"（BOX）命令，过点 C 和点 D（4320,1000,1000）绘制厚度为 3300 的墙壁 II，完成结果如图 11-67 所示，执行过程如下：

命令: BOX↙

指定第一个角点或 [中心(C)]: 4200,5500,1000↙

指定其他角点或 [立方体(C)/长度(L)]: 4320,1000,1000↙

指定高度或 [两点(2P)] <3300.0000>: 3300↙

2．卧室窗户设计

1）使用"长方体"（BOX）命令，过点 E（1600,5500,2100）和点 F（3600,5620,2100）绘制高度为 1800 的窗框，完成结果如图 11-68 所示，执行过程如下：

命令: BOX↙

指定第一个角点或 [中心(C)]: 1600,5500,2100↙

指定其他角点或 [立方体(C)/长度(L)]: 3600,5620,2100↙

指定高度或 [两点(2P)] <3300.0000>: 1800↙

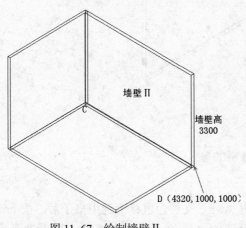

图 11-67　绘制墙壁 II

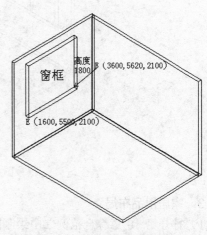

图 11-68　绘制窗框

2）选择菜单中的"修改"→"实体编辑"→"差集"（SUBTRACT）命令，选中墙壁Ⅰ，并根据提示，选择需要减去的窗框矩形，按下〈Enter〉键，完成差集运算，执行过程如下：

命令: SUBTRACT↙

选择要从中减去的实体或面域...

选择对象: 找到 1 个   //选择墙壁Ⅰ

选择对象: ↙   //按下〈Enter〉键结束选择

选择要减去的实体或面域 ..

选择对象: 找到 1 个   //选择窗框长方体

选择对象: ↙   //按下〈Enter〉键结束选择且执行差集运算

3）使用"长方体"（BOX）命令，过点 G（1600,5620,2100）和点 H（2600,5600,2100）绘制高度为 1800 的窗扇Ⅰ，执行过程如下：

命令: BOX↙

指定第一个角点或 [中心(C)]: 1600,5620,2100↙

指定其他角点或 [立方体(C)/长度(L)]: 2600,5600,2100↙

指定高度或 [两点(2P)] <1800.0000>: 1800↙

4）使用"长方体"（BOX）命令，过点 H 和点 F，绘制高度为 1800 的窗扇Ⅱ，完成结果如图 11-69 所示，执行过程如下：

命令: BOX↙

指定第一个角点或 [中心(C)]: 2600,5600,2100↙

指定其他角点或 [立方体(C)/长度(L)]: 3600,5620,2100↙

指定高度或 [两点(2P)] <1800.0000>: 1800↙

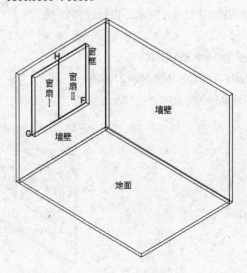

图 11-69 绘制窗扇

3. 家居用品布局

1）打开第 10 章综合范例二中绘制的"桌子.dwg"文件，鼠标框选中桌子后，按下键盘上的〈Ctrl+C〉键进行复制，然后回到当前设计的"墙体.dwg"文件中，按下键盘上的

〈Ctrl+V〉键，将其粘贴到当前"墙体.dwg"文件绘图区中。

2）选择菜单"修改"→"三维操作"→"三位旋转"（3DROTATE）命令，使用鼠标框选中桌子，同时按下键盘上的"F8"键，开启正交模式，将桌面旋转到与卧室地面平行的位置。

3）选择菜单"修改"→"三维操作"→"三位移动"（3DMOVE）命令，关闭正交模式，设置并开启点捕捉功能，选中要移动的桌子全部，根据命令提示并参照图 11-70 所示，将其移动摆放在卧室的适当位置处。

4）同上面步骤 1）中所讲述的过程，分别打开本章综合范例中所绘制完成的"台灯.dwg"和"床.dwg"文件，将其复制并粘贴到当前设计的"墙体.dwg"文件中（本例不复制"床.dwg"文件中的点光源）。

5）同上面步骤 2）和步骤 3）中所讲述的操作过程，分别将床表面和台灯底面旋转到与地面平行的方向（在进行三维旋转操作的时候，同样可以借助正交模式），然后再将它们移动到卧室内适当的位置处摆放，其中台灯要摆放到桌面上的适当位置。

小技巧：为了保证摆放的准确性，除了在移动摆放过程中要开启点的捕捉功能外，还可以使用"直线"（LINE）命令，首先在桌面和地面上，捕捉并绘制出一些辅助线，然后再移动摆放台灯和床，这样便于准确地摆放室内物品，如图 11-70 所示，最后删除辅助线。

注意：在物品摆放过程中最好配合使用"视口"工具栏"视图"工具栏，"动态观察"工具栏以及"视觉样式"工具栏，进行辅助设计，可以达到提高设计效率和自我检查等目的。

4. 渲染

1）选择菜单"视图"→"视觉样式"→"真实"命令，切换到真实视觉样式。

2）选择菜单"工具"→"选项板"→"工具选项板"（TOOLPALETTES）命令，打开"工具选项板"窗口，对应卧室内不同的对象，选取适合的材质，将其附着到卧室的墙壁、地面等对象上。

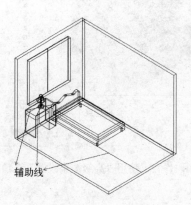
辅助线

图 11-70　绘制辅助线

3）选择菜单"工具"→"选项板"→"材质"（MATERIALS）命令，打开"材质"窗口，对窗扇部分运用纹理贴图（操作系统默认安装路径"C:\Documents and Settings\All Users\Documents\My Pictures\示例图片"中的 Blue hills.jpg 文件），过程及效果如图 11-71 所示。

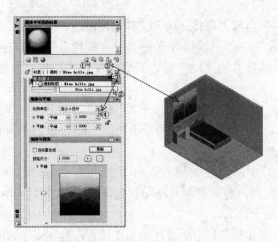

图 11-71　附着材质

小技巧：使用"特征匹配"（MATCHPROP）命令，首先选中附着了某种材质的对象，此时鼠标变成了刷子形状，然后再选中想要附着材质的另一对象，此时可以将其附着上相同的材质。

4）选择菜单"视图"→"渲染"→"高级渲染设置"（RPREF）命令，打开"高级渲染设置"选项板，进行如图 11-72 所示的设置并单击"渲染"按钮，此时根据提示，框选中整个卧室范围，并按下〈Enter〉键后，得到卧室的渲染效果图，如图 11-64 所示。

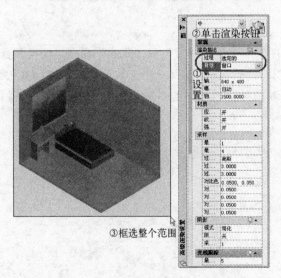

图 11-72　使用"高级渲染设置"选项板

附　录

附录 A　AutoCAD2010 命令变更表

序　号	变　更　表	命　令　名　称	说　　　　明
1	2010-新	3DPRINT	将三维模型发送到三维打印服务
2	2010-新	3DSCALE	在三维视图中，显示三维缩放小控件以协助调整三维对象的大小
3	2010-新	ACTBASEPOINT	将基点插入动作宏
4	2010-新	ACTMANAGER	管理动作宏文件
5	2010-新	ADJUST ATTACH	将外部参照、图像或参考底图（DWF、DWFx、PDF 或 DGN 文件）插入到当前图形中
6	2010-新	AUTOCONSTRAIN	根据对象相对于彼此的方向将几何约束应用于对象的选择集
7	2010-新	BACTIONBAR	为选项对象的选择集显示或隐藏动作栏
8	2010-新	BCONSTRUCTION	将几何图形转换为构造几何图形
9	2010-新	BCPARAMETER	将约束选项应用于选定的对象，或将标注约束转换为选项约束
10	2010-新	BESETTINGS	显示"块编辑器设置"对话框
11	2010-新	BTABLE	显示对话框以定义块的变量
12	2010-新	BTESTBLOCK	在块编辑器内显示一个窗口，以测试动态块
13	2010-新	CLIP	根据指定边界修剪选定的外部参照、图像、视口或参考底图（DWF、DWFx、PDF 或 DGN）
14	2010-新	CONSTRAINTBAR	可显示对象上的可用几何约束的工具栏状 UI 元素
15	2010-新	CONSTRAINTSETTINGS	控制约束栏上几何约束的显示
16	2010-新	DELCONSTRAINT	从对象的选择集中删除所有几何约束和标注约束
17	2010-新	DIMCONSTRAINT	将标注约束应用于选定的对象或对象上的点
18	2010-新	EXPORTDWF	创建 DWF 文件，并使用户可于逐张图纸上设置各个页面设置替代
19	2010-新	EXPORTDWFX	创建 DWFx 文件，从中可逐页设置各个页面设置替代
20	2010-新	EXPORTPDF	创建 PDF 文件，从中可逐页设置各个页面设置替代
21	2010-新	GEOMCONSTRAINT	应用对象之间或对象上的点之间的几何关系或使其永久保持
22	2010-新	MEASUREGEOM	测量选定对象或点序列的距离、半径、角度、面积和体积
23	2010-新	MESH	创建三维网格图元对象，例如长方体、圆锥体、圆柱体、棱锥体、球体、楔体或圆环体

序号	变更表	命令名称	说　　明
24	2010-新	MESHCREASE	锐化选定网格子对象的边
25	2010-新	MESHOPTIONS	显示"网格镶嵌选项"对话框，此对话框用于控制将现有对象转换为网格对象时的默认设置
26	2010-新	MESHPRIMITIVEOPTIONS	显示"网格图元选项"对话框，此对话框用于设置图元网格对象的镶嵌默认值
27	2010-新	MESHREFINE	成倍增加选定网格对象或面中的面数
28	2010-新	MESHSMOOTHLESS	将网格对象的平滑度降低一级
29	2010-新	MESHSMOOTHMORE	将网格对象的平滑度提高一级
30	2010-新	MESHSPLIT	将一个网格面拆分为两个面
31	2010-新	MESHUNCREASE	删除选定网格面、边或顶点的锐化
32	2010-新	PARAMETERS	控制图形中使用的关联选项
33	2010-新	PARAMETERSCLOSE	关闭"选项管理器"选项板
34	2010-新	PDFADJUST	调整 PDF 参考底图的淡入度、对比度和单色设置
35	2010-新	PDFATTACH	将 PDF 文件作为参考底图插入当前图形中
36	2010-新	PDFCLIP	根据指定边界修剪选定 PDF 参考底图的显示
37	2010-新	PDFLAYERS	控制 PDF 参考底图中图层的显示
38	2010-新	-QUICKPUB	创建 DWFDWFx 或 PDF 文件，并使用户可于逐张图纸上设置各个页面设置替代
39	2010-新	REVERSE	反转选定直线、多段线、样条曲线和螺旋线的顶点顺序
40	2010-新	SECTIONPLANEJOG	将折弯线段添加至截面对象
41	2010-新	SECTIONPLANESETTINGS	设置选定截面平面的显示选项
42	2010-新	SECTIONPLANETOBLOCK	将选定截面平面保存为二维或三维块
43	2010-新	SEEK	打开 Web 浏览器并显示 Autodesk Seek 主页
44	2010-新	SHAREWITHSEEK	将块或图形上载至 Autodesk Seek 网站
45	2010-新	TEXTEDIT	编辑标注约束、标注或文字对象
46	2010-新	ULAYERS	控制 DWF、DWFx、PDF 或 DGN 参考底图中图层的显示
47	2010-改	3DMOVE	在三维视图中，显示三维移动小控件以帮助在指定方向上按指定距离移动三维对象
48	2010-改	3DROTATE	在三维视图中，显示三维旋转小控件以协助绕基点旋转三维对象
49	2010-改	ADCENTER	管理和插入诸如块、外部参照和填充图案等内容
50	2010-改	ALIGN	在二维和三维空间中将对象与其他对象对齐
51	2010-改	ARCHIVE	将当前图纸集文件打包以便归档
52	2010-改	-ARCHIVE	将当前图纸集文件打包以便归档
53	2010-改	ATTSYNC	使用所指定块定义中新增和更改过的属性更新块参照
54	2010-改	AUTOPUBLISH	将图形自动发布为 DWF、DWFx 或 PDF 文件，发布至指定位置
55	2010-改	BATTMAN	管理选定块定义的属性

序 号	变 更 表	命 令 名 称	说　明
56	2010-改	CHAMFER	给对象加倒角
57	2010-改	COLOR	设置新对象的颜色
58	2010-改	CONVTOSOLID	将具有一定厚度的三维网格、多段线和圆转换为三维实体
59	2010-改	CONVTOSURFACE	将对象转换为三维曲面
60	2010-改	CUIEXPORT	将主 CUIx 文件中的自定义设置输出到企业或局部 CUIx 文件
61	2010-改	CUIIMPORT	将企业或局部 CUIx 文件中的自定义设置输入到主 CUIx 文件
62	2010-改	CUILOAD	加载 CUIx 文件
63	2010-改	CUIUNLOAD	卸载 CUIx 文件
64	2010-改	DGNADJUST	调整 DGN 参考底图的淡入度、对比度和单色设置
65	2010-改	-DGNADJUST	调整 DGN 参考底图的淡入度、对比度和单色设置
66	2010-改	DWFATTACH	将 DWF 或 DWFx 文件作为参考底图插入到当前图形中
67	2010-改	DWFFORMAT	将 PUBLISH、3DDWF、EXPORT、EXPORTDWF 和 EXPORTDWFX 命令的默认格式设置为 DFW 或 DWFx
68	2010-改	EATTEDIT	在块参照中编辑属性
69	2010-改	EDGESURF	在四条相邻的边或曲线之间创建网格
70	2010-改	ETRANSMIT	将一组文件打包以进行 Internet 传递
71	2010-改	-ETRANSMIT	将一组文件打包以进行 Internet 传递
72	2010-改	EXPLODE	将复合对象分解为其组件对象
73	2010-改	EXTERNALREFERENCES	打开"外部参照"选项板
74	2010-改	EXTRUDE	将二维对象或三维面的标注延伸到三维空间
75	2010-改	FILLET	给对象加圆角
76	2010-改	FLATSHOT	基于当前视图创建所有三维对象的二维表示
77	2010-改	IMAGEFRAME	控制是否显示和打印图像边框
78	2010-改	IMPRINT	压印三维实体或曲面上的二维几何图形，从而在平面上创建其他边
79	2010-改	INTERFERE	通过两组选定三维实体之间的干涉创建临时三维实体
80	2010-改	-INTERFERE	通过两组选定三维实体之间的干涉创建临时三维实体
81	2010-改	INTERSECT	通过重叠实体、曲面或面域创建三维实体、曲面或二维面域
82	2010-改	LIST	为选定对象显示特性数据
83	2010-改	MARKUP	打开标记集管理器
84	2010-改	NAVSWHEEL	显示包含视图导航工具集合的控制盘
85	2010-改	NAVVCUBE	控制 ViewCube 工具的可见性和显示特性
86	2010-改	OPEN	打开现有的图形文件
87	2010-改	OPENDWFMARKUP	打开包含标记的 DWF 或 DWFx 文件

序 号	变 更 表	命 令 名 称	说　明
88	2010-改	OPTIONS	自定义程序设置
89	2010-改	PRESSPULL	按住或拖动有边界区域
90	2010-改	PUBLISH	将图形发布为 DWF、DWFx 和 PDF 文件，或发布到绘图仪
91	2010-改	-PUBLISH	将图形发布为 DWF、DWFx 和 PDF 文件，或发布到绘图仪
92	2010-改	PURGE	删除图形中未使用的项目，例如块定义和图层
93	2010-改	QSAVE	使用"选项"对话框中指定的文件格式保存当前图形
94	2010-改	REFCLOSE	保存或放弃在位编辑参照（外部参照或块）时所做的更改
95	2010-改	REFEDIT	直接在当前图形中编辑块或外部参照
96	2010-改	REFSET	在位编辑参照（外部参照或块）时将对象添加到工作集中，或从工作集中删除对象
97	2010-改	REVSURF	通过绕轴旋转轮廓来创建网格
98	2010-改	RULESURF	创建用于表示两条直线或曲线之间的曲面的网格
99	2010-改	SAVE	用当前的文件名或指定名称保存图形
100	2010-改	SAVEAS	用新文件名保存当前图形的副本
101	2010-改	SECTION	使用平面和实体、曲面或网格的交集创建面域
102	2010-改	SECTIONPLANE	以通过三维对象创建剪切平面的方式创建截面对象
103	2010-改	SLICE	通过剖切或分割现有对象，创建新的三维实体和曲面
104	2010-改	SOLIDEDIT	编辑三维实体对象的面和边
105	2010-改	STLOUT	将实体存储到 ASCII 或二进制文件中
106	2010-改	SUBTRACT	通过减操作来合并选定的三维实体、曲面或二维面域
107	2010-改	TABSURF	从沿直线路径扫掠的直线或曲线创建网格
108	2010-改	THICKEN	以指定的厚度将曲面转换为三维实体
109	2010-改	TRANSPARENCY	控制图像的背景像素是否透明
110	2010-改	UNION	通过加操作来合并选定的三维实体、曲面或二维面域
111	2010-改	XCLIP	根据指定边界修剪选定外部参照或块参照的显示
112	2010-改	XEDGES	从三维实体、曲面、网格、面域或子对象的边创建线框几何图形
113	2010-改	XOPEN	在新窗口中打开选定的图形参照（外部参照）

附录 B　AutoCAD2010 快捷键

快　捷　键	功　能　说　明
〈Alt+F11〉	显示 Visual Basic 编辑器
〈Alt+F8〉	显示"宏"对话框
〈Ctrl+0〉	切换"全屏显示"
〈Ctrl+1〉	切换"特性"选项板
〈Ctrl+2〉	切换设计中心
〈Ctrl+3〉	切换"工具选项板"窗口
〈Ctrl+4〉	切换"图纸集管理器"
〈Ctrl+6〉	切换"数据库连接管理器"
〈Ctrl+7〉	切换"标记集管理器"
〈Ctrl+8〉	切换"快速计算器"选项板
〈Ctrl+9〉	切换"命令行"窗口
〈Ctrl+A〉	选择图形中未锁定或冻结的所有对象
〈Ctrl+Shift+A〉	切换组
〈Ctrl+B〉	切换捕捉
〈Ctrl+C〉	将对象复制到 Windows 剪贴板
〈Ctrl+Shift+C〉	使用基点将对象复制到 Windows 剪贴板
〈Ctrl+D〉	切换"动态 UCS"
〈Ctrl+E〉	在等轴测平面之间循环
〈Ctrl+F〉	切换执行对象捕捉
〈Ctrl+G〉	切换栅格
〈Ctrl+H〉	切换 PICKSTYLE
〈Ctrl+Shift+H〉	使用 HIDEPALETTES 和 SHOWPALETTES 切换选项板的显示
〈Ctrl+I〉	切换坐标显示
〈Ctrl+J〉	重复上一个命令
〈Ctrl+K〉	插入超链接
〈Ctrl+L〉	切换正交模式
〈Ctrl+M〉	重复上一个命令
〈Ctrl+N〉	创建新图形
〈Ctrl+O〉	打开现有图形
〈Ctrl+P〉	打印当前图形
〈Ctrl+Shift+P〉	切换"快捷特性"界面
〈Ctrl+Q〉	退出 AutoCAD
〈Ctrl+R〉	在当前布局中的视口之间循环
〈Ctrl+S〉	保存当前图形

（续）

快 捷 键	功 能 说 明
〈Ctrl+Shift+S〉	显示"另存为"对话框
〈Ctrl+T〉	切换数字化仪模式
〈Ctrl+V〉	粘贴 Windows 剪贴板中的数据
〈Ctrl+Shift+V〉	将 Windows 剪贴板中的数据作为块进行粘贴
〈Ctrl+X〉	将对象从当前图形剪切到 Windows 剪贴板中
〈Ctrl+Y〉	取消前面的"放弃"动作
〈Ctrl+Z〉	恢复上一个动作
〈Ctrl+[〉	取消当前命令
〈Ctrl+\〉	取消当前命令
〈Ctrl+PAGE UP〉	移至当前选项卡左边的下一个布局选项卡
〈Ctrl+PAGE DOWN〉	移至当前选项卡右边的下一个布局选项卡
〈F1〉	显示帮助
〈F2〉	切换文本窗口
〈F3〉	切换 OSNAP
〈F4〉	切换 TABMODE
〈F5〉	切换 ISOPLANE
〈F6〉	切换 UCSDETECT
〈F7〉	切换 GRIDMODE
〈F8〉	切换 ORTHOMODE
〈F9〉	切换 SNAPMODE
〈F10〉	切换"极轴追踪"
〈F11〉	切换"对象捕捉追踪"
〈F12〉	切换"动态输入"